美国核电标准体系

梁雪元等　编著

中国原子能出版社

图书在版编目（CIP）数据

美国核电标准体系 / 梁雪元等编著 . -- 北京 : 中国原子能出版社 , 2021.6
ISBN 978-7-5221-1479-8

Ⅰ . ①美… Ⅱ . ①梁… Ⅲ . ①核电工业 – 美国 – 标准体系 Ⅳ . ① TL-65

中国版本图书馆 CIP 数据核字（2021）第 132042 号

美国核电标准体系

出版发行	中国原子能出版社（北京市海淀区阜成路 43 号 100048）
策划编辑	王 青
责任编辑	蒋焱兰
责任校对	宋 巍
责任印制	赵 明
印 刷	北京九州迅驰传媒文化有限公司
经 销	全国新华书店
开 本	787 mm × 1092 mm 1/16
印 张	16.5
字 数	350 千字
版 次	2021 年 6 月第 1 版
印 次	2021 年 6 月第 1 次印刷
书 号	ISBN 978-7-5221-1479-8
定 价	100.00 元

网址 : http : //www.aep.com.cn
E-mail : atomep123@123.com
发行电话 : 010-68452845

《美国核电标准体系》

编 著 者

梁雪元　顾申杰　邓瑞源　赵春凤　董瑞林
付在伟　康椰熙　张宏伟　黄　骏　吴飞飞
张学耀　焦丽玲　杜　建　孙业丛　刘尚源
牛敬娟　直鹏程　梁　蕴　王嘉鋆　杨　文
唐志尧　董振邦

前　言

核电是清洁能源，对于满足电力需求、优化能源结构、减少温室气体排放具有重要意义，已经成为我国能源战略的重要组成。截至2020年12月，我国核电机组运行数量位居世界第三、在建数量世界第一。与常规项目相比，核电项目安全要求高、投资力度大、专业面广、系统复杂，更需要科学、规划的开展核电建设和运营。安全高效地发展核电离不开标准的支撑。作为核安全治理体系的组成部分，标准发挥着重要的规范作用；作为国内外可持续发展核电的指导原则之一，标准化是提升核电经济性的重要手段；作为科学技术成果和工程经验的载体，标准是提升行业水平和支撑产业发展的有效手段。

核电产业发达的国家大都建有核电标准来支撑核电的发展。这些标准立足于本国监管要求、工业基础和技术体系，各具特色。其中美国作为最早发展核能的国家，它的核电标准建设亦是最早，核电标准较为齐全，技术先进，具有原创性，许多标准是事实上的国际标准，被其他国家广泛使用和参考借鉴，如我国的秦山一期、三门和海阳核电大量采用了美国标准。另一方面，美国核电标准由不同专业的标准化组织分别制定，分散特性明显。为全面、系统地了解美国核电标准，本书对核电相关的美国标准化组织及其标准进行了梳理和分析，形成了较为完整的美国核电标准体系。本书是大型先进压水堆国家科技重大专项课题“中国先进核电标准体系研究”的研究成果之一，由中核战略规划研究总院核工业标准化研究所和上海核工程研究设计院有限公司共同完成。

目 录

第一篇 美国核电标准与核安全法规

1.1 概述

美国是一个高度重视标准化的国家。《美国国家技术转让与推动法案》《联邦参与制定和采用自愿一致性标准及合格评定活动》《标准制定组织推动法案》等法律一方面规定了美国政府部门应采用民间标准化组织制定的自愿性协商一致的标准代替政府专用标准，一方面进一步规定了政府部门参与标准制定并采用标准细则，为其活动提供具体的实施指导，同时也对标准化组织予以了保护，免除其后顾之忧以鼓励制定更多更好的政府能采用的标准。

在这些法律法规的推动和保障下，美国核电相关的标准主要以美国核学会、美国机械工程师协会等民间组织制定自愿性标准为主，美国能源部等政府部门制定的政府专用标准很少。这些标准是经协商一致形成的自愿采用的技术文件，其内容也不完全限于核电安全要求。这些标准一方面规范和指导核电建设，另一方面对核安全法规和核安全监管工作形成了有力的支撑。对法规的支撑有两种形式：一是通过联邦法规 10CFR 引用而成为法规的一部分，二是通过 NRC 的管理文件的引用而成为核安全审评工作的实际依据。

美国的核安全法规金字塔，顶部是美国的宪法或可称为基本法，第二级是相关的法案，第三级是联邦法规，其他法规和导则在最低水平，可称为第四级。通常大多数国家都把工业标准列为法规金字塔架构最下一层，美国则不予列入，但有许多的美国工业标准，经美国核管会（NRC）认可，譬如美国核管会在联邦法规 10CFR 50.55a 之中采纳了美国机械工程师协会的 ASME 锅炉及压力容器规范第三卷，这些标准即成为联邦法规的一部份。美国核管会以此方式纳入了许多由民间组织制定的核电工业标准，形成了美国核电标准的一大特色。

1.2 与核电相关的法律法规

美国核相关的法律的成形，可通过历史来了解其发展脉络及原因。二战结束之前，受战时核能计划的影响，所有核能活动均严格把控，显著特点是其军管模式。二战结束，随着民用核工业范围的扩展，核能相关的法律和组织机构逐步建立，标志性事件是1946年《原子能法》的颁布，该法确立了民用核工业的民管权。美国原子能委员会（美国核管会前身）依法成立，并综合管理民用核能的发展和监督管理。1954年是推动核能民用的关键阶段。伴随美国政府的“原子能和平利用”计划，1946版《原子能法》被适时修订，修订后的法律鼓励民间资本及个人参与核能事务，并因此赋予原子能委员会更为明确的角色及功能。1974年及之前是不断完善法律体系的中间阶段。如《普莱士－安德森法案》在规定政府对核事故赔偿的责任的同时，也因此进一步规范了核能的许可程序，《国家环境政策法案》规定了核反应堆建造的环评要求。1974年及之后是现代美国核安全监管体制成型阶段，1974年的《能源重组法案》解决了以往由原子能委员会对核能发展与监管进行一体化管理的弊端，实施民用核安全独立监管原则，并由此成立了美国核管会，同时也确立了核工业军、民分立原则。

《能源重组法案》授权成立的美国核管会，是美国国内民用核设施和核活动的独立管理机构，关注的几个重大问题与保护公众的健康和安全息息相关。而美国能源部（DOE）则继承了原子能委员会有关核能研究、发展、推广和验证等职责，包括非防御核使命（与核武器管理、海军反应堆、研究和开发相关的国家安全职责、核废物管理等）。根据原子能法、核废物政策法、国家竞争技术转让法、能源政策法等，其他监管部门还有劳动部、运输部、环保署等。美国与核相关的部门分别制定联邦层面的与核相关的法规和标准，其中从相关性和制定的数量上来说，主要以NRC和DOE为主，与核电密切相关的又以NRC为主。

狭义上讲，美国的核安全法规主要包括《原子能法》和《能源重组法》等国家法律和联邦法规10CFR这两类文件。其中，国家法律奠定了美国民用核工业的基础，如军民分立、独立监管等；10CFR规定了和平利用原子能的通用和特殊的原则和准则。除此之外，美国核管会还制定有“管理导则（RG）”和“NUREG

技术文件”，这些文件从广义上讲，可视为核安全法规的延伸。“管理导则”数量众多，用于提供符合法规要求的指导性办法。NUREG 是与法规或管理导则有关的技术性报告，有时与“管理导则”具有同样的作用，如 NUREG-0800《标准审查大纲》。

美国核管会是美国国内民用核设施和核活动的独立管理机构，其职责包括核相关法规和导则制定、授权许可、监督检查等。为许可证申请者和持证者制定法规和导则是 NRC 的监管计划的关键组成部分。它在法规和导则方面的工作主要包括 4 个方面：1）制定和修改法规，持证人必须符合取得或保留使用核材料或操作核设施的执照或证书；2）制定和修订导则文件，如管理导则（RG）、标准审查大纲（SRP），NRC 的检查手册等指导性文件，以帮助持证者满足安全要求；3）发送申请人及持证人有关监管要求信息，其中的一些信息需要回应；4）与行业标准化组织制定用于核行业有关的系统、设备或材料标准，使这些标准可能会参照 NRC 法规或导则。

NRC 负责制定和修订的法规和导则包括以下三个层次的文件：

1）联邦法规第 10 部分（10CFR）的大部分。NRC 成立后，进一步完善了民用核设施安全法规体系。NRC 首先制定了联邦法规的第 10 章—能源，即 10CFR。它所规定的全部内容，包括为和平利用原子能的通用的和特殊的原则要求与准则，也都具有法律效力，每个与核能事业有关的单位和商业公司都必须遵守。这些法规至少每年要修订一次，定期公布。

2）NRC 的管理导则（RG）。美国核管会制定了一整套、数量众多的管理导则，以提供符合法规要求的指导性解决办法，具体用途包括：解释核管会在问题评估或事故分析时所使用的方法和技术；为核管会审查核电厂建造和运行许可，提供所需的具体数据；告知申请者为获得某种许可所应提交的文件及其内容。基于内容的不同，这些导则分为 10 个部分。

3）NRC 的技术文件（NUREG）：是与法规或管理导则有关的技术性报告，属非强制性文件，但它们提供了一个范围广泛的技术平台。有时 NUREG 文件与“管理导则”具有同样的作用，如 NUREG-0800《标准审查大纲》是 NRC 对申请者按照 R.G.1.70 编写的“初步 / 最终安全分析报告”进行审查的指导性文件。NUREG 文件大致包括以下几类：NUREG，核管会下设的反应堆管理局编写的出版物；NUREG/BR，核管会工作人员所编写的手册；NUREG/CP，核管会工作人员或承包商编写的会议论文集；NUREG/CR，承包商所编写的出版品；NUREG/IA，根据国际协议所产生的出版物。

《美国联邦法规》（CFR）是美国联邦政府执行机构和部门在“联邦公报”（Federal Register，简称 FR）中发表与公布的一般性和永久性规则的集成，具有普遍适用性和法律效应。CFR 的第 10 篇（10CFR）是能源篇，规定了和平利用原子能通用的和特殊的原则和准则。10CFR 由 4 卷组成。其中第 1 卷是 NRC 的专属卷，分为 0—199 部分，第 2 卷、第 3 卷、第 4 卷包含美国能源部（DOE）发布的一些规章。10CFR 包含了所有 NRC 许可证审查、核发和监管等普遍适用的基本法规以及相当数量的技术标准，它提出的相关规定遵守 1954 年版原子能法和 1974 年版的能源重组法。该法规经过多年的实施、经验反馈、修订，已经达到了覆盖面全、可操作性强，既能够保持规则的稳定性，也能借助于不断地修订和补充适应新情况。该法规的执行配套措施、配套文件（RG、NUREG 等）也较完善，对于执行中遇到的一些问题能够及时提出见解（体现在配套文件中）。第 1 卷包含的各部分详见附表 1，其中与核电厂有关的部分以及重要的附录见附表 2。

为了使核电厂许可证申请者满足 10CFR 的要求，NRC 颁布了一系列管理导则（RG）。这些管理导则阐述了采用何种方法可以满足法规要求，因此管理导则对上层法规也是一种支撑。有些管理导则的内容十分详细，几乎与标准没有区别。在每个管理导则中都有如下说明，不同于管理导则的方法和决定是可接受的，条件是这些方法和决定可给 NRC 发放或延长许可证提供做出必要结论的依据。按照内容的不同，这些导则分为 10 个部分，每个导则通过一组编号规则进行唯一的确定，通常情况下，数字前面有 RG 标示，然后是部分的代码、点号和一组有顺序的数字组成。

涉及核电厂的内容编为第 1 部分。管理导则的其他部分为研究和试验反应堆、核燃料和物料设备、环境和厂址以及职业保健等。详细的核管会管理导则见附表 3（附表 3 中所列版本仅提供最新版本，W 代表撤销（Withdrawal））。

RG 10 个部分的系列代号如下（以下数据截止到 2020 年 3 月，共计 509 项、撤销 138 项）：

1）RG1.XX division 1 动力堆（共计 239 项、撤销 53 项）；

2）RG2.XX division 2 研究和试验堆（共计 6 项、撤销 2 项）；

3）RG3.XX division 3 核燃料和核材料设施（共计 76 项、撤销 26 项）；

4）RG4.XX division 4 环境和厂址（共计 26 项、撤销 6 项）；

5）RG5.XX division 5 材料和电厂保护（共计 84 项，撤销 28 项）；

6）RG6.XX division 6 产品（共计 9 项、撤销 3 项）；

7）RG7.XX division 7 运输（共计 13 项、撤销 4 项）；

8）RG8.XX division 8 职业健康（共计 40 项、撤销 8 项）；

9）RG9.XX division 9 反垄断和财政审查（共计 4 项、全部撤销）；

10）RG10.XX division 10 一般问题（共计 12 项、撤销 4 项）。

NRC 工作人员不定期对 RG 进行复审和修订，以确保部分 RG 适合所有类别的许可证持有者从事相关活动，在修订过程中可能会出现导则被撤销的情况。被撤销的 RG 应被认为是最终版本。撤销意味着在 NRC 在未来的许可活动中不再使用这些 RG，对现有许可的更改将使用其他的导则来完成。RG 的修订包括多方面的原因，例如技术和方法的改变，尽管被撤销，当前许可证持有者仍然可以继续使用它，因为它不影响任何现有许可的事项或协定。

NUREG 系列出版物包括监管决策、研究结果、事件调查结果的报告和手册，同时也包括其他技术和行政管理信息，10CFR 对 NUREG 的引用多达 76 次，这些被引用的文件得到认可，几乎具有法律效应。NUREG 系列出版物不同的类别的标识如下。

1）NUREG-(nnnn)，NRC 工作人员编制的技术报告、行政报告、标准审查大纲、书籍等正式出版物。目前 NRC 共发布了 434 项此类出版物，典型代表如下：

a）NUREG-0980《美国国会的核监管立法》，内容包括《原子能法》《能源重组法》《核废物政策法案》《低放废物政策修订法案》《核不扩散法》等众多与核相关的法律汇编。

b）NUREG-0800《核电厂安全分析报告的标准审查大纲（轻水堆版）》，

这是 NRC 对申请者按照 RG 1.70《核电厂安全分析报告的标准格式和内容》要求编写的“初步 / 最终安全分析报告”进行审查的指导性文件，成为核管理委员会审评核电厂安全的重要依据。我国的国家核安全局也是参照该技术文件审查核电厂的安全分析报告。他的内容包括：① 引言和接口；② 厂址特性和厂址参数；③ 结构部件设备和系统的设计；④ 反应堆；⑤ 反应堆冷却剂系统和与之相连接的系统；⑥ 专设安全设施；⑦ 仪表和控制；⑧ 电力；⑨ 辅助系统；⑩ 蒸汽和动力转换系统；⑪ 放射性废物的管理；⑫ 辐射防护；⑬ 运行管理；⑭ 初始试验大纲和 ITAAC 设计认证；⑮ 瞬态和事故分析；⑯ 技术规范；⑰ 质量保证；⑱ 人因工程；⑲ 严重事故。

2）NUREG/BR-(nnnn)，NRC 编制的手册出版物（Brochures）。目前共发布了 116 项手册，如 NUREG/BR-0298《核电厂许可程序》，介绍了 10 CFR Part 50 规定的生产和使用核设施建设许可和运行许可的两步走许可程序，以及 10 CFR Part 52 规定的核电厂早期厂址许可、标准设计认证、联合许可（建设和运行）等内容。

3）NUREG/CP-(nnnn)，NRC 或承包商编制的会议记录或会议论文集出版物（Conference Proceeding）。目前 NRC 共发布了 40 项会议记录或会议论文集。如 NUREG/CP-0178《2002 年核安全研究会议论文集》，内容包括：① 反应堆冷却剂压力边界材料的退化，代表作有美国南方核电公司 Larry K. Mathews 汇报的“EPRI 材料的可靠性大纲（合金 600）”；② 先进反应堆，代表作“高温气冷堆燃料元件的安全裕度试验”；③ 燃料元件，代表作有“LOCA 工况下燃料的延展性试验”；④ 乏燃料的干式贮存和运输；⑤ 轻微污染材料的控制；⑥ 概率安全评估等。

4）NUREG/CR-(nnnn)，NRC 合约商编制的出版物（Contractors）。目前共发布了 756 项此类出版物。如 NUREG/CR-0636《核电厂防火—通风空调》、NUREG/CR-0654《核电厂防火—火灾危害性分析》。

5）NUREG/IA-(nnnn)，以国际会议协定结果编制的出版物（International Agreements）。目前共发布了 330 项国际会议协定结果出版物。如 NUREG/IA-0225《直流电源丧失及随后引发的二次热阱丧失事故的操纵员动作分析》。

6）NUREG/KM-(nnnn)，NRC 工作人员编制的知识管理类出版物（Knowledge Management）。目前共发布 12 项知识管理出版物，如 NUREG/KM-0004《非正常工况下燃料元件的行为学》，分析了在经受 LOCA 工况后未辐照的锆 2 合金的膨胀和破裂行为。

7）NRC 文件访问和管理系统（ADAMS）中可供获取的文件，无特殊标识。

8）公众评论意见或草案。无特殊标识。美国核管理委员会（NRC）提供了公众参与对拟议中的规则、政策，授权行动、起草的技术文件发表意见的机会。为此，NRC 将在联邦纪事（Federal Register）上宣布这些公众意见，NRC 征求意见网页上所列文件有时通过新闻发布，并将所有公众意见置于 NRC 的文件访问和管理系统（ADAMS）中，同时形成行动项摘要以便查询。以下类型文件可供评论：规则制定有关的文件、许可证申请 / 修订、一般通信、RG 草案的公众意见、NUREG 系列出版物的草案、政策声明、临时人员导则草案、信息收集、征询意见等文件。

1.3 核安全法规对标准的采用

美国核安全法规所规定的是“什么是必须达到的”，而不是如何达到的。显而易见，法规的落地需要有更为细致的规范性文件，除了表述 NRC 自身见解的 RG 之外，还需要听取来自工业界的协商一致的声音。因而，核安全法规对标准为其提供支撑具有内在需求。如前所述，美国的工业标准以两种方式对核安全法规提供了有效的支撑。其表现形式尽管有别于国际原子能机构（IAEA）倡议的核安全法规和标准体系（NRC 并不认为标准是其核安全法规体系理所当然的组成部分），但这些引用方式更加实质地将核安全法规和标准统一在一起。美国的工业标准已成为核安全监督和审评工作必不可少的依据，在 NRC 的各类监管文件中，对相关标准引用达 5000 余处。

第二篇 美国核电相关标准化组织

2.1 美国国家标准学会

美国国家标准学会（ANSI）是一个准国家层面的标准化机构，为各个标准化组织在特定领域从事标准化工作提供许可，如电气电子工程师协会(IEEE)等。ANSI 筹建的初衷是解决当时美国各个标准化组织之间的矛盾和问题，进一步提高效率，并制订统一的通用标准。1918 年，美国材料试验协会（ASTM）、与美国机械工程师协会（ASME）、美国矿业与冶金工程师协会（ASMME）、美国土木工程师协会（ASCE）、美国电气工程师协会（AIEE）等组织，共同成立了美国工程标准委员会（AESC）。美国政府的三个部（商务部、陆军部、海军部）也参与了该委员会的筹备工作。1928 年，美国工程标准委员会改组为美国标准协会（ASA）。为致力于国际标准化事业和消费品方面的标准化，1966 年，又改组为美利坚合众国标准学会（USASI）。1969 年，改成现名美国国家标准学会（ANSI）。

ANSI 组织结构见图 2-1。ANSI 现有工业学会、协会等团体会员约 200 个，公司（企业）会员约 1400 个。美国国家标准局（NBS）的工作人员和美国政府的其他许多机构的官方代表也通过各种途径来参与美国标准学会的工作。ANSI 目前下设电工、建筑、日用品、制图、材料试验等各种技术委员会。

美国国家标准学会是非营利性质的民间标准化组织，是美国国家标准化活动的中心，各界标准化活动都围绕着它进行。ANSI 一方面起着联邦政府和民间的标准系统之间的桥梁作用，通过它使政府有关系统和民间系统相互配合。另一方面它又起着行政管理机关的作用，协调并指导全国标准化活动，给标准制订、研究和使用单位以帮助，提供国内外标准化情报。ANSI 本身很少制定标准，但它批准相关标准成为 ANSI 标准（美国国家标准）。ANSI 的绝大多数来自各专业标准，由相应的标准化团体、技术团体及行业协会和自愿将标准送交给 ANSI

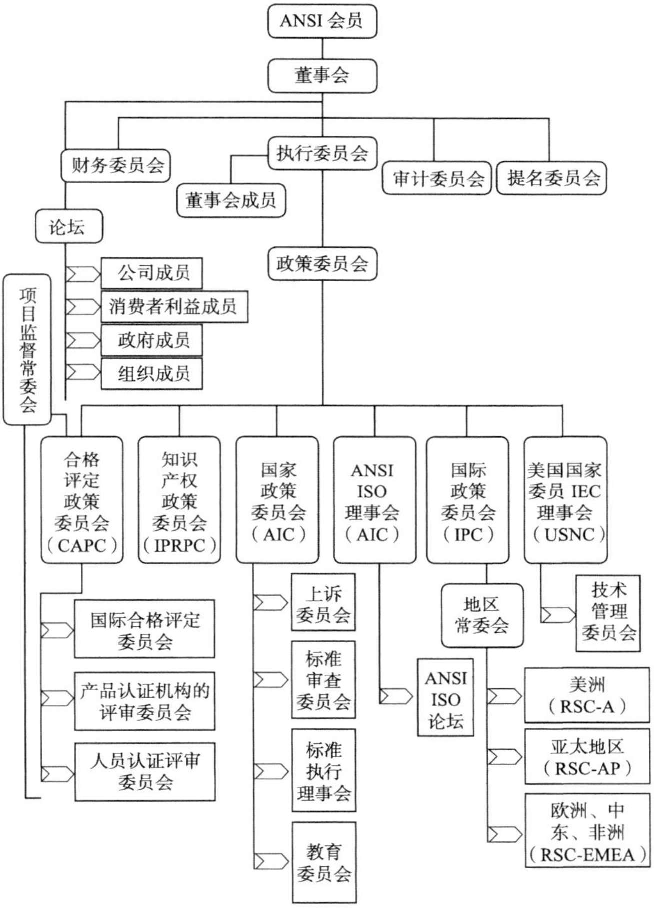

图 2-1　ANSI 组织机构图

批准的组织来制定。在核电标准方面，ANSI 通过核电标准管理委员会，领导核专业学会、协会团体等进行标准的研究和编制。通过与相关组织的协调，与核行业有关的 ANS、ASME、ASTM、IEEE 的标准都已上升为美国国家标准。凡经它研究后批准的标准均冠以 ANSI 标识，其编号是 ANSI/ANS……、ANSI/ASME 等。而 ANSI 的标准采用字母数字混合分类，如 A- 建筑，B- 机械……N- 原子核等。例如 ANSI/ANS-51.1“固定式压水堆核电厂设计核安全准则”和 ANSI/ANS-56.6“压水堆安全壳通风系统”等。

ANSI 标准每 5 年一次复审，以确保标准的有效性。在 5 年之内，标准也可能被重新颁布、修订或撤消。ANSI 的标准是自愿采用的。美国政府管理和预算办公室（OMB）明文规定，鼓励各部门在自己的规定中、采购要求中均采用自愿性标准。但是 ANSI 的标准被法律引用，就成为强制性标准。

2.2 美国核学会

2.2.1 ANS 简介

美国核学会（ANS）成立工作始于 20 世纪 50 年代中期，1953 年，艾森豪威尔总统向联合国发表了和平利用原子能的演讲，提出发展民用核科学与技术的国际间的知识共享。虽然那时候已经有许多核相关部门或组织，但是很多人都认为需要成立一个新的组织。作为一个不以营利为目的的学会，自 1954 年成立后，便迅速渗透其所从事活动的广度和深度。

ANS 是一个不以营利为目的、国际化的科学与教育组织，现有 21 个常设委员会、18 个专业组（和 1 个技术组）、70 个国内分支机构及 9 个国外分支机构等组织。其中的标准委员会（ANS Standards Committee）于 1956 年 11 月成立，负责指导 ANS 的所有标准化活动，由学会内所有参与标准制定的人员组成。其工作职责是协调标准化活动的所有方面，向学会提供标准方面的建议并评议其他组织制定的标准以保证与 ANS 标准的一致性；确定新标准和修订标准的需求；制定和维护与核技术应用相关的部件、系统和设施的设计、分析和运行标准。

ANS 标准委员会由标准理事会（Standards Board）领导，同时下设风险指引和基于绩效原则政策委员会、8 个协调委员会、若干分（专业）委员会和工作组。其组织结构见图 2–2。标准理事会负责为学会的各种标准化活动提供政策和程序。政策委员会负责确定和监督 ANS 风险指引和基于绩效的标准计划的制定和执行。协调委员会管理职责范围内的标准制修定工作，是对提议的标准进行协调投票的平衡主体。ANS 目前设有 8 个协调委员会，每个协调委员会有各自规定的活动范围：

1）环境与选址（ES）协调委员会；

2）燃料、废物和退役（FWD）协调委员会；

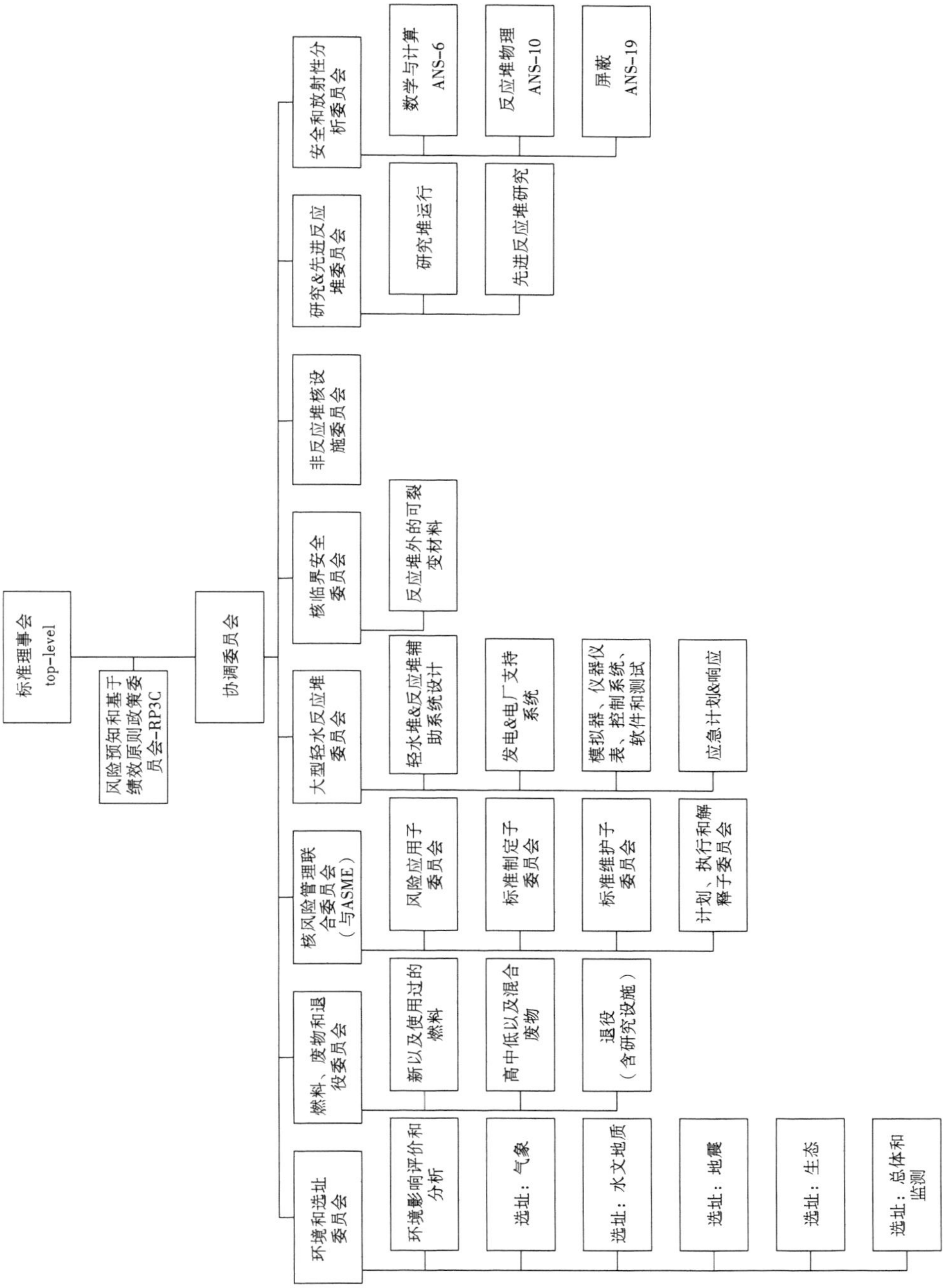

图 2-2 ANS 标准委员会组织结构

3）核风险管理联合委员会（JCNRM、ANS/ ASME）；

4）大型轻水反应堆（LLWR）协调委员会；

5）核临界安全（NCS）协调委员会；

6）非反应堆核设施（NRNF）协调委员会；

7）研究堆和先进反应堆（RAR）协调委员会；

8）安全和放射性分析（SRA）协调委员会；

ANS 负责制定的标准范围包括以下主题：

1）在核科学和技术中使用的术语定义；

2）核设施的选址要求；

3）核设施的设计和操作，包括设施，运营商选择和培训的安全标准：

a）商用堆；

b）研究堆和临界设施；

c）核燃料生产，处理和储存设施；

d）处理放射性同位素的设施，包括放射性物质的远程处理。

4）核设施用厂址的修复和恢复；

5）应急准备；

6）核临界安全；

7）反应堆物理和辐射屏蔽；

8）核领域使用的计算分析程序；

9）概率风险评估，风险管理和风险标准；

10）裂变产物行为；

11）放射性废物管理。

ANS 标准委员会不开发用于医疗辐射防护目的的标准。其他组织在制定或发布核领域相关标准时，ANS 会参与审查，以确保一致性和完整性，避免重复。由标准委员会制定的标准将被确定为美国国家标准。所有的 ANS 标准都通过 ANSI 程序制定，都得到 ANSI 的批准，作为美国国家标准出版。ANS 任何标准都是自愿采用的，不强求任何个人或组织遵守标准中的要求，即使对参加标准制定和投票的个人或组织也是如此。但当一个标准被联邦政府机构采用后，它即成为强制法规的一部分，如一些NRC条例指南、联邦条例规范中参照了ANS标准。

2.2.2 ANS标准

如下所述，ANS目前设有8个协调委员会，每个协调委员会在各自的职责范围内分别制定如下领域的核相关标准。

1）环境与选址协调委员会（ESCC）

ESCC负责对以下自愿一致性标准的准备和维护：包括核电厂和非反应堆核设施的选址、环境评估、环境管理、环境监测的各个方面，并且对危及这些公共和私营部门核设施的各种自然现象进行分类和评价。

大多数ESCC标准目前支持民用核工业的选址和环境需求，并且支持能源部（DOE）在核能推广使用时满足10 CFR50、10 CFR51和10 CFR52的执照申请要求，同时满足40 CFR的相关要求（与清洁空气法、清洁水源法、安全饮用水法、资源保护和回收法、综合环境应对赔偿和责任法、有毒物质控制法和国家环境政策法有关）。此外，协调委员会在进行相关标准化活动时应积极采用ANS标准委员会的程序和手册。ESCC负责监督以下5个分委员会：

a）环境影响评估与分析；

b）一般与监控；

c）选址：气象；

d）选址：水文地质；

e）选址：地震。

2）燃料、废物和退役协调委员会（FWDCC）

FWDCC负责以下自愿一致性标准的编写和维护：设计、运行、维护、操作人员选拔和培训、新旧燃料运输、存储及相关处理设施的质量要求，包括高放钍基燃料（TRU）、大于C级的废物（Title 10 Part 61.55有定义）、低放废物、混合废物处理设施，此外还涉及用于商业、教育、科研和政府设施的退役。应使用ANS标准委员会程序手册协调委员会，以指导这一协调，委员会的活动。FWDCC负责监督以下3个分委员会：

a）退役（商业及研究设施）；

b）高放废物、大于C级的废物、低放废物、混合废物；

c）新的和使用过的燃料（设计专用）。

3）核风险管理联合委员会（JCNRMCC、ANS/ ASME）

JCNRMCC负责制定和维护以下自愿一致性标准：概率风险分析（PRA）和风险评估有关的安全和风险的标准和方法。此外，其他相关标准的活动包括执行ANS标准理事会和ASME标准和认证委员会的协调。这些标准和方法适用于设计、开发、建设、运营、去污、退役、废物管理和核设施环境修复。本协调委员会的活动既要遵循ASME规范和标准制定委员会的指导，也应符合ANS标准委员会程序要求，特别情况发生时经ANS标准理事会批准可特殊处理。

4）大型轻水反应堆协调委员会（LLWRCC）

LLWRCC负责编写和维护以下自愿一致性标准：大型电站轻水慢化、水冷反应堆的当前运行核电厂和未来的核电厂的设计、运行、维护、操作人员选拔和培训、质量要求。这些标准包括核岛、电厂辅助系统以及电厂边界内影响安全和操作的其他系统。LLWRCC负责监督以下4个分委员会：

a）应急预案和响应；

b）轻水反应堆及反应堆辅助系统设计；

c）发电及电厂支持系统；

d）模拟器、仪器仪表、控制系统、软件和测试。

5）核临界安全协调委员会（NCSCC）

NCSCC（前身为N16）负责对以下自愿一致性标准的制定及维护：反应堆外具有潜在核临界的裂变材料的确定、事故临界的预防、核临界事故发生的缓解、并在操作、储存、运输、处理易裂变核素相关活动时防止发生链式裂变反应。NCSCC负责监督1个分委员会，即ANS-8（反应堆外可裂变材料）。

6）非反应堆核设施协调委员会（NRNFCC）

NRNFCC负责对以下自愿一致性标准的编写和维护：即用于非反应堆核设施的安全分析、设计、维护、操作人员选拔和培训，包括放射性同位素使用、放射性材料的远距离操作、燃料处理、混合氧化物加工、燃料循环设施，不包括乏燃料处理和贮存。

7）研究堆和先进反应堆协调委员会（RARCC）

RARCC 负责对以下自愿一致性标准的编写和维护：为当前和未来研究堆和试验堆进行设计、运行、维护、操作人员选拔和培训、提出质量要求，这些反应堆包括脉冲临界设施，工业、教育和医疗用同位素生产反应堆，以及当前先进的非大型轻水堆反应堆。该范围包括但不限于：水冷却和非水冷却的小型模块化反应堆、三代和和四代反应堆、未来非轻水冷却 / 慢化的大型商用反应堆。

RARCC 标准包括但不限于核岛、电厂辅助系统以及电厂边界内影响安全和操作的其他系统。RARCC 负责监督以下 2 个分委员会：

a）先进反应堆研究；

b）研究堆操作（前身为 ANS-15）。

8）安全和放射性分析协调委员会（SRACC）

SRACC 负责对以下自愿一致性标准的制定和维护：核设施的物理方法和测量、屏蔽分析和安全分析的屏蔽材料和方法、以及与之相关的计算方法和计算机代码。输入数据对其进行计算和代码变换都包括在此范围内，如核截面。SRACC 负责监督以下 3 个分委员会：

a）数学与计算（前身为 ANS-10）；

b）反应堆物理（前身为 ANS-19）；

c）屏蔽（ANS-6）。

所有的 ANS 标准接受来自 ANSI 的认可，因此所有的 ANS 标准正式发布后都冠以 ANSI 标识。ANS 制定的相关标准简述如下：

1）环境与选址（ES）相关标准 33 项（现行有效 10 项、制定 23 项）；

2）燃料、废物和退役（FWD）相关标准 14 项（现行有效 8 项，制定 6 项）；

3）核风险管理（JCNRM）相关标准 10 项（制定）；

4）大型轻水反应堆（LLWR）相关标准 25 项（现行有效 11 项、制定 14 项）；

5）堆外可裂变材料核临界安全（NCS）相关标准 20 项（现行有效 18 项，制定 2 项）；

6）非反应堆核设施（NRNF）相关标准 17 项（制定）；

7）研究堆和先进反应堆（RAR）相关标准 13 项（现行 10 项，制定 3 项）；

8）安全和放射性分析（SRA）相关标准 28 项（现行 19 项，制定 9 项）。

详细的标准分类见附表 4，包括现行有效标准（Current Standard，备注为；CS）和正在制修订的标准（Project，备注为 P）。

已经发布的标准经过数年后 ANS 会对其进行确认或废止，其中部分标准撤销后，根据技术的发展和形式的需要可能会被重新确认进行。有关 ANS 发布后并确认废止的版本或标准见附表 5（其中：R=Reaffirmed，W=Withdrawn，附表 5 中多数标准是注年代号的废止，并不意味着此标准撤销，经修订后会重新发布）。被废止的版本或标准则不再保持为美国国家标准，这项标准可能包含过时材料或可能已被另一个标准所代替。

2.3 美国机械工程师协会

2.3.1 ASME 简介

美国机械工程师协会 (ASME）成立于 1880 年，是国际性非营利教育和技术组织，主要从事发展机械工程及其有关领域的科学技术，鼓励基础研究，促进学术交流，发展与其他工程学、协会的合作，开展标准化活动，制定机械规范和标准。ASME 还是 ANSI 五个发起单位之一。ANSI 的机械类标准，主要由它协助提出，并代表美国家标准委员会技术顾问小组，参加 ISO 的活动。

ASME 的组织结构如 2–3 所示。

自成立以来，ASME 领导了机械标准的发展。ASME 于 1911 年编制锅炉压力容器的建造安全规则 (所谓建造是一个概括性的术语，它包括设备在制造和安装中要求的材料、设计、制造、安装、检验、试验、检查和鉴定)，规定了强制性的最低要求，以及维护和运行的建议。1914 年出版了《动力锅炉规范》、1925 年增加了《压力容器规范》，1965 年又增加《核动力装置规范》，同时，每年都有修改和增补，并纳入第二年的新版。从最初的螺纹标准开始到现在已发展了超过 600 多个标准，其标准在全球被 90 多个国家采用。

ASME 标准涵盖广泛，包括核电厂用、非核电厂用机械设备的方方面面，按已经发布标准代码区别之，涉及 74 个领域（广义）的 755 项标准（有部分标准版本不同重复计算），详见表 2–1。

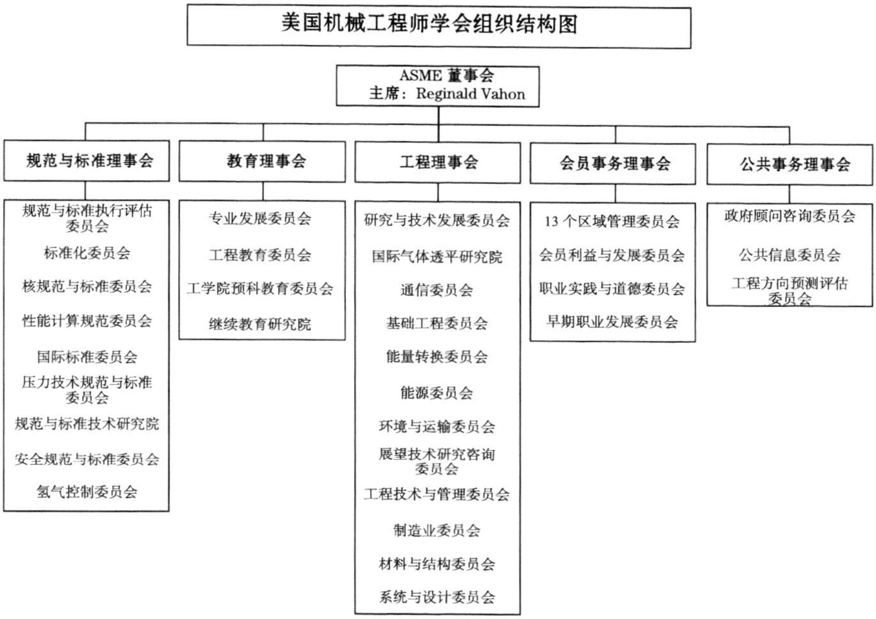

图 2-3　ASME 组织结构图

表 2-1　ASME 标准分类及代码

序号	类别代码	所属领域	标准数量*
1	A112	卫生器材、设备、设施规范	38
2	A120	动力平台、移动梯和桥式起重机建筑维修	2
3	A13	管道系统识别	1
4	A17	电梯和自动扶梯	21
5	A18	平台升降机和楼梯升降椅安全标准	3
6	A90	载人电梯安全标准	1
7	AG	核空气和气体处理规范	4
8	ASP	汽车服务和维修产品	1
9	B1	螺纹规范	22
10	B107	五金工具规范	12
11	B133	燃气轮机安装声音排放	1
12	B16	阀门、法兰装配及垫圈规范	58
13	B17	键和键槽	2
14	B18	螺栓、螺母、螺钉规范	68
15	B20	传送带及相关设备安全标准	2
16	B27	通用等截面螺旋保持环	2

（续表）

序号	类别代码	所属领域	标准数量*
17	B29	链条传动组件规范	16
18	B30	吊钩和起重设备规范	46
19	B31	各种压力管道	32
20	B32	扁平、圆形、方形、矩形和六角形金属制品的优选米制尺寸	1
21	B36	不锈钢管等	3
22	B4	优选米制公差与配合	2
23	B40	压力表、温度计、限压阀等规范	2
24	B46	表面纹理	2
25	B47	量规	1
26	B5	机床的规范	18
27	B73	卧式、直立式离心泵	3
28	B89	测量用器材的规范	24
29	B94	车床用刀具的规范	17
30	BOI	ASME 钢印持有导则	2
31	BPE	生物工艺设备	5
32	BPVC	锅炉及压力容器的规范	66
33	BTH	吊钩下部提升装置的设计	4
34	CA	合格评定要求	1
35	CSD	自动燃烧锅炉的控制和安全设备	1
36	EA	能量评估	8
37	FFS	适用性评价	3
38	HST	环链提升机性能标准	7
39	MFC	流体测量相关	21
40	N278	核电厂自力式和动力式安全相关阀门功能	1
41	N509	核空气净化设备和部件	2
42	N510	核空气处理系统试验	2
43	N511	核空气处理系统的在役试验	1
44	N626	审查检验机构、核监督员和核监督审查员的资格鉴定和责任（QAI）	4
45	NOG	核用桥吊和起重设备制造规则	1
46	NQA	核设施质量保证大纲	4
47	NTB	风险评估的培训大纲	1
48	NUM	桥式起重机、单轨铁路的建造规则	1
49	OM	核电厂运行和维修	6
50	P30	负重或相关设备的负载移动的规则	1
51	PALD	便携式汽车起重设备	2

（续表）

序号	类别代码	所属领域	标准数量[a]
52	PCC	压力边界螺栓法兰接头组件等	4
53	PDS	尺寸标注图纸	1
54	POM	性能停机检查	1
55	PTB	压力容器建造规则的例题手册	9
56	PTC	涉及各种设备、装置的性能测试规范	60
57	PVHO	载人压力容器	2
58	QAI	授权检验资格	3
59	QEI	电梯检验人员资格鉴定	3
60	QFO	高容量化石燃料火电厂的资格鉴定和认证	1
61	QHO	危险废物焚烧人员的资格鉴定和认证	1
62	QME	能动机械设备鉴定	2
63	QRO	资源回收人员的资格鉴定和认证	1
64	RA	早期放射性大剂量释放频率风险评估	1
65	RAM	发电厂系统和设备可靠性和维修	1
66	RT	重型轨道交通	3
67	RTP	增强热固性塑料	3
68	SI-1	国际单位转化	1
69	STP	结构性能和试验要求	72
70	STS	钢制烟囱	1
71	TDP	蒸汽涡轮机	3
72	V V	验证和确认（V&V）	3
73	Y14	工程制图	29
74	Y32	图形符号	1
75			755
76	a：同一标准不同的版本视为单一标准，BPVC 被认为是很多标准的集合		

注：ASME 的部分标准常被称为规范（code）。规范是标准的一种，常指具有法律效力的标准，其法律效力源于这些标准被政府所采用或被法规所引用等。如今一些标准被称之为规范，更多的是出于传统，因为有些标准虽具法律效力但并不称为规范，如 10CFR 引用的那些 IEEE 标准。

除了标准，ASME 组织了大量的技术会议，包括国际核工程大会和核技术研讨会等。这些会议传递了大量的技术信息。ASME 还发布会议报告，出版《ASME 燃气涡轮机和电力工程》，其中汇集了全球各地关于核工程的优秀原创科技论文。该杂志目前发表的论文主题涉及核反应堆设计（LWR、气相、液态金属、核聚变）、燃料循环和废料、材料、系统、结构和组件、安全性、流体热工水力、热交换和使用新型工作流体的热动力循环，实现了在一本杂志中同时涵盖高效发电、组件设计与开发、安全性和电厂分析等多个不同的研究领域。

ASME出版各种与核能和发电有关的专业参考书籍，其中包括《核心问题：今日核电剖析》《核设施退役手册》《电力工程应用中超临界压力下的热交换和液阻》《RAMCAP标准（加强版）》（所有危险风险和恢复力）以及数种《ASME锅炉与压力容器规范》补充指南。ASME以手册的形式发表大量相关的技术报告，报告的内容涵盖：核废料、尤卡山（Yucca Mountain）、高温气冷堆用石墨以及高温材料应用等。

2.3.2 ASME核相关标准

ASME标准中与核电密切相关的标准大约有附表6所示的177项（未包含B系列），包括以下几个系列：

1）AG系列（核空气和气体处理规范）4项；

2）B系列（涉及非安全级的安全重要管道）若干；

3）BOI系列（ASME BPVC第8卷钢印持有导则）2项；

4）BPVC系列（锅炉及压力容器规范）66项；

5）N5系列（核空气净化、处理设备及实验）5项；

6）NOG系列（核用桥吊和起重设备制造规则）1项；

7）NQA（核设施质量保证大纲）4项；

8）NUM（桥式起重机等）1项；

9）OM系列（核电厂运行和维修）6项；

10）PCC系列（压力边界螺栓法兰接头组件等）4项；

11）QME系列（能动机械设备鉴定）2项；

12）RA（早期放射性大剂量释放频率风险评估）1项；

13）RAM（发电厂系统和设备的可靠性和维修）1项；

14）STP系列（结构性能和试验要求）72项；

15）TDP系列（蒸汽涡轮）3项。

上述系列中，锅炉与压力容器规范ASME BPVC规范在核动力装置、核电厂运行与维修、核空气与气体处理系统、核用桥吊、能动机械设备鉴定等。

ASME BPVC 共有 12 卷，ASME BPVC Ⅲ（核设施部件的建造规则）、Ⅺ卷（核电厂部件在役检查规则）是核能专用的，第Ⅱ卷是材料规格标准，其中有一些是参照采用其他学会、协会的材料标准的。当参照采用其他学会、协会（ASTM、AWS）的材料标准时，在被参照采用的标准前加 S 或加 SF。例如 SA-6 与 ASTM A6 完全相同，SB-169 与 ASTM B169 完全相同，SFA-5.1 与 AWS A5.1 完全相同。此外，还制订了很多关于管道（B31）和阀门、管法兰、垫圈和法兰管件（B16）的标准，以及用于测试各类核电厂系统和设备的性能测试规范。

ASME BPVC 规范的核动力装置卷册，在世界上有较高的权威，往往被许多国家直接采用，法国的 RCC-M 规范和德国的 KTA 规范也是在直接借鉴其最重要技术内容的基础上再加上本国的实践而制定的。

尽管美国已经多年未新建核电厂，但这并不意味着这些规范和标准也随之弃而不用。事实上，这些标准和规范一直在进行修订，以求与技术进步保持同步。许多标准委员会每年召开 4 次会议，进行标准的更新和改进。标准委员在规范第 III 卷中，正在着手新的《磁约束核聚变发电设备》（第 4 分册）和《高温反应堆》（第 5 分册）的标准开发工作。在第 XI 卷中，正在编制新的气冷核电厂（第 2 册）和液态金属冷却核电厂（第 3 册）分册。

2.4 美国材料与试验协会

2.4.1 ASTM 简介

美国材料与试验协会（ASTM）前身是国际材料试验协会（International Association for Testing Materials，IATM），ASTM 是美国最老、最大的非营利性的标准学术团体之一。

ASTM 的宗旨就是促进公共健康与安全，提高生活质量；提供值得信赖的原料、产品、体系和服务，为推动国家、地区、乃至国际经济的发展提供科学保障。目前大约有 12000 项 ASTM 标准被广泛应用于世界各地，以期提高产品质量、加强安全、促进市场准入和贸易、建立消费者之间的信心。这些标准可以在已经发布的 80 卷 ASTM 标准年鉴中找到。

ASTM 的管理机构是理事会，组织结构见下图。理事会授权成立一些特别的常务委员会以执行ASTM协会的重要功能，目前共成立了以下5个常务委员会。其中与标准密切相关的是标准委员会和技术委员会，标准委员会负责 ASTM 标准的制定、维护，并对标准的格式和类型进行解释，对技术委员会的申请进行审查；技术委员会，在 ASTM 协会的组织结构中，属于半自治性的组织，根据需要组织成立分技术委员会和特别工作组。

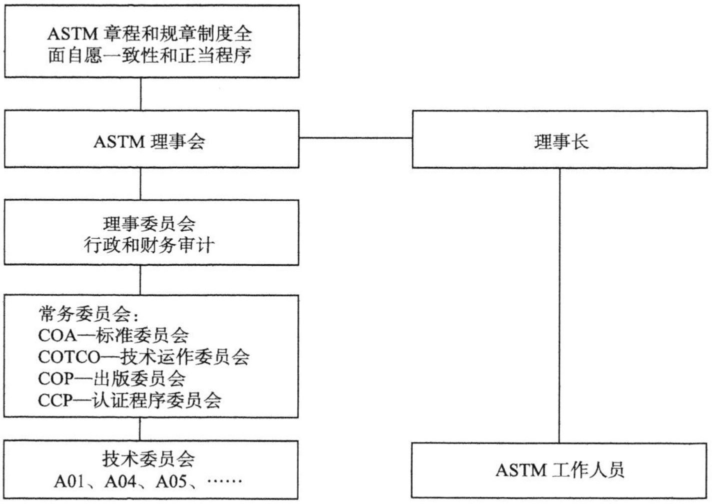

图 2-4　ASTM 的组织结构图

目前理事会共批准成立了 146 个技术委员会和 10 个与 ISO 合作的技术咨询组（TAG），如下所示。

表 2-2　IEEE 标准分类及数量

序号	代码	scope	分技术委员会负责范围
1	A01	Steel, Stainless Steel and Related Alloys	钢、不锈钢和相关合金
2	A04	Iron Castings	铸铁
3	A05	Metallic-Coated Iron and Steel Products	金属镀层钢铁产品
4	A06	Magnetic Properties	磁学性质
5	B01	Electrical Conductors	电导体
6	B02	Nonferrous Metals and Alloys	有色金属及其合金

（续表）

序号	代码	scope	分技术委员会负责范围
7	B05	Copper and Copper Alloys	铜及铜合金
8	B07	Light Metals and Alloys	轻金属及合金
9	B08	Metallic and Inorganic Coatings	金属和无机涂层
10	B09	Metal Powders and Metal Powder Products	金属粉末和金属粉末产品
11	B10	Reactive and Refractory Metals and Alloys	活性金属、难熔金属和合金
12	C01	Cement	水泥
13	C03	Chemical–Resistant Nonmetallic Materials	耐化学腐蚀的非金属材料
14	C04	Vitrified Clay Pipe	陶土管
15	C07	Lime and Limestone	石灰和石灰石
16	C08	Refractories	耐火材料
17	C09	Concrete and Concrete Aggregates	混凝土和混凝土骨料
18	C11	Gypsum and Related Building Materials and Systems	石膏及相关建材和系统
19	C12	Mortars and Grouts for Unit Masonry	混凝土和薄浆砌块
20	C13	Concrete Pipe	混凝土管
21	C14	Glass and Glass Products	玻璃及玻璃制品
22	C15	Manufactured Masonry Units	手工砌块
23	C16	Thermal Insulation	保温
24	C17	Fiber–Reinforced Cement Products	纤维增强水泥制品
25	C18	Dimension Stone	石材
26	C21	Ceramic Whitewares and Related Products	白色陶瓷及相关产品
27	C24	Building Seals and Sealants	建筑密封材料和密封剂
28	C26	Nuclear Fuel Cycle	核燃料循环
29	C27	Precast Concrete Products	预制混凝土产品
30	C28	Advanced Ceramics	先进陶瓷
31	D01	Paint and Related Coatings, Materials, and Applications	油漆和相关涂料、材料及应用
32	D02	Petroleum Products, Liquid Fuels, and Lubricants	石油产品、液体燃料和润滑剂
33	D03	Gaseous Fuels	气体燃料
34	D04	Road and Paving Materials	路和铺路材料
35	D05	Coal and Coke	煤和焦炭
36	D07	Wood	木制品
37	D08	Roofing and Waterproofing	屋面和防水
38	D09	Electrical and Electronic Insulating Materials	电气和电子绝缘材料
39	D10	Packaging	包装
40	D11	Rubber and Rubber–like Materials	橡胶及类橡胶材料

（续表）

序号	代码	scope	分技术委员会负责范围
41	D12	Soaps and Other Detergents	肥皂和其他洗涤剂
42	D13	Textiles	纺织品
43	D14	Adhesives	胶黏剂
44	D15	Engine Coolants and Related Fluids	发动机冷却液及相关液体
45	D16	Aromatic, Industrial, Specialty and Related Chemicals	芳香化学品，工业化学品，特殊化学品及相关化学品
46	D18	Soil and Rock	土壤和岩石
47	D19	Water	水
48	D20	Plastics	塑料
49	D21	Polishes	抛光剂
50	D22	Air Quality	空气质量
51	D24	Carbon Black	炭黑
52	D26	Halogenated Organic Solvents and Fire Extinguishing Agents	卤化有机溶剂和灭火剂
53	D27	Electrical Insulating Liquids and Gases	电绝缘液体和气体
54	D28	Activated Carbon	活性炭
55	D30	Composite Materials	复合材料
56	D31	Leather	皮革
57	D32	Catalysts	催化剂
58	D33	Protective Coating and Lining Work for Power Generation Facilities	防护涂层和发电设施衬砌工作
59	D34	Waste Management	废弃物管理
60	D35	Geosynthetics	土工合成材料
61	D36	Recovered Carbon Black (rCB)	回收炭黑（rCB）
62	D37	Cannabis	大麻
63	E01	Analytical Chemistry for Metals, Ores, and Related Materials	分析化学金属、矿石和相关材料
64	E04	Metallography	金相
65	E05	Fire Standards	防火标准
66	E06	Performance of Buildings	建筑性能
67	E07	Nondestructive Testing	无损检测
68	E08	Fatigue and Fracture	疲劳与断裂
69	E10	Nuclear Technology and Applications	核技术及应用
70	E11	Quality and Statistics	质量和统计
71	E12	Color and Appearance	颜色和外观
72	E13	Molecular Spectroscopy and Separation Science	分子光谱和分离科学
73	E17	Vehicle–Pavement Systems	车辆人行道系统

（续表）

序号	代码	scope	分技术委员会负责范围
74	E18	Sensory Evaluation	感官评价
75	E20	Temperature Measurement	温度测量
76	E21	Space Simulation and Applications of Space Technology	空间模拟和空间技术的应用
77	E27	Hazard Potential of Chemicals	化学品的潜在危险
78	E28	Mechanical Testing	机械测试
79	E29	Particle and Spray Characterization	粒子和喷雾特性
80	E30	Forensic Sciences	司法鉴定
81	E31	Healthcare Informatics	医疗信息
82	E33	Building and Environmental Acoustics	建筑与环境声学
83	E34	Occupational Health and Safety	职业健康与安全
84	E35	Pesticides, Antimicrobials, and Alternative Control Agents	杀虫剂、抗菌剂、以及替代控制剂
85	E36	Accreditation & Certification	评审和认证
86	E37	Thermal Measurements	热测量
87	E41	Laboratory Apparatus	实验室仪器
88	E42	Surface Analysis	表面分析
89	E43	SI Practice	国际单位制惯例
90	E44	Solar, Geothermal and Other Alternative Energy Sources	太阳能、地热等替代能源
91	E48	Bioenergy and Industrial Chemicals from Biomass	生物能源和工业生物质化学品
92	E50	Environmental Assessment, Risk Management and Corrective Action	环境评估、风险管理和纠正措施
93	E52	Forensic Psychophysiology	法医心理生理学
94	E53	Asset Management	资产管理
95	E54	Homeland Security Applications	国土安全应用
96	E55	Manufacture of Pharmaceuticaland Biopharmaceutical Products	药品和生物制药产品的生产
97	E56	Nanotechnology	纳米技术
98	E57	3D Imaging Systems	3D 成像系统
99	E58	Forensic Engineering	法医工程
100	E60	Sustainability	可持续发展
101	E61	Radiation Processing	辐射加工
102	E62	Industrial Biotechnology	工业生物技术
103	E63	Human Resource Management	人力资源管理
104	F01	Electronics	电子
105	F02	Flexible Barrier Packaging	主要阻隔包装

（续表）

序号	代码	scope	分技术委员会负责范围
106	F03	Gaskets	垫片
107	F04	Medical and Surgical Materials and Devices	医疗和外科材料与器件
108	F05	Business Imaging Products	商务影像产品
109	F06	Resilient Floor Coverings	弹性地板覆盖物
110	F07	Aerospace and Aircraft	航空航天和飞机
111	F08	Sports Equipment, Playing Surfaces, and Facilities	运动器材、运动场表面和设施
112	F09	Tires	轮胎
113	F10	Livestock, Meat, and Poultry Evaluation Systems	家畜、肉类和家禽评估系统
114	F11	Vacuum Cleaners	真空吸尘器
115	F12	Security Systems and Equipment	安全系统和设备
116	F13	Pedestrian/Walkway Safety and Footwear	行人 / 走道安全鞋
117	F14	Fences	栅栏
118	F15	Consumer Products	消费类产品
119	F16	Fasteners	紧固件
120	F17	Plastic Piping Systems	塑料管路系统
121	F18	Electrical Protective Equipment for Workers	电气保护设备工
122	F20	Hazardous Substances and Oil Spill Response	有害物质和溢油应急反应
123	F23	Personal Protective Clothing and Equipment	个人防护服和设备
124	F24	Amusement Rides and Devices	游乐设施和设备
125	F25	Ships and Marine Technology	船舶与海上技术
126	F26	Food Service Equipment	食品服务设备
127	F27	Snow and Water Sports	滑雪和水上运动
128	F30	Emergency Medical Services	紧急医疗服务
129	F32	Search and Rescue	搜索和救援
130	F33	Detention and Correctional Facilities	拘留和教养设施
131	F34	Rolling Element Bearings	滚动元件轴承
132	F36	Technology and Underground Utilities	技术及地下设施
133	F37	Light Sport Aircraft	轻型运动飞机
134	F38	Unmanned Aircraft Systems	无人机系统
135	F39	Aircraft Systems	飞机系统
136	F40	Declarable Substances in Materials	材料申报物质
137	F41	Unmanned Maritime Vehicle Systems (UMVS)	无人海上车辆系统（UMVS）
138	F42	Additive Manufacturing Technologies	添加剂制造技术
139	F43	Language Services and Products	语言服务和产品
140	F44	General Aviation Aircraft	通用航空飞机

（续表）

序号	代码	scope	分技术委员会负责范围
141	F45	Driverless Automatic Guided Industrial Vehicles	无人驾驶的自动导引车辆工业
142	G01	Corrosion of Metals	金属腐蚀
143	G02	Wear and Erosion	磨损和腐蚀
144	G03	Weathering and Durability	耐候性和耐久性
145	G04	Compatibility and Sensitivity of Materials in Oxygen Enriched Atmospheres	富氧大气中材料兼容性和敏感性研究
146	J01	Joint ASTM/NACE Committee on Corrosion	ASTM/ NACE 腐蚀联合委员会
147	28	US TAG to ISO/TC 28 Petroleum Products and Lubricants	美国 TAG[1]与 ISO/ TC28 的合作（石油产品和润滑剂）
148	35	US TAG to ISO/TC 35 Paints and Varnishes (SC 9 and SC 10)	美国 TAG 与 ISO/ TC35 的合作（色漆和清漆（SC9 和 SC10））
149	43	US TAG to ISO/TC 43/SC 2 Building Acoustics	美国 TAG 与 ISO/ TC43/ SC2 的合作（建筑声学）
150	61	US TAG to ISO/TC 61 Plastics	美国 TAG 与 ISO/ TC61 的合作（塑料）
151	85	Nuclear Energy, Nuclear Technologies, and Radiological Protection	美国 TAG 与 ISO/TC85 的合作（核能、核技术和放射防护）
152	146	ISO TC 146 on Air Quality	与 ISO TC146 的合作（空气质量）
153	150	US TAG to ISO/TC 150 Implants for Surgery	美国 TAG 与 ISO/ TC150 的合作（外科植入物）
154	157	US TAG to ISO TC157 Non–Systemic Contraceptives and STI Barrier Prophylactics	美国 TAG 与 ISO TC157 的合作（非系统性避孕和性病预防药物屏障）
155	164	US TAG to ISO TC164 Mechanical Testing of Metals	美国 TAG 与 ISO TC164 的合作（机械测试）
156	248	US TAG to ISO TC248 on Sustainability Criteria for Bioenergy	美国 TAG 与 ISO TC248 的合作（生物能源的可持续发展）

每个技术委员会下设若干分技术委员会，大约有 145 个标准技术委员会，负责起草核燃料循环、钢铁、石油、涂料、医疗设备、物业管理、消费品等方面的标准。ASTM 制定和发布的标准分为以下 6 种类型：

1）标准试验方法（Standard Test Method）Ⅰ、产品、系统或服务的质量、特性及参数等指标而采用的规定程序。

2）标准规范（Standard Specification）它对材料、产品、系统，或项目提出技术要求并给出具体说明，同时还提出了满足技术要求而应采用的程序。

[1] US TAG：US Technical Advisory Group (US/TAG)

3）标准惯例（Standard Practice）它对一种或多种特定的操作或功能给予说明，但不产生测试结果的程序。

4）标准术语（Standard Terminology）它对名词进行描述或定义，符号、缩略语、首字缩写进行说明。

5）标准指南（Standard Guide）它对某一系列进行选择或对用法进行说明，但不介绍具体实施方法。

6）标准分类（Classification）它根据其来源、组成、性能或用途，对材料、产品、系统，或特定服务进行区分和归类。

ASTM 标准用"标准代号 + 字母分类代码 + 标准序号 + 制定年份 + 标准英文名称"来表示。其中：

1）标准序号后，如带字母 M 则为公制单位标准，不带字母 M 的为英制单位标准。

2）制定年代后面如有括号，则括号内的年代表示标准重新审定的年代。

3）制定年代后面如有 a，b，c，……，则表示标准修订版次。

4）制定年代后面如有 £1，£2，£3．……，则表示标准仅进行编辑性修改而无实质内容修改的次数

5）字母分类代码的含义：

A—黑色金属；

B—有色金属；

C—水泥，陶瓷，混凝土与砖石材料；

D—其他材料（石油产品、燃料、低强塑料等）；

E—杂类（金属化学分析，耐火试验，无损试验，统计方法等）；

F—特殊用途材料（电子材料，防震材料，医用外科用材料等）材料的腐蚀、变质与降级。

ASTM 出版有标准年鉴，共收录了 12000 多项标准，这些标准根据领域划分被分在 15 篇（section）的 80 多卷（volume）中，其中第 12 篇与核能有关，简述如下：

1）第 1 篇：钢铁产品；

2）第 2 篇：有色金属制品；

3）第 3 篇：金属试验方法和分析程序

4）第 4 篇：建筑；

5）第 5 篇：石油产品、润滑油和化石燃料；

6）第 6 篇：油漆、相关涂料和芳烃；

7）第 7 篇：纺织品；

8）第 8 篇：塑料；

9）第 9 篇：橡胶；

10）第 10 篇：电气绝缘和电子；

11）第 11 篇：水和环境技术；

12）第 12 篇：核能、太阳能和地热能：

—12.01 卷核能（Ⅰ）；

—12.02 卷核能（Ⅱ）、太阳能、地热能和辐射加工。

13）第 13 篇：医疗器械及服务；

14）第 14 篇：一般方法和仪器；

15）第 15 篇：通用产品、特殊化学品、最终用途产品。

2.4.2 ASTM 的核标准

ASTM 的标准技术委员会中，C26 核燃料循环技术委员会、D33 防护涂层和发电设施衬砌工作、E10 核技术及应用、E61 辐照加工 4 个技术委员会和 1 个国际合作技术咨询组（与 ISO/TC85 在核能、核技术和放射防护领域的合作）与核领域直接密切相关，其制定的标准见附表 7（包括正制定标准、标准名称前加 WK 标识，如 WK33685），简介如下：

1）C26 核燃料循环技术委员会，成立于 1969 年，制定核燃料循环、核材料、核产品、核工艺有关的自愿一致性标准，提供国际认可的核燃料循环标准，以促进贸易、工作人员的安全、公众环境健康和监管的协同性。核燃料循环包括各个方面，但重点包括核燃料和反应堆材料的加工、分析和处理/处置技术、应用。商用核工业和核防御组织的相关核燃料循环活动都属于本技术委员的工作范围。C26 技术委员会包括 13 个分技术委员会（11 个起草制定标准）：

a）C26.01 编辑和术语，制定 1 项标准；

b）C26.02 燃料和增值材料规范，制定 24 项标准；

c）C26.03 中子吸收体材料规范，制定 18 项标准；

d）C26.05 试验方法，制定 111 项标准（3 项正制定），

e）C26.08 质量保证、统计应用和相关材料，制定 10 项标准；

f）C26.09 核处理，制定 5 项标准；

g）C26.10 无损分析，制定 18 项标准（1 项正制定）；

h）C26.12 安保应用，制定 10 项标准；

i）C26.13 乏燃料和高放废物，制定 19 项标准；

j）C26.14 远距离系统，制定 9 项标准（1 项正制定）；

k）C26.90.01 与 E10 核技术应用技术委员会的联合工作组；

l）C26.91 长期规划，制定 1 项标准。

2）D33 防护涂层和发电设施衬砌工作技术委员会，成立于 1979 年，制定了大约 30 余项标准，包括核电厂设施设备防护涂层相关的标准规范、试验方法、规程、术语和定义、有机和无机防护涂层分类、衬砌工作相关的标准。目前有 11 个分技术委员会：

a）D33.02 服役涂层和材料参数，制定 7 项标准；

b）D33.04 质量体系和检验，制定 9 项标准（1 项正制定）；

c）D33.05 应用和表面处理，制定 11 项标准；

d）D33.09 防护内衬的空气质量控制系统，制定 5 项标准；

e）D33.10 发电设施的防护涂层维护工作，制定 2 项标准；

f）D33.12 储罐涂料和衬里，暂无制定的标准；

g）D33.13 水力发电设施的防护涂料和衬里，制定 1 项标准（1 项正制定）；

h）D33.90 行政人员，暂无制定的标准；

i）D33.92 防护涂层术语和定义，制定 1 项标准；

j）D33.93 规划和公用事业咨询；

k）D33.94 奖项（Awards）。

3）E10 核技术及应用技术委员会，成立于 1951 年，制定了大约 100 余项标准，

包括辐射剂量学、核结构材料、去污、燃料燃耗、放射性核素应用和退役等相关标准。目前有 10 个分技术委员会：

a）E10.02 核结构材料的行为和使用，制定 11 项标准（1 项正制定）；

b）E10.02.01 小试样测试技术任务组，暂无；

c）E10.03 核设施和部件去污和退役的放射防护，制定 18 项标准（2 项正制定）；

d）E10.05 核辐射计量，制定 40 项标准（6 项正制定）；

e）E10.07 材料与设备的辐射剂量和辐射效应，制定 19 项标准（1 项正制定）；

f）E10.08 中子辐射损伤仿真程序，制定 4 项标准；

g）E10.90 执行；

h）E10.90.01 与 C26 核燃料循环技术委员会的联合工作组；

i）E10.92 荣誉与奖项；

j）E10.93 关于编辑，制定 2 项标准；

k）E10.94 会员资格；

l）E10.95 长期计划和国际活动。

4）E61 辐射加工技术委员会，成立于 2012 年，制定了大约 40 项标准，大部分标准与 ISO 联合发布，建立并维护医疗产品、药品、食品、聚合物和其他消费产品的电离辐射处理和应用相关标准规程，制定伽玛射线、X 射线、电子束辐照特性和操作相关标准方法。此外，该委员会还提供剂量测定系统的应用咨询以及可识别领域的研究。目前有 10 个分技术委员会：

a）E61.01 剂量学，制定 5 项标准；

b）E61.02 剂量测定系统，制定 13 项标准；

c）E61.03 剂量学应用，制定 7 项标准（2 项正制定）；

d）E61.04 专业应用，制定 8 项标准；

e）E61.05 食品辐照，制定 6 项标准；

f）E61.91 术语，暂无；

g）E61.06 气体与热加工：测量与应用，制定 1 项标准（1 项正制定）；

h）E61.07 认证和培训；

i）E61.90 执行；

j）E61.93 ISO 联络。

根据 ASTM 核门户网站的详细介绍，除上述 4 个与核直接相关的技术委员会制定核领域标准外，还有许多其他 ASTM 的分技术委员会制定的标准也广泛应用于核领域，如 A01.09 碳素钢管产品、A01.10 不锈钢和合金钢管产品、A01.11 锅炉及压力容器、B02.07 精炼镍和钴合金、E08.07 断裂力学等大约 80 多个分技术委员会制定的 1300 多项标准被美国核工业和 NRC 的管理导则所引用。其中美国 NRC 的 RG 引用了大约 37 个 ASTM 分技术委员会的 250 项标准。详见附表 7。

2.5 电气和电子工程师协会

2.5.1 IEEE 简介

电气和电子工程师协会（IEEE）成立于 1884 年，致力于电气、电子、计算机工程和与科学有关的领域的开发和研究。IEEE 是全世界最大的专业技术学会，也是一个跨国的学术组织，近 300 个地区分会 (Section) 分布在世界上 160 多个国家中，在分会下设专业委员会 (Chapter)，现有 1249 个专业委员会。IEEE 领导 IEEE 电路与系统学会、IEEE 信号处理学会等 40 余个大的专业学会、6 个联合会和 7 个专业委员会。

IEEE 专门设有 IEEE 标准化委员会 IEEE-SA，标准制定内容包括电气与电子设备、试验方法、原器件、符号、定义以及测试方法等。IEEE 在太空、计算机、电信、生物医学、电力及消费性电子产品等领域已制定了 900 多个行业标准。除标准之外，IEEE 每年出版汇刊与论文集上千套，都有很高的学术水平而具有权威性，对开展高新科技课题研究和项目开发都有高的参考价值，导引电子信息科技及电子工业的迅猛发展，也带动了其他学科的发展。IEEE 出版学报 67 种、杂志 25 种、会讯 24 种、书籍 50 种左右。这些期刊杂志，在电技术界有着很大的影响，实际上领导着电力、电子、计算机、通信、控制、遥感等电技术的最新发展方向。

IEEE 作为世界上最大、专业的电气、电子、计算机领域和科学技术相关领域专业技术协会，专业涉及核电、电力与能源、电力电子、智能电网、软件与系统工程太空、计算机等 20 个领域，详见下表（IEEE 标准分类及数量）。根据最新统计，制定了包括核能领域和非核能领域的 5000 多项（现行标准、被替代标准和撤销标准的集合）电气和电子工程相关标准。

表 2–3　IEEE 标准分类及数量

序号	Topic	专业领域	标准数量
1	Nuclear Power	核电	220
2	Power & Energy	电力与能源	1294
3	Aerospace Electronics	航天电子	48
4	Antennas & Propagation	天线与传播	15
5	Batteries	电池	30
6	Communications	通信	100
7	Computer Technology	计算机技术	608
8	Consumer Electronics	消费电子	25
9	Electromagnetic Compatibility	电磁兼容性	119
10	Green & Clean Technology	绿色和清洁技术	24
11	Healthcare IT	医疗 IT	52
12	Industry Applications	行业应用	929
13	Instrumentation & Measurement	仪表与测量	684
14	Nanotechnology	纳米技术	3
15	National Electrical Safety Code	美国国家电气安全规范	9
16	Power Electronics	电力电子	57
17	Smart Grid	智能电网	166
18	Software & Systems Engineering	软件与系统工程	366
19	Transportation	运输	112
20	Wired & Wireless	有线及无线	298
总计			5159

2.5.2 IEEE 的核标准

IEEE 标准中与核电相关标准共计 220 项（现行有效标准 108 项、已撤销标准 26 项、被取代标准 86 项），详见附表 8。几乎大部分与核相关技术标准的起

草由电力 & 能源专业学会下设的核电工程技术委员会（NPEC）负责完成，此外还有核与等离子体科学学会下设工作小组负责制定辐射探测器和等离子体相关标准。根据 IEEE 官方网站的介绍，直接起草核相关标准的工作小组有 23 个，其中 NPEC 的主要小组委员会（subcommit，一般 subcommit 包括数个工作组）包括：

1）管理小组委员会 (SC1)，主要负责委员会的政策，程序和一般事务管理；

2）设备鉴定小组委员会 (SC-2)，负责制定核电厂和其他核设施安全相关系统和设备所有资格鉴定标准；

3）运行、维护、老化、试验和可靠性小组委员会 (SC-3)，负责制定核电厂和其他核设施安全相关系统和设备所有运行、监督、维护、试验、可靠性标准。包括核电厂建造期间、启动运行期间安全相关系统和设备的监督、维护和试验的系统要求编制。此外还负责处理所有安全相关系统电气系统的质量保证事项；

4）辅助电源小组委员会 (SC-4)，负责制定核电厂和其他核设施中给安全相关系统和设备提供电源的电气系统的标准的制定；

5）人因、控制设施和人员可靠性小组委员会 (SC-5)，负责制定核电厂和其他核设施复杂人机界面的设计和分析相关标准，包括核电厂系统、设备、控制设施、设施设计、运行、维护、试验和退役方面的人因准则和标准，以及人类绩效评定方法的建立。此外，包括协调与其他团体关于人因数据、控制设施准则、人因可靠性数据的采集、分析和应用以及核电标准的协调责任。SC-5 还支持或赞助某些技术会议，包括每五年举行一次的人因与核电的国际大会。

6）安全相关系统小组委员会 (SC-6)，负责制定核电厂保护系统、保护动作系统、反应堆触发系统、反应堆保护系统、工程安全特性、辅助支持特性、安全系统、事故后监测显示仪表、安全停堆系统、预防连锁装置等安全相关系统的准则、功能要求和设计要求。

2.6 其他与核相关的标准

2.6.1 概述

除上述与核电标准制定密切的标准协会外，美国工业界还有许多行业学会或协会，他们制定的标准也用于核电的建设，如美国混凝土协会 (ACI) 编制的核电标准。还有各电力公司（如 EPRI）为核电厂建设而编写的公司内部标准和技术规格书，文件数量非常大。除此之外还引用了大量的常规工业标准，它们也是上述核电标准的基础，支持着核电标准的发展。其他与核相关工业标准制定机构主要如下：

1）ACI 美国混凝土协会；

2）AISC 美国钢结构协会；

3）AISI 美国钢铁协会；

4）AMCA 空气流动与空调协会；

5）API 美国石油协会；

6）ARI 空调与制冷协会；

7）ASCE 美国土木工程师协会；

8）ASHRAE 美国供热制冷空调工程师协会；

9）AWS 美国焊接学会；

10）AWWA 美国水工协会；

11）CMAA 美国吊车制造协会；

12）COE 美国军工工程师协会；

13）DEMA 柴油发动机制造商协会；

14）EPRI 电力研究院；

15）FEMA 联邦应急管理机构；

16）HI 水力研究院；

17）ICEA 绝缘电缆工程师协会；

18）IES 照明工程协会；

19）IPC 国际规范委员会；

20）IPCEA 绝缘动力电缆工程师协会；

21）ISA 仪表、系统和自动化协会；

22）MIL 军用标准和规范；

23）NCIG 国家建造事务组织；

24）NEMA 国家电器制造协会；

25）NFPA 国家防火协会；

26）SMACNA 国家钢板和空调承包商协会；

27）SNT 美国无损检验协会。

2.6.2 美国能源部与核相关的法规和技术标准

在美国政府各部门的职能分工中，美国能源部（DOE）负责核能的应用、核材料生产、核废物管理和军事应用等活动的管理。DOE 负责制定有不同层次的法规、指令和技术标准。这些文件形成了金字塔结构的体系，位于顶层的是 10CFR，第二层是 DOE 的顶层政策申明文件（P），第三层是 DOE 的要求文件（R），第四层是 DOE 的管理导则文件（G），第五层是 DOE 的技术标准（TS）。这一构架在整体上与 NRC 的文件体系类似。

DOE 制定的核安全管理法规绝大多数以 DOE 编号发布的体系中的第 2、3、4 层的文件，位于顶层的联邦法规很少，仅有 10CFR 的 830 等几项。DOE 依据其职责制定发布一系列 DOE 技术标准（DOE Technical Standards），这些技术标准为实施法规要求提供了具体的标准化的方案、方法和技术准则。技术标准包括 DOE Standards (STDs) 和 Handbooks(HDBKs) 两种类型的文件，标准号常以 DOE-HDBK/STD-（4 位数字）- 年代号来表示。其中标准数字号段 2001—2500 的为核能领域的标准（见下表），但该号段一致空缺，至今没有制定相应的技术标准。随着美国能源部推行采用自愿性协商一致的社会团体标准的政策以来，其自身制定的技术标准的数量越来越少，截至 2020 年 3 月，其批准的技术标准仅为 237 项。

鉴于 DOE 的上述职责范围，其发布的法规和标准基本不涉及核电厂，现行有效的技术标准中的核专属标准或直接相关的技术标准仅有附表 9 所列的 18 项，且集中在非反应堆的核设施相关领域，对于中国先进核电标准体系建设不具备参考价值。

表 2–4　美国能源部技术标准分类

文件数字代码	分类		文件类型
0001–0099	Health, Safety and Security	HSS	TSP 管理文件
0100–1000	Health, Safety and Security	HSS	Interdepartmental 文件
1001–2000	Health, Safety and Security	HSS	DOE 技术标准
2001–2500	核能	NE	DOE 技术标准
2501–3000	Economic Impact	ED	DOE 技术标准
3001–4000	Defense Programs	NNSA	DOE 技术标准
4001–4500	Human Resources	HR	DOE 技术标准
4501–5000	Energy Information	EI	DOE 技术标准
5001–5500	Radioactive Waste	RW	DOE 技术标准
5501–6000	Environmental Management	EM	DOE 技术标准
6001–6500	Energy Research	ER	DOE 技术标准
6501–6750	Policy	PO	DOE 技术标准
6751–7000	Fossil Energy	FE	DOE 技术标准
7001–7250	Energy Efficiency and Renewables	EE	DOE 技术标准
7251–7500	Laboratory Management	LM	DOE 技术标准
7501–7750	Field Management	FM	DOE 技术标准
7751–8000	National Security	IS	DOE 技术标准
8001–8250	Bonneville Power Administration	BPA	DOE 技术标准
8251–8500	Power Marketing Liaison	PML	DOE 技术标准
8501–8750	Education and Technical Information	ET	DOE 技术标准

2.6.3　美国混凝土协会

美国混凝土协会（ACI）成立于 1904 年，在全球范围内的混凝土设计、建造和材料领域享有盛誉。其技术委员会主要分为：100- 总体、200- 混凝土材料和属性、300- 设计和建造、400- 混凝土配筋和结构分析、500- 特殊应用和维护。其中“300- 设计和建造”技术委员会设有两个与核相关的分会：

1）349—混凝土核结构分会：

a）349-0A　核结构—材料；

b）349-0B　核结构—设计；

c）349-0C 核结构—锚固。

2）359—核反应堆混凝土安全壳（与 ASME 的合作）

a）359-0A 设计工作组；

b）359-0B 材料、建造和检验工作组；

c）359-0C 更新改造工作组。

混凝土核结构分会（349）的主要任务是制定并发布混凝土核结构的相关标准或文件，其目标包括：

1）修改 ACI 349 以反映 ACI 318 的最新修订的有关内容；

2）协调 ACI 349 与 ASME 第Ⅲ卷核设施部件建造规则 - 第 2 册 - 混凝土安全壳规范的相关内容（由 349/359/370 工作组的调查结果确定）；

3）通过合并所有已知勘误修订 ACI 349.2R 以便重新批准发布；

4）修订 ACI 349.3R 以便合并核能标准协调合作组织（NESCC）的建议与 ACI 562 关于混凝土在核能领域应用两者的有关内容；

5）修订 ACI 349.1R 以便采用最新的运行和事故热荷载分析方法。

核反应堆混凝土安全壳分会（359）主要任务是制定并发布制定与钢筋和预应力混凝土安全壳有关的标准和文件，包括安全壳金属衬里。其目标主要是联系核电厂的设计人员以收集有关如何改进混凝土规范的意见。

ACI 目前发布的与核相关的标准和文件见附表 10。

2.6.4 美国土木工程师协会

美国土木工程师协会（ASCE，The American Society of Civil Engineers）成立于 1852 年。可为核能领域的抗震、安全土工构筑物等设计提供技术支持。该协会对核能的安全发展和高放废物的有效处置持积极态度，支持美国核能供应的安全和经济增长方式，包括建设新的核电厂和现有核电厂容量升级，核能的增长是平衡国家能源组合的一个部分。目前制定的用于核电厂的标准主要有：

1）ASCE/SEI 43-05 seismic design criteria for structures, systems, and components in nuclear facilities 核设施结构、系统和部件的抗震设计准则；

2）ASCE N-725 guideline for design and analysis of nuclear safety related earth structures (ANSI/ASCE 1-82) 核安全相关土工构筑物设计和分析指南；

3）ASCE 4-98 seismic analysis of safety related nuclear structures and commentary 安全相关核结构的抗震分析和解释。

4）ASCE 7-98 Minimum Design Loads for Buildings and Other Structures 建筑物和其他结构的最小设计荷载；

5）ASCE 8-90 Specification for the Design of Cold Formed Stainless Steel Structural Members 冷成形不锈钢构件设计规范。

2.6.5 美国钢结构协会

美国钢结构协会（AISC，American Institute of Steel Construction inc）成立于 1921 年，主要从事结构钢的设计和建造。目前制定的可用于核电厂的相关标准见下：

1）AISC Specification for Structural Steel Buildings, Allowable Stress Design and Plastic Design, June, 1989, 钢结构建筑物 AISC 技术规范，许用应力设计和塑性设计；

2）ANSI/AISC-N690-1984, Specification for the Design, Fabrication and Erection of Steel Safety-Related Structures for Nuclear Facilities, 用于核设施的安全相关钢结构设计、制造和安装技术规范；

3）Load and Resistance Factor Design Specification for Structural Steel Buildings, Proposed for Trial Use Only, September 1, 1983, 钢结构建筑物载荷和阻抗因子设计技术规范；

4）Specification for the Design of Cold-Formed Steel Structural Members, Parts 1 and 2, 1977 冷成型钢结构构件设计技术规范。

2.6.6 美国焊接学会

美国焊接学会（AWS，American Welding Society）成立于 1919 年，作为一个非营利性组织，其目标是提高焊接的科学技术和应用。在核能领域的焊接研究工作有其开创、独到的技术优势，如：关于焊接被辐照材料的氦效应考虑、核电厂水下焊接、再热裂纹对轻水反应堆压力容器的完整性意义等方面。目前制定的与核电厂的相关标准见下：

1）D14.1/D14.1M:2005，Specification for Welding of Industrial and Mill Cranes and Other Material Handling Equipment 工业和起重机和其他物料搬运设备焊接规范；

2）ANSI/AWS D1.1-1990，Structural Welding Code-Steel，结构焊接规范——钢；

3）AWS D1.3-1981，Structural Welding Code-Sheet Steel，结构焊接规范——钢板；

4）AWS D1.4-1979，Structural Welding Code-Reinforcing Steel，结构焊接规范——钢筋；

5）AWS D9.1-1984，Specification for Welding of Sheet Metal，金属板焊接技术规范。

2.6.7 其他

美国电力研究院（EPRI）虽然不是标准化组织，但它制定的文件在核电业内具有较大的影响力。EPRI 成立于 1973 年，作为一家非营利性质的能源研究机构，其主要任务是组织、协调并统一规划发电、输电、配电、用电等方面的科研活动，以及核能发电、新技术开发利用、环境保护等方面的研究。EPRI 的科研范围极为广泛，包容了发电、环境保护、核能、电力输送和能源应用等各个方面。EPRI 建立了一个全球技术和业务专业服务网，它有助于解决当前面临的能源问题，提供战略性科研远景，和为能源未来发展进行规划。其核能领域的研究主要包括：

1）核燃料及放射性废物处理，包括燃料可靠性、乏燃料储存和处置、核废物管理和事故；

2）核辐射与安全，包括辐射防护、安全评估、健康影响；

3）新型核电技术，主要集中在先进轻水反应堆、小型模块化反应堆、先进核电设计；

4）核电厂运行和维护，包括设备可靠性、检测技术、移动工作管理、材料和风险管理；

5）其他专题研究，如混凝土检测技术、粉末冶金、传感器与操作等。

EPRI 制定和发布的核相关标准或文件详见附表 11。值得一提的是，EPRI 联合美国众多单位先后制定发布了《先进轻水堆用户要求文件（URD）第Ⅱ卷改进型核电厂》和《先进轻水堆用户要求文件（URD）第Ⅲ卷非能动核电厂》，分别对能动改进型核电厂和非能动核电厂提出了要求。虽然 URD 不是标准，但是其中的要求可以为制定相应标准提供借鉴。URD 第Ⅲ卷包含 13 章，对先进非能动核电厂的下面 13 个方面提出了具体的设计要求：

a）第一章 总要求

b）第二章 发电系统

c）第三章 反应堆冷却剂系统和反应堆非安全辅助系统

d）第四章 反应堆系统

e）第五章 专设安全系统

f）第六章 建筑设计和布置

g）第七章 装料和换料

h）第八章 核电厂冷却水系统

i）第九章 厂区支持系统

j）第十章 人—机接口系统

k）第十一章 （厂区）配电系统

l）第十二章 放射性废物处理系统

m）第十三章 汽轮发电机系统

另外，美国石油协会标准（API）和美国防火协会标准 (NFPA) 等组织也有少量标准用于核电厂或核设施，如下列的 API 和 NFPA 标准也常用于核电厂储罐类设备的建造和防火：

1）API 620, “Recommended Rules for Design and Construction of Large Welded Low-Pressure Storage Tanks,” American Petroleum Institute 焊接的大型低压储罐设计建造规则建议；

2）API 650, “Welded Steel Tanks for Oil Storage,” American Petroleum Institute 焊接的钢储油罐；

3）National Fire Codes 国家防火规范。

第三篇 美国核电法规标准体系分析

3.1 美国核电法规标准体系的特点

3.1.1 美国核电标准的分散性

综合前文可以看出，美国的核专属标准且适用于核电的标准具有显著的分散型特征。这种分散性体现在两个方面：一是制定这些标准的组织是分散的，包括 ANS、ASME、IEEE、ASTM 和 ACI 等数个标准化组织，这一特点不同于法国和我国的核电标准化管理模式，在法国和我国核电标准的制定非常集中；二是在标准的覆盖面上也是分散的，宏观上在各个标准化组织之间以及在标准化组织内部感兴趣的标准化主题较为发散，微观上即使在某一特定领域，它的标准也比较发散。

这样的分散型特征与美国的标准化模式密切相关。美国的行业标准体系是高度分散型的，自然的被分成无数独立的私有标准制定组织（SDO）支持的行业。美国标准化始于 100 多年前，最初是由民间组织根据市场发展的需要主导发展起来的。可以说，美国标准的制定就是一项民间的行业行为。100 多年来，美国标准化机制的两大基点即市场驱动和民间组织为主体，没有发生变化。而且随着形势的发展这两大基点越来越完善，构成了美国标准化最根本的特色。

美国标准的实施是建立在充分自愿的基础上，没有专门的机构监督标准的实施，换句话说美国标准的实施要接受市场的检验，只有制定的标准被有关方接受和采用，这样的标准制定组织才能生存和发展。经过长时间的市场竞争、优胜劣汰，美国发展起了一批实力强大、影响深远的民间标准组织，如 ASTM、ASME、IEEE 等，他们的影响已经深深地渗透于美国以及许多国家，他们虽然是民间组织，但他们制定的标准许多已经被美国法律法规所引用。同样，它们的标准也是需要经受市场的检验，从而造成在某一特定标准化主题范围之内，标准的覆盖不是完整的，而这样的完整性也不是必须的，这也导致美国的核电标准体系在系统性和完整性上不如一些计划性比较强的国家。

3.1.2 美国核电标准体系的构成

美国的核电标准较为分散，但整体上并不矛盾和冲突，可以梳理成一个覆盖虽不完全但脉络清晰的核电标准体系。这一体系的成型，得益于美国的标准化管理机制。如前文所述，美国标准化组织包括美国自愿性标准体系管理和协调机构——美国国家标准协会(ANSI),也包括ANSI认可的273个标准化组织(SDO)。ANSI负责协调各标准化组织的管理范围及其相关工作，各标准化组织在各自管理范围内，依照其感兴趣的主题，划分若干专业技术委员会，制定相应的标准。尤其是美国国家标准，它的制定组织必须是ANSI认可的SDO制定的标准，才有可能被ANSI批准为美国国家标准。自ANSI成立后，统计表明，ANSI成员中的20%制定了80%的美国标准。在核领域，尤其如此。经过ANSI的组织协调，各标准化机构围绕ANSI各行其是但又不矛盾冲突，如图3–1所示。

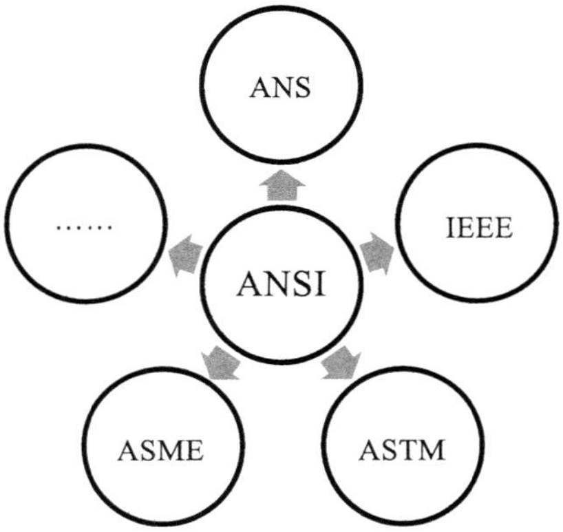

图3–1 美国核电相关的标准化组织协调模式

各个标准化组织通常代表了某一行业，在其管理范围内，往往又会根据特定的标准化主题划分专业委员会，专业委员会下可能还有工作组。这些细分的专业，初步构成了美国核电标准的体系结构，如图3–2所示。

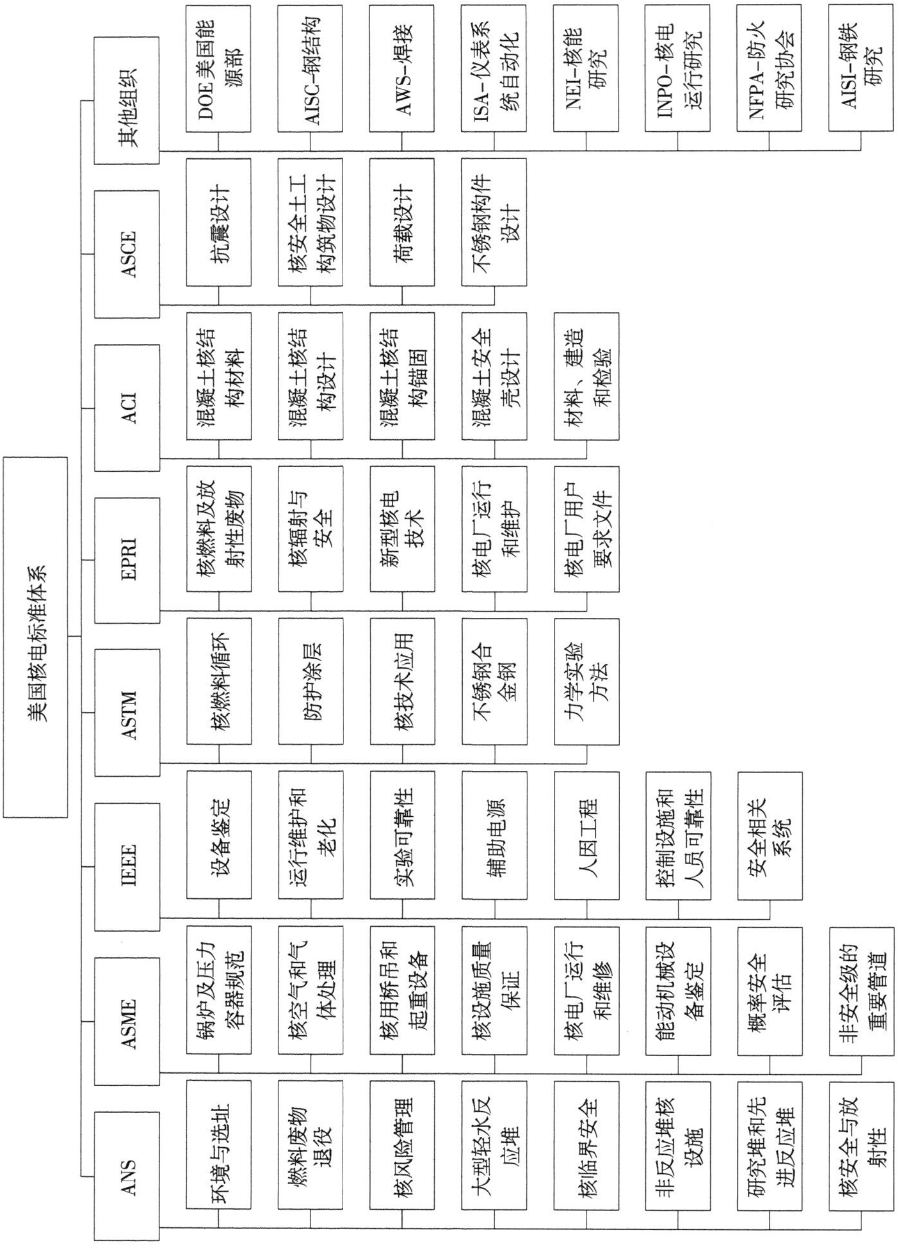

图 3-2　美国核电标准体系结构（按 SDO 划分）

3.1.3 核电法规与标准的层次关系

如前文所述，美国的核电相关的法规由政府行政主管部门制定，主要是核法律和 NRC 负责制定的 10CFR 的第一卷，以及 NRC 负责制定的管理导则 RG 和技术文件 NUREG（美国能源部、环保署和地方政府制定的因其数量以及适用性等原因而不予考虑）。核电相关的标准主要由各民间标准化组织制定的自愿协商一致性标准。

美国的核电法规标准体系结构，可借用法规金字塔形式来描述法规和标准的关系，即由核电相关的法律、行政法规（10CFR）、部门规章（管理导则 RG 和相关支持文件 NUREG）和工业标准（或协会标准）共同构成一个紧密关联、完整、高效的核电法规标准体系，具有如下明确的层次结构：

1）第一层是国家立法机关制定的法律；

2）第二层是政府制定的法规，主要是 NRC 负责的 10CFR 的部分；

3）第三层是 NRC 制定的管理导则 RG；

4）第四层是 NRC 制定的支持监管决策等的技术文件 NUREG；

5）第五层是工业界或者标准化组织制定的自愿协商一致性标准，包括核电专属标准和核电适用的常规工业标准。

这种层次关系可用图 3–3 来表示。

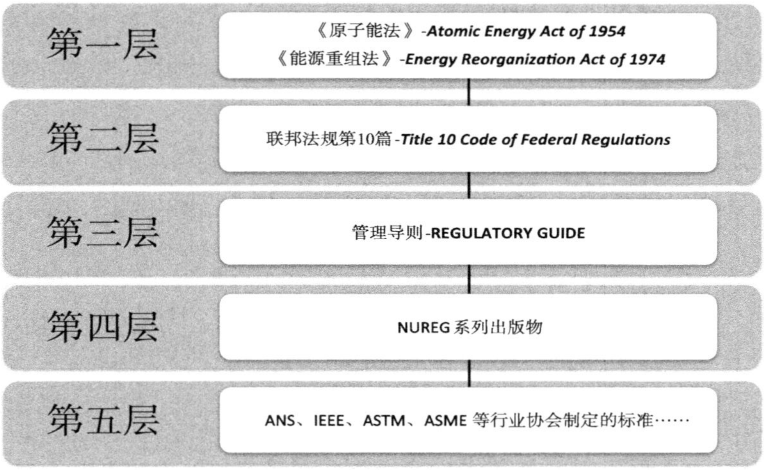

图 3–3 美国核电法规标准体系的层次结构

这种金字塔结构形式的层次关系，体现的是各类文件对其他文件的支撑关系，其中标准支撑是其上的所有4层的文件。《原子能法》《联邦法规 Part 10—能源》分属法规标准体系的高层、次高层，规定了和平利用原子能通用的和特殊的原则和准则。10CFR是对相关法律的具体落实，在美国具有法律效力。中间层包括NRC发布的管理导则（RG）和技术报告（如NUREG），阐述采用何种方法可以满足法规要求，因此管理导则是对上层法规的一种支撑，NUREG系列文件属于技术报告，它只是阐述NRC的技术观点，没有法规上的约束力。标准属于法规标准体系的最底层，从技术角度，较为详尽地支持法规以及NUREG各项要求的实现。

这种金字塔结构形式的层次关系，也大致反映了各层文件的数量，从上往下，基本上是逐渐增加的，但不适用于NUREG和标准的数量关系。

这种金字塔结构形式的层次关系，不能认为是各层文件的效力关系。层次体系的前四层，从法律效力或执行的强制力度来说，是依次减弱的，但标准则为特殊。美国标准是协商一致的结果，用户可自愿采用，即美国标准是推荐性的，即使高度认同已成为美国国家标准也是如此。但是由于有些标准发布之久、制定之权威，甚至直接被法规引用，标准一旦被美国的法规引用它就变为强制性的了。“10CFR50.55a Code and standard”就是“美国联邦法规第10篇—能源”中专门对美国核能设施建设、使用过程中，许可证持有者应遵循的规范和标准的引用说明。这些标准也可能被RG和NUREG引用。一旦标准被某一层的文件所引用，基本上也就具备了引用文件相同的效力。

3.1.4 核电标准对法规的支撑

美国核安全法规所规定的是“什么是必须达到的”，而不是如何达到的。显而易见，法规的落地需要有更为细致的规范性文件，除了表述NRC自身见解的RG之外，还需要听取来自工业界的协商一致的声音。因而，核安全法规对标准为其提供支撑具有内在需求。

美国的工业标准以两种方式对核安全法规提供了有效地支撑，一是通过联邦法规 10CFR 引用而成为法规的一部分，如 10CFR50.55a 对 ASME BPVC- Ⅲ、ASME OM、ASME BPVC- Ⅺ如何应用、用哪一年的版本和哪一年的补遗都有明确的规定，对保护系统和安全系统有关的 IEEE603 和 IEEE279 如何使用也作了明确的规定；二是通过 RG 和 NUREG 的引用而成为核安全审评工作的实际依据，如 RG1.84、1.147、1.192 中分别对 ASMEB PVC- Ⅲ、Ⅺ及 ASME OM 的规范案例，给出哪些是 NRC 可接受的、哪些是 NRC 有条件接受的、哪些是 NRC 曾经无条件接受但现在 ASME 已注销的、哪些是 NRC 有条件接受但已注销的、哪些是 NRC 曾经采用但现在已被新的规范案例取代了的。NRC 工作人员（Staff）在审查核电厂许可证申请者的安全分析报告时，是严格按美国的法规和法规认可了的标准进行的。在 NRC 工作人员审查 EPRI 的用户要求文件（URD）的报告 NUREG1242（URD 的安全评价报告（SER））中，我们可以看出 NRC 工作人员是这样做的：例如 URD Ⅱ提出进化型压水堆核电厂的寿期将为 60 年，Staff 说美国原子能法规定的核电厂的寿期是 40 年，因此要进行符合性审查。其实 Staff 在写 NUREG1242 的安全评价报告时，在日本已经按 URD Ⅱ的基本要求通过了建造具有 60 年寿期的进化型沸水堆核电厂的审查，但是 Staff 仍要作为一个未解决问题向 NRC 提出。又如，关于 IEEE323 的使用，在 SER 中工作人员指出，在 URD Ⅱ第 1 章附录 B 表 B. 1—2 环境要求文件中 ,EPRI 承诺与 SRP3.11 节‘机械和电气设备的环境鉴定’要求相符。工作人员认为，这一承诺是可接受的。URD Ⅱ第 1 章提出 1E 级电气设备应按照 10CFR50.49 和 IEEE 323‘推荐用于核电厂 1E 级设备抗震鉴定的实践’的要求作环境鉴定。工作人员发现，按照 10CFR50.49 内的阐述，IEEE 323—1974 是可接受的，但是还没有认可 IEEE323—1983 是可接受的。在 IEEE323—1983 与 10CFR50.49 之间存在差别的地方，设计者必须遵循 NRC 的法规，或者标识和证明那些差别以便工作人员审查。工作人员将在对具体的最终设计批准 / 设计确认（FDA/DC）申请进行审查时，评价这一事项。再如，ASME 规范案例 N—411 使用的对话，在 SER 中工作人员指出，工作人员要求 EPRI 修订 URD Ⅱ第 1 章以澄清用于无论 OBE 和 SSE 的单一阻尼值。EPRI 回答说，ALWR 计划已从设计过程中删除了 OBE。对于 SSE，RG1.61 内的阻尼值将用于构筑物和系统，但管道除外；对于后者，将使用 ASME 规划案例 N—411 的阻尼值。工作人员认为像 EPRI 回答中所说的那样应用规范案例 N—411 是不可完全接受的。工作人员要求 EPRI 对有关章节的要求部分修改为仅仅按 RG1.84 所限制的那样使用规范案例 N—411 的要求。实际上，NRC 正在修改 10CFR 关于 OBE 的有关条款。

这种引用方式有别于 IAEA 倡议的金字塔形式的核安全法规和标准体系，NRC 并不认为标准是其核安全法规体系理所当然的组成部分，譬如 NRC 对于 ANS 的标准的确认比较少，以至于像 ANSI/ANS51.1“固定式压水堆核电厂设计的安全准则”这样重要的标准（类似于法国的 RCC-P‘90 万千瓦压水堆核电厂系统设计和建造规则’和我国的 GB/T15761‘2X600MW 压水核电厂核岛系统设计建造规范’）都没有得到 NRC 的认可。但这些引用方式更加实质地将核安全法规和标准统一在一起，美国的工业标准已成为核安全监督和审评工作必不可少的依据。

美国核安全法规和工业标准的制定主体各不相同，且标准化机构分散而杂乱。美国的标准与核安全法规之所以能形成协调的整体，有赖于美国强大的标准化协调机制。《美国国家技术转让与推动法案》规定了政府部门应积极采用协商一致的民间标准，除非这些标准与法律不符或不适用。这一机制的建立，使得国家经济以更加统一的方式进行。在 NRC 的各类监管文件中，对相关标准引用达 5000 余处，见表。这种引用关系，也进一步协调了各个标准化组织所制定的适用于核电厂的标准之间的关系。

值得注意的是，尽管美国的核电法规和标准为许多国家所采用，但它的某些规定和许多细则是针对本国的具体情况，其他国家的核电建设不宜全部照搬套用，否则不但有可能增加了费用，而且安全性也得不到改善，譬如日本福岛事故的原因之一就是不合时宜地照搬了美国西屋的标准。

3.2 美国核电法规标准体系总体结构

图 3—3 从美国与核相关的标准化组织及其内部专业细分的角度，呈现了美国核电法规标准体系的框架结构。从中国先进核电标准体系的整体构建思路出发，可将这些标准按照核电厂建设阶段，结合标准化组织内部的专业分类，经过系统分析和梳理，可归纳出如图 3—4 所示的体系框架。这一体系框架的设置考虑如下亮点因素：

1）本体系的分析成果将作为《中国先进核电标准体系研究》的输入，为便于成果的采用，体系的设置除依照中国先进核电标准体系的 4 个子体系（核电设计、核电制造、核电建造、核电运营）的规划外，增加通用基础和退役两个子体系。

2）将监管法规、管理导则等作为法规标准体系的组成部分，同时设置如下代码用于识别：a 通用基础、b 核电设计、c 核电制造、d 核电建造、e 核电运营、f 核电退役。

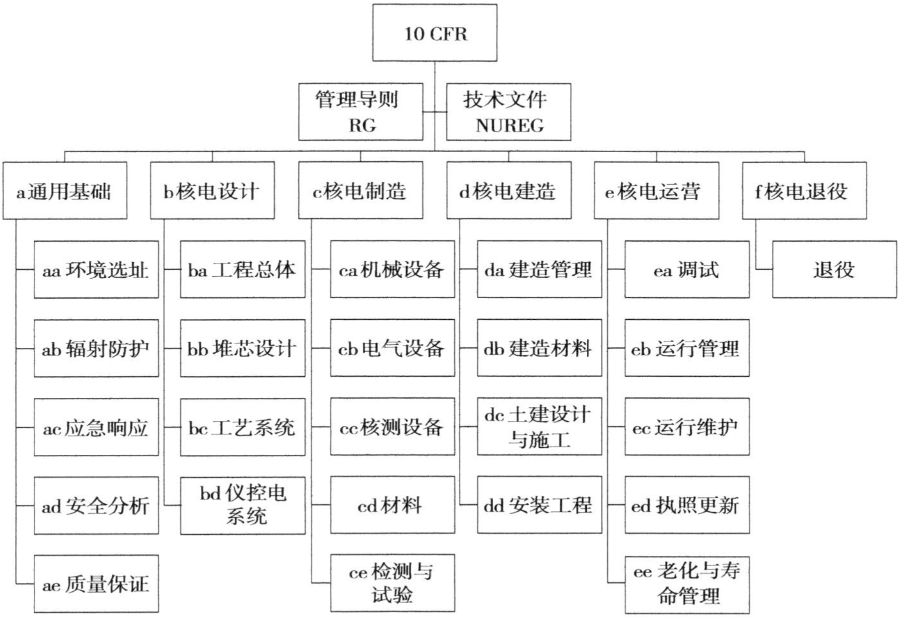

图 3—4 美国核电法规标准体系的大致框架构建

3.3 通用基础

3.3.1 环境选址

核电厂环境选址应考虑与厂址安全性相关的核电厂厂址的查勘、厂址的适宜性评价、厂址的环境影响评价。美国核电厂环境选址标准体系分为五个层次：第一层是美国国会颁布的原子能法。第二层次是美国核管会 NRC 制定了联邦法规，与核电厂环境选址有关的是 10 CFR part 51、10 CFR part 100 等，这些法规对核电厂环境保护和选址给出了宏观的规定。第三层次是 NRC 颁布了一系列环境选址的管理导则（RG），如 RG 1 对核电厂的选址阶段的水文地质、人口分布、气象条件、外部事件做出了详细的要求，RG 4 对辐射环境监测和应急准备等方面做出了规定。第四层次就是美国 NRC 出版了 NUREG 的技术报告、标准审查大纲、图书等正式出版物，这些出版物对厂址安全报告的编制要求、计算模式和参数选取等做出了更详细的规定；如 NUREG-0800《核电厂安全分析报告的标准审查大纲》，这是 NRC 对申请者按照“RG 1.70”《核电厂安全分析报告的标准格式和内容》要求编写的“初步 / 最终安全分析报告”进行审查的指导性文件，成为审评核电厂安全的重要依据，该出版物中对核电厂厂址特性和厂址参数等给出了详细要求。第五层次就是美国国家标准学会（ANSI）、美国核学会（ANS）。

需要说明的是美国核学会（ANS）设置了专门的环境与选址（ES）协调委员会，ES 协调委员会负责对以下自愿一致性标准的准备和维护：包括核电厂和非反应堆核设施的选址、环境评估、环境管理、环境监测的各个方面，并且对危及这些公共和私营部门核设施的各种自然现象进行分类和评价。大多数 ES 标准目前支持民用核工业的选址和环境需求，并且支持能源部（DOE）在核能推广使用时满足 10 CFR50、10 CFR51 和 10 CFR52 的执照申请要求，同时满足 40 CFR 的相关要求（与“清洁空气法、清洁水源法、安全饮用水法、资源保护和回收法、综合环境应对赔偿和责任法、有毒物质控制法和国家环境政策法”有关）。

美国核电环境选址法规标准体系框架见图 3–5，其中就标准而言，主要包括最底层所示的 6 个主题。具体相关标准清单见表 3–1。

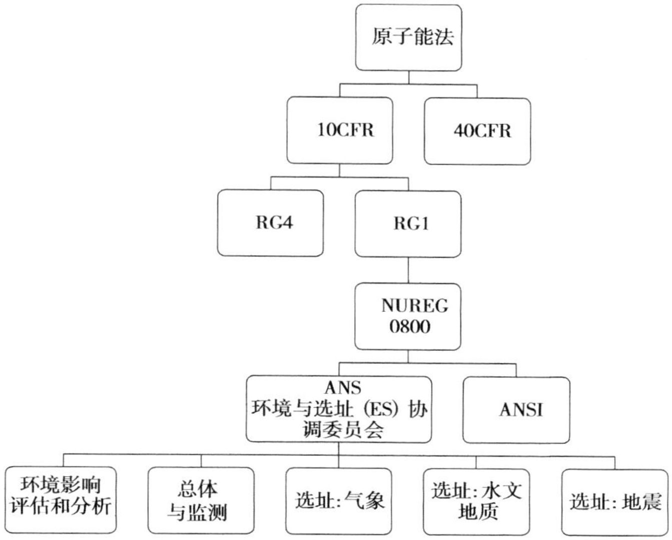

图 3-5 美国核电厂环境选址法规标准体系框架图

表 3-1 美国核电厂环境选址法规标准体系项目表

序号	代码	标准编号	Title	标准名称
1	aa	10CFR part 51	Environmental Protection Regulations for Domestic Licensing and Related Regulatory Functions	核国内许可和相关监管职能的环境保护规章
2	aa	10CFR part 100	Reactor Site Criteria	反应堆选址准则
3	aa	RG 1.23	Meteorological Monitoring Programs for Nuclear Power Plants	核电厂气象监测大纲
4	aa	RG 1.27	Ultimate Heat Sink for Nuclear Power Plants (for Comment)	核电厂最终热阱（征求意见稿）
5	aa	RG 1.59	Design Basis Floods for Nuclear Power Plants	核电厂设计基准洪水
6	aa	RG 1.70	Standard Format and Content of Safety Analysis Reports for Nuclear Power Plants	核电厂安全分析报告标准格式及内容
7	aa	RG 1.76	Design–Basis Tornado and Tornado Missiles for Nuclear Power Plants	核电厂设计基准龙卷风及龙卷风飞射物
8	aa	RG 1.78	Evaluating the Habitability of a Nuclear Power Plant Control Room During a Postulated Hazardous Chemical Release	核电厂在假想的有害化学物释放时控制室可居留性评价
9	aa	RG 1.101	Emergency Planning and Preparedness for Nuclear Power Reactors	核电反应堆应急计划与准备
10	aa	RG 1.102	Flood Protection for Nuclear Power Plants	核电厂防洪
11	aa	RG 1.109	Calculation of Annual Doses to Man from Routine Releases of Reactor Effluents for the Purpose of Evaluating Compliance with 10 CFR Part 50, Appendix I	为评估对 10 CFR 50 附录 I 的遵守情况对反应堆流出物常规排放所致公众年均剂量的计算

（续表）

序号	代码	标准编号	Title	标准名称
12	aa	RG 1.111	Methods for Estimating Atmospheric Transport and Dispersion of Gaseous Effluents in Routine Releases from Light–Water–Cooled Reactors	轻水冷却反应堆常规气体排放物大气转移与弥散的估算方法
13	aa	RG 1.117	Tornado Design Classification	龙卷风设计分级
14	aa	RG 1.217	Guidance for the Assessment of Beyond–Design–Basis Aircraft Impacts	超设计基准飞机撞击的评估导则
15	aa	RG1.132	Site Investigations for Foundations of Nuclear Power Plants	核电厂地基的厂址调查
16	aa	RG 4.1	Radiological Environmental Monitoring for Nuclear Power Plants	核电厂辐射环境监测
17	aa	RG 4.2	Preparation of Environmental Reports for Nuclear Power Stations	核电厂环境报告的编制
18	aa	RG 4.2S1	Supplement 1 to Regulatory Guide 4.2,Preparation of Environmental Reports for Nuclear Power Plant License Renewal Applications	对 RG 4.2 增补 1：用于核电厂许可证更新申请的环境报告的编制
19	aa	RG 4.7	General Site Suitability Criteria for Nuclear Power Stations	核核电厂一般厂址适用性准则
20	aa	RG 4.9	Preparation of Environmental Reports for Commercial Uranium Enrichment Facilities	商业铀浓缩设施环境报告的编制
21	aa	RG 4.11	Terrestrial Environmental Studies for Nuclear Power Stations	核电厂陆地环境研究
22	aa	RG 4.13	Performance, Testing, and Procedural Specifications for Thermoluminescence Dosimetry: Environmental Applications	热释光剂量测量特性、试验和操作规范：环境应用
23	aa	RG 4.14	Radiological Effluent and Environmental Monitoring at Uranium Mills	铀矿加工厂放射性排出流和环境监测
24	aa	RG 4.15	Quality Assurance for Radiological Monitoring Programs (Inception through Normal Operations to License Termination) – Effluent Streams and the Environment	辐射监测大纲质量保证（从正常运行到许可证终止）——排出流及环境
25	aa	RG 4.16	Monitoring and Reporting Radioactivity in Releases of Radioactive Materials in Liquid and Gaseous Effluents from Nuclear Fuel Processing and Fabrication Plants and Uranium Hexafluoride Production Plants	从核燃料处理加工厂及六氟化铀生产厂排放的气体和液体中放射性物质释放的放射性的监测和报告
26	aa	RG 4.17	Standard Format and Content of Site Characterization Plans for High–Level–Waste Geologic Repositories	高放废物地质处置库厂址表征计划的标准格式和内容
27	aa	RG 4.18	Standard Format and Content of Environmental Reports for Near–Surface Disposal of Radioactive Waste	放射性废物近地表处置环境报告的标准格式和内容
28	aa	RG 4.19	Guidance for Selecting Sites for Near–Surface Disposal of Low–Level Radioactive Waste	低放射性废物近地表处置地点选择导则
29	aa	RG 4.20	Constraint on Releases of Airborne Radioactive Materials to the Environment for Licensees other than Power Reactors	非动力堆持照单位气载放射性物质环境释放的限值

（续表）

序号	代码	标准编号	Title	标准名称
30	aa	RG 4.21	Minimization of Contamination and Radioactive Waste Generation: Life–Cycle Planning	污染物和放射性废物产生量的最小化：全寿期规划
31	aa	NUREG –75/087	Standard Review Plan for the Review of Safety Analysis Reports for Nuclear Power Plants: LWR Edition(reissued as NUREG–0800)	核电厂安全分析报告标准审查大纲：轻水堆版（以NUREG–0800 重新发布）
32	aa	75/087	Preparation of Radiological Effluent Technical Specifications for Nuclear Power Plants: A Guidance Manual for Users of Standard Technical Specifications	核电厂放射性流出物技术规范编制：标准技术规范用户指导手册
33	aa	NUREG–0654	Criteria for Preparation and Evaluation of Radiological Emergency Response Plans and Preparedness in Support of Nuclear Power Plants (FEMA–REP–1)	核电厂辐射应急响应计划及应急准备的编制和评估准则（FEMA–REP–1）
34	aa	NUREG–0800	Standard Review Plan for the Review of Safety Analysis Reports for Nuclear Power Plants: LWR Edition	核电厂安全分析报告标准审查大纲：轻水堆版
35	aa	NUREG–0917	Nuclear Regulatory Commission Staff Computer Programs for Use with Meteorological Data	核管理委员会工作人员用于气象数据的计算机程序
36	aa	ANS–18.2.1	Methods for Inferring Environmental Doses	环境剂量推断方法
37	aa	ANS–2.3–2011	Estimating Tornado,Hurricane, and Extreme Straight Line Wind Characteristics at Nuclear Facility Sites	估核设施厂址龙卷风、飓风和极端直线风的特性评估
38	aa	ANS–2.15–2013	Criteria for Modeling and Calculating Atmospheric Dispersion of Routine Radiological Releases from Nuclear Facilities	核设施常规放射性释放的大气扩散建模和计算准则
39	aa	ANS–2.16	Criteria for Modeling Design - Basis Accidental Releases From Nuclear Facilities	核设施设计基准事故释放建模准则
40	aa	ANS–2.21–2012	Criteria for Assessing Atmospheric Effects on the Ultimate Heat Sink	大气对最终热阱影响的评估准则
41	aa	ANS–2.31	Estimating Extreme Precipitation at Nuclear Facility Sites	核设施厂址极端降水评估
42	aa	ANS–3.8.10	Criteria for Modeling Real–Time Accidental Release Consequences at Nuclear Facilities	核设施实时意外释放后果的建模准则
43	aa	ANS–2.8	Determine External Flood Hazards for Nuclear Facilities	核设施外部洪水灾害的确定
44	aa	ANS–2.9	Evaluation of Ground Water Supply for Nuclear Facilities	核设施地下水供应评估
45	aa	ANS–2.19	Guidelines for Establishing Site–Related Parameters for Site Selection and Design of ISFSIs	建确定独立乏燃料贮存设施选址与设计用厂址相关参数的导则
46	aa	ANS–2.13	Evaluation of Surface–Water Supplies for Nuclear Power Sites	核电厂厂址地表水供应评估
47	aa	ANS–2.17–2010	Evaluation of Subsurface Radionuclide Transport at Commercial Nuclear Power Plants	商用核电厂地下放射性核素迁移评估
48	aa	ANS–2.18	Standards for Evaluating Radionuclide Transport in Surface Water for Nuclear Power Sites	核电厂厂址地表水中放射性核素迁移的评估标准

（续表）

序号	代码	标准编号	Title	标准名称
49	aa	ANS−2.32	Guidance on the Selection and Evaluation of Remediation Methods for Subsurface Contamination	地下污染修复方法选择和评估导则
50	aa	ANS−2.2	Earthquake Instrumentation Criteria for Nuclear Power Plants	核电厂地震仪表准则
51	aa	ANS−2.11	Guidelines for Evaluating Site−Related Geotechnical Parameters at Nuclear Power Sites	核电厂厂址相关岩土参数的评估导则
52	aa	ANS−2.23−2002	Nuclear Plant Response to an Earthquake	核电厂地震响应
53	aa	ANS−2.26−2004	Categorization of Nuclear Facility Structures, Systems, and Components for Seismic Design	核设施构筑物、系统和部件的抗震设计分类
54	aa	ANS−2.27−2008	Criteria for Investigations of Nuclear Facility Sites for Seismic Hazard Assessments	核设施厂址地震危险性评估的调查准则
55	aa	ANS−2.29−2008	Probabilistic Seismic Hazard Analysis	地震危险性概率分析
56	aa	ANS−2.30	Criteria for Assessing Tectonic Surface Fault Rupture and Deformation at Nuclear Facilities	核设施构造面断层破裂和变形的评估准则
57	aa	ANS−2.25	Surveys of Terrestrial Ecology Needed to License Thermal Power Plants	热电厂取证所需的陆地生态调查
58	aa	ANS−18.3.1	Entrainment: Guide to Steam Electric Power Plant Cooling System Siting, Design and Operation for Controlling Damage to Aquatic Organisms	夹带：为防止水生生物受损的蒸汽发电厂冷却系统选址、设计和运行导则
59	aa	ANS−18.3.2−(NEW)	Cold Shock: Guide to Steam Electric Power Plant Cooling System Siting, Design and Operation for Controlling Damage to Aquatic Organisms	冷冲击：为防止水生生物受损的蒸汽发电厂冷却系统选址、设计和运行导则
60	aa	ANS−18.3.3	Entrapment/Impingement: Guide to Steam Electric Power Plant Cooling System Siting, Design and Operation for Controlling Damage to Aquatic Organisms at Water Intake Structures	诱捕 / 冲击：为防止取水构筑物中水生生物受损的蒸汽发电厂冷却系统选址、设计和运行导则
61	aa	ANS−18.4	Aquatic Ecological Surveys Required for Siting, Design, and Operation of Thermal Power Plants	热电厂选址、设计和运行所需的水生生态调查
62	aa	ANS−18.6	Discharge of Thermal Effluents into Surface Waters	核热废水排出流进入地表水
63	aa	ANS−2.6	Guidelines for Estimating Present & Forecasting Future Population Distributions Surrounding Power Reactor Sites	核电厂厂址周边人口分布当前估算与未来预测的导则
64	aa	ANS−2.22	Environmental Radiological Monitoring at Nuclear Facilities	核设施环境放射性监测
65	aa	ANS−3.11−2005	Determining Meteorological Information at Nuclear Facility Sites	核设施厂址气象资料的确定
66	aa	ANS−16.1−2003	Measurement of the Leachability of Solidified Low−Level Radioactive Wastes by a Short−Term Test Procedure	凝通过短期试验程序对低水平放射性废物固化体浸出率的测量
67	aa	ANS−18.7	Control and Monitoring of the Discharge of Chemicals	化学排放物的控制和监测

3.3.2 辐射防护

美国核电厂辐射防护的顶层规范当属 10CFR Part 20《辐射防护标准》，该规范是核电厂最基础的辐射防护标准。它包括辐射防护的总体规定、辐射防护大纲、职业照射限值、公众个人辐射剂量限值、辐射防护调查与监控、限值区外照射控制、限值区内照射的吸入防护和控制等原则性内容。RG 1.70《核电厂安全分析报告的标准格式和内容》和 NUREG-0800《核电厂安全分析报告的标准审查大纲（轻水堆版）》是配套执行文件，两者的第 12 章都是“辐射防护”相关内容，前者给出了核电厂辐射防护安全分析报告的格式和内容，后者则为 NRC 工作人员提供了核电厂辐射防护设计和剂量限值保持在合理可行尽量低的水平的审评方案。

辐射防护相关标准主要有 RG8 职业健康系列导则、ASTM E10 技术委员制定的相关标准。包括辐射防护基础与分区、设计和源项分析、职业照射、辐射防护培训以及退役辐射防护相关类型，其核电厂辐射防护标准子体系框图见图 3–6，相关标准清单见表 3–2。

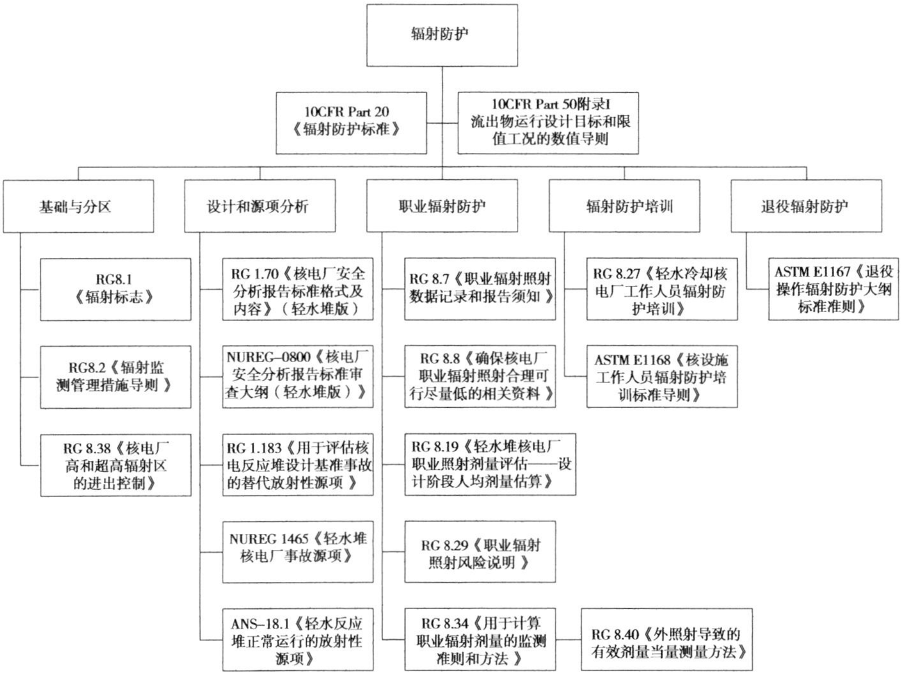

图 3–6　核电厂辐射防护标准子体系框图

表 3–2 美国核电辐射防护标准清单

序号	代码	标准编号	Title	标准名称
1	ab	10CFR Part 20	Standards for Protection Against Radiation	辐射防护标准
2	ab	10CFR Part 50 附录 I	Numerical Guides for Design Objectives and Limiting Conditions for Operation to Meet the Criterion "As Low as is Reasonably Achievable" for Radioactive Material in Light–Water–Cooled Nuclear Power Reactor Effluents	为满足轻水冷却核电厂反应堆流出物放射性物质"合理可行尽量低"原则的运行设计目标和限值工况的数值导则
3	ab	RG8.1	Radiation Symbol	辐射标志
4	ab	RG8.2	Guide for Administrative Practices in Radiation Monitoring	辐射监测管理措施导则
5	ab	RG8.38	Control of Access to High and Very High Radiation Areas of Nuclear Plants	核电厂高和超高辐射区的进出控制
6	ab	RG 1.70	Standard Format and Content of Safety Analysis Reports for Nuclear Power Plants (LWR Edition)	核电厂安全分析报告标准格式及内容（轻水堆版）
7	ab	NUREG –0800	Standard Review Plan for the Review of Safety Analysis Reports for Nuclear Power Plants: LWR Edition	核电厂安全分析报告标准审查大纲：轻水堆版
8	ab	RG1.183	Alternative Radiological Source Terms for Evaluating Design Basis Accidents at Nuclear Power Reactors	用于评估核电反应堆设计基准事故的替代放射性源项
9	ab	NUREG –1465	Accident Source Terms for Light–Water Nuclear Power Plants	轻水堆核电厂事故源项
10	ab	ANS–18.1	Radioactive Source Term for Normal Operation of Light Water Reactors	轻水反应堆正常运行的放射性源项
11	ab	RG8.7	Instructions for Recording and Reporting Occupational Radiation Exposure Data	职业辐射照射数据记录和报告须知
12	ab	RG8.8	Information Relevant to Ensuring that Occupational Radiation Exposures at Nuclear Power Stations Will Be as Low as Is Reasonably Achievable	确保核电厂职业辐射照射合理可行尽量低的相关资料
13	ab	RG8.19	Occupational Radiation Dose Assessment in Light–Water Reactor Power Plants–Design Stage Man–Rem Estimates	轻水反应堆核电厂职业照射剂量评估——设计阶段人均剂量估算
14	ab	RG8.29	Instruction Concerning Risks from Occupational Radiation Exposure	职业辐射照射风险说明
15	ab	RG8.34	Monitoring Criteria and Methods To Calculate Occupational Radiation Doses	用于计算职业辐射剂量的监测准则和方法
16	ab	RG8.40	Methods for Measuring Effective Dose Equivalent from External Exposure	外照射导致的有效剂量当量测量方法
17	ab	RG8.27	Radiation Protection Training for Personnel at Light–Water–Cooled Nuclear Power Plants	轻水冷却核电厂工作人员辐射防护培训
18	ab	ASTME1167	Standard Guide for Radiation Protection Program for Decommissioning Operations	退役操作辐射防护大纲标准导则
19	ab	ASTME1168	Standard Guide for Radiological Protection Training for Nuclear Facility Workers	核设施工作人员辐射防护培训标准导则

3.3.3 应急响应

应急响应主要有 10 CFR 50 系列、RG 系列、ANS 3.8 系列等。包括应急计划和准备、核电厂安保应急、应急计划的变更、核电厂应急保障计划标准格式和内容、运输应急、应急响应职能和组织等内容。其中：

10 CFR 50.47 Emergency plans 是规定核电厂应急响应的顶层法规，文中提到关于核电厂场内和厂外的应急响应计划必须满足以下标准：1）必须明确和指定应急计划区的第一责任机构和支持辅助机构。2）核设施许可证持有机构的应急响应当值人应明确，且有足够人员在任何时候对关键功能区的事故响应进行处理。3）应急响应的请求和各种援助资源得到有效建立。4）建立标准的应急分级和行动水平纲要。5）建立应急组织、应急人员和公众的即时通信规程。6）定期告知公众知悉在发送应急事件时如何被通知以及马上采取什么行动。7）提供足够的应急设施和设备。8）安排医疗救助小组。9）制定总体恢复计划。10）组织定期演习活动以评估大规模的应急响应能力。11）提供放射性应急响应培训等。

10 CFR50 Appendix E 是更为详细的核设施应急计划和准备，包括 6 章。其中：第 2、3 章规定最初安全分析报告和最终安全分析必须包括完整的应急计划。此外，第 4 章则对应急计划的组织、通知程序、应急设施和设备、培训等 8 个方面做了进一步的规定。第 5、6 章分别规定执行程序、应急响应数据系统。

此外，NRC 还制定了一系列核电应急计划的管理导则（RG）和 NUREG 技术文件，ANS 大型轻水反应堆（LLWR）协调委员会的应急预案和响应分技术委员会也制定了一些核电厂应急计划的国家标准。关于美国核电厂应急响应标准子体系的结构框图见图 3–7，相关标准清单见表 3–3。

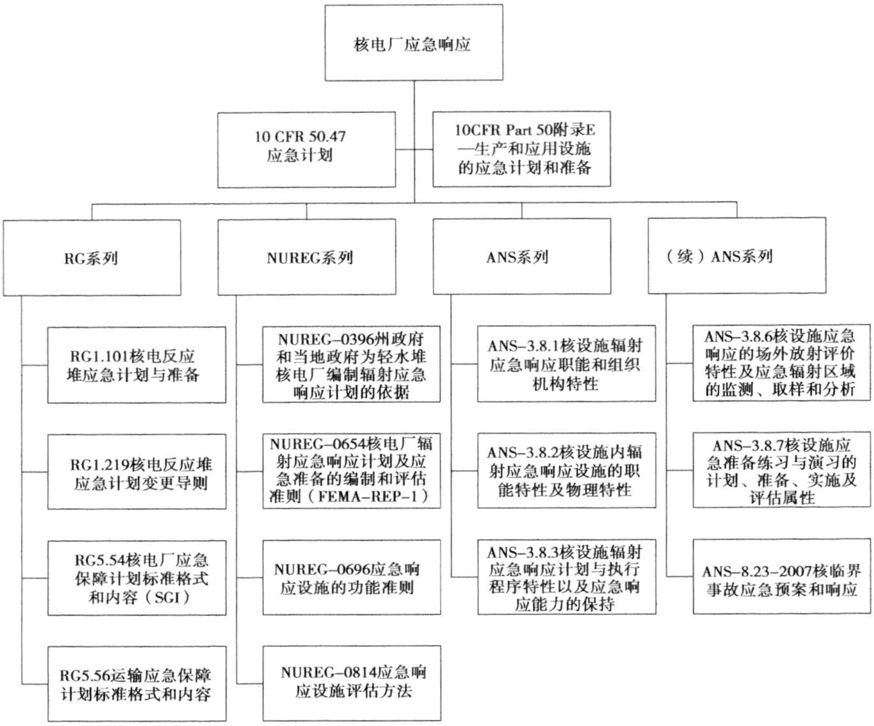

图 3–7　美国核电厂应急响应标准子体系结构

表 3–3　美国核电应急响应标准子体系标准清单

序号	代码	标准编号	Title	标准名称
1	ac	10 CFR 50.47	Emergency Plans	应急计划
2	ac	10CFR Part 50 附录 E	Emergency Planning and Preparedness for Production and UtilizationFacilities	生产和应用设施的应急计划和准备
3	ac	RG1.101	Emergency Planning and Preparedness for Nuclear Power Reactors	核电反应堆应急计划与准备
4	ac	RG1.219	Guidance on Making Changes to Emergency Plans for Nuclear Power Reactors	核电反应堆应急计划变更导则
5	ac	RG5.54	Standard Format and Content of Safeguards Contingency Plans for Nuclear Power Plants (SGI)	核电厂应急保障计划标准格式和内容（SGI）
6	ac	RG5.56	Standard Format and Content of Safeguards Contingency Plans for Transportation	运输应急保障计划标准格式和内容
7	ac	NUREG –0396	Planning Basis for the Development of State and Local Government Radiological Emergency Response Plans in Support of Light Water Nuclear Power Plants	州政府和当地政府为轻水堆核电厂编制辐射应急响应计划的依据

（续表）

序号	代码	标准编号	Title	标准名称
8	ac	NUREG −0654	Criteria for Preparation and Evaluation of Radiological Emergency Response Plans and Preparedness in Support of Nuclear Power Plants (FEMA−REP−1)	核电厂辐射应急响应计划及应急准备的编制和评估准则（FEMA−REP−1）
9	ac	NUREG −0696	Functional Criteria for Emergency Response Facilities	应急响应设施的功能准则
10	ac	NUREG −0814	Methodology for Evaluation of Emergency Response Facilities	应急响应设施评估方法
11	ac	ANS−3.8.1	Properties of Radiological Emergency Response Functions and Organizations for Nuclear Facilities	核设施辐射应急响应职能和组织机构特性
12	ac	ANS−3.8.2	Properties of Functional and Physical Characteristics of Radiological Emergency Response Facilities at Nuclear Facilities	核设施内辐射应急响应设施的职能特性及物理特性
13	ac	ANS−3.8.3	Properties of Radiological Emergency Response Plans and Implementing Procedures and Maintaining Emergency Response Capability for Nuclear Facilities	核设施辐射应急响应计划与执行程序特性以及应急响应能力的保持
14	ac	ANS−3.8.6	Properties of the Conduct of Offsite Radiological Assessment for Emergency Response and Emergency Radiological Field Monitoring, Sampling and Analysis for Nuclear Facilities	核设施应急响应的场外放射评价特性及应急辐射区域的监测、取样和分析
15	ac	ANS−3.8.7	Properties of Planning, Development, Conduct, and Evaluation of Drills and Exercises for Emergency Preparedness at Nuclear Facilities	核设施应急准备练习与演习的计划、准备、实施及评估属性
16	ac	ANS−8.23	Nuclear Criticality Accident Emergency Planning and Response	核临界事故应急计划与响应

3.3.4 安全分析

核电厂安全分析是保证所有安全要求得到满足的系统的分析评价过程，可覆盖核电厂的选址、设计、建造、运行和退役等所有与安全有关的方面，目的是确定所有照射来源，并评估核电厂工作人员和公众可能收到的辐射剂量，以及对环境的可能影响。核电厂的安全分析采用两种相互补充的方法，即确定论法和概率论法评价核电厂的安全。核电厂的确定论安全分析常常称为事故分析，因此安全分析标准体系包括事故分析和概率安全分析两部分内容。

1）事故分析

核电厂的事故分析一般包括事故分析的基本方法、堆芯冷却系统的有效性验证、氢气的产生、混合和燃烧分析、设备的可用性分析、严重事故分析等。美国核电厂事故分析标准主要包括美国联邦法规（10CFR）、美国核管会导则（RG、NUREG0800 等）、美国行业标准（ANS、ASME 等）。具体见表 3–4。

表 3–4 美国核电厂事故分析标准清单

序号	代码	标准编号	Title	标准名称
1	ad	10CFR50 APP A	General Design Criteria For Nuclear Power Plants	核电厂总体设计准则
2	ad	10CFR50 APP K	ECCS Evaluation Models	应急堆芯冷却系统评价模型
3	ad	10CFR 50.44	Combustible Gas Control for Nuclear Power Reactor	核电反应堆可燃气体控制
4	ad	10CFR 50.46	Acceptance Criteria for Emergency Core Cooling Systems for Light–water Nuclear Power Reactors	轻水核电反应堆应急堆芯冷却系统验收准则
5	ad	10CFR 50.62	Requirements for Reduction of Risk From Anticipated Transients Without Scram (ATWS) Events for Light–Water–Cooled Nuclear Power Plants	轻水冷却核电厂未能紧急停堆预期瞬态风险降低要求
6	ad	RG 1.4 –2010	Assumptions Used for Evaluating the Potential Radiological Consequences of a Loss of Coolant Accident for Pressurized Water Reactors	用于评价压水堆失水事故潜在放射性后果的假定
7	ad	RG 1.7 –2007	Control of Combustible Gas Concentrations in Containment	安全壳内可燃气体浓度控制
8	ad	RG 1.70 –2014	Standard Format and Content of Safety Analysis Reports for Nuclear Power Plants (LWR Edition)	核电厂安全分析报告标准格式及内容（轻水堆版）
9	ad	RG 1.77–1974	Assumptions Used for Evaluating a Control Rod Ejection Accident for Pressurized Water Reactors	用于评价压水堆控制棒弹棒事故的假定
10	ad	RG1.82 –2012	Water Sources for Long–Term Recirculation Cooling Following a Loss–of–Coolant Accident	失水事故后长期再循环冷却的水源
11	ad	RG 1.157 –2013	Best–Estimate Calculations of Emergency Core Cooling Systems Performance	应急堆芯冷却系统性能估算的最佳方法
12	ad	RG 1.195 –2003	Methods and Assumptions for Evaluating Radiological Consequences of Design Basis Accidents at Light–Water Nuclear Power Reactors	轻水核电反应堆设计基准事故放射性后果评价的方法和假设
13	ad	RG1.203 –2010	Transient and Accident Analysis Methods	瞬态及事故分析方法
14	ad	RG1.205 –2009	Risk–Informed, Performance–Based Fire Protection for Existing Light–Water Nuclear Power Plants	现存轻水核电厂风险指引的基于性能的火灾防护
15	ad	RG1.214 –2014	Response Strategies for Potential Aircraft Threats	潜在飞机威胁的应对策略
16	ad	RG1.216 –2010	Containment Structural Integrity Evaluation for Internal Pressure Loadings Above Design–Basis Pressure	安全壳在超过设计基准压力的内部压力载荷下的结构完整性评价

（续表）

序号	代码	标准编号	Title	标准名称
17	ad	RG1.217 −2011	Guidance for the Assessment of Beyond−Design−Basis Aircraft Impacts	超设计基准飞机撞击的评估导则
18	ad	RG1.221−2011	Design−Basis Hurricane and Hurricane Missiles for Nuclear Power Plants	核电厂设计基准飓风和飓风飞射物
19	ad	NUREG 0800−2011	Standard Review Plan For The Review Of Safety Analysis Reports For Nuclear Power Plants	核电厂安全分析报告标准审查大纲
20	ad	ANSI/ANS −5.1−2005	Decay Heat Power in Light Water Reactors	轻水反应堆的衰变热功率
21	ad	ANSI/ANS−51.1−1983	Nuclear Safety Criteria for the Design of Stationary Pressurized Water Reactor Plants	固定式压水堆核电厂核安全设计准则
22	ad	ANS−56.1	Containment Hydrogen Control	安全壳氢气控制
23	ad	ANSI/ANS−56.4−1988	Pressure and Temperature Transient Analysis for Light Water Reactor Containments	轻水反应堆安全壳压力和温度瞬态分析
24	ad	ANSI/ANS−56.10−1982	Subcompartment Pressure and Temperature Transient Analysis in Light Water Reactors	轻水反应堆分隔间压力和温度瞬态分析
25	ad	ASME BPVC−Ⅲ	Rules for Construction of Nuclear Facility Components	核设施部件建造规则
26	ad	NUREG −1407	Procedural and Submittal Guidance for the Individual Plant Examination of External Events (IPEEE) for Severe Accident Vulnerabilities	严重事故弱项的单一核电厂外部事件检查（IPEEE）程序和提交导则
27	ad	NUREG −1150	Severe Accident Risks: An Assessment for Five U.S. Nuclear Power Plants	严重事故风险：对美国 5 座核电厂的评估

2）概率安全分析

在美国标准中，目前用于指导概率安全分析的法规、标准主要包括美国联邦法规（如 10CFR50.69）、管理导则（RG）、NUREG-0800 以及 ANS、ASME 出版发行的标准。其中 ANS、ASME 出版的概率安全分析标准主要包括：

（1）ASME RA-S-2002 及其补遗 a-2003、b-2005 和 c-2007“应用于核电厂的概率风险评价标准（Standard for Probabilistic Risk Assessment for Nuclear Power Plant Applications）”，以及之后的 ASME/ANS RA-S-2008 及其补遗 a-2009“应用于核电厂的 1 级 / 早期大量放射性释放频率概率风险评价（Standard for Level 1/ Large Early Release Frequency Probabilistic Risk Assessment for Nuclear Power Plant Applications）”；

（2）ANSI/ANS 2.29-2008 “地震危险性概率分析（Probabilistic Seismic Hazard Analysis）”；

（3）ANS-58.21-2003, Rev.1-2007, W2009 “外部事件概率风险评价方法学（External Events PRA Methodology）”；

（4）ANS 58.22, DRAFT #8C “低功率停堆工况概率风险评价（Low Power Shutdown PRA）”；

（5）ANS 58.23-2007, W2009 “内部火灾概率风险评价（Internal Fire PRA）”。

从 2006 年开始，ASME 和 ANS 依据下属原则对概率安全分析方面的标准进行整合：（1）不增加新的技术要求，（2）保持现有的框架结构，（3）每个标准的技术要求保持完整。

整合后形成联合的 ASME/ANS 1 级 PRA 标准，由 ASME Codes& Standards 管理，以 ASME/ANS RA-S-2008 “Standard for Level 1/Large Early Release Frequency Probabilistic Risk Assessment for Nuclear Power Plant Applications”发布，并于 2009 年发布了补遗 A（ASME/ANS RA-Sa-2009）。整合过程中把 ANSI/ANS 2.29、ANSI/ANS-58.21 和 ANSI/ANS-58.23 的内容增加到 ASME/ANS RA-S-2008，ASME 和 ANS 标准中所有共同部分都放在第 1 部分。废止了 ANSI/ANS-58.21 和 ANSI/ANS-58.23。

NEI 00-02-2002 “Probabilistic Risk Assessment (PRA) Peer Review Process Guidance”在 ASME/ANS RA-Sa-2009 中作为引用标准使用。

美国概率安全分析标准清单见表 3–5。

表 3–5　美国概率安全分析标准清单

序号	代码	标准编号	Title	标准名称
1	ad	10CFR50.69	Risk–informed Categorization and Treatment of Structures, Systems and Components for Nuclear Power Reactors.	核电反应堆构筑物、系统和部件基于风险指引的分类和处理
2	ad	RG1.174–2011	An Approach for Using Probabilistic Risk Assessment in Risk–Informed Decisions on Plant–Specific Changes to the Licensing Basis	在特定电厂许可依据变更的风险指引决策中使用概率风险评价的方法

（续表）

序号	代码	标准编号	Title	标准名称
3	ad	RG1.175–2010	An Approach for Plant–Specific, Risk–Informed Decisionmaking: Inservice Testing	特定电厂风险指引决策方法：在役试验
4	ad	RG1.176–2008	An Approach for Plant–Specific, Risk–Informed Decisionmaking: Graded Quality Assurance	特定电厂风险指引决策方法：分级质量保证
5	ad	RG1.177–2011	An Approach for Plant–Specific, Risk–Informed Decisionmaking: Technical Specifications	特定电厂风险指引决策方法：技术规格书
6	ad	RG1.178–2010	An Approach for Plant–Specific Risk–Informed Decisionmaking：Inservice Inspection of Piping	特定电厂风险指引决策方法：管道在役检查
7	ad	RG1.200–2009	An Approach for Determining the Technical Adequacy of Probabilistic Risk Assessment Results for Risk–Informed Activities	确定风险指引活动概率风险评价结果的技术适用性的方法
8	ad	RG1.201	Guideline for categorizing structures, systems and components in nuclear power plants according to their safety significance	核电厂内依据构筑物、系统和部件的安全重要性对其进行分类的导则
9	ad	NUREG–0800–2011	Standard Review Plan for the Review of Safety Analysis Reports for Nuclear Power Plants	核电厂安全分析报告标准审查大纲
10	ad	ASME/ANS RA–S–2008	Standard for Level 1/Large Early Release Frequency Probabilistic Risk Assessment for Nuclear Power Plant Applications	核电厂 1 级 / 早期放射性大量释放频率概率风险评价标准
11	ad	ASME/ANS RA–Sa–2009	Standard for Level 1/Large Early Release Frequency Probabilistic Risk Assessment for Nuclear Power Plant Applications（Addenda to ASME/ANS RA–S–2008）	核电厂 1 级 / 早期放射性大量释放频率概率风险评价标准 (ASME/ANS RA–S–2008 补遗)
12	ad	NEI 00–02–2002	Probabilistic Risk Assessment (PRA) Peer Review Process Guidance	概率风险评价同行评审流程指南
13	ad	ANSI/ANS 2.29–2008	Probabilistic Seismic Hazard Analysis	地震危险性概率分析
14	ad	ANSI/ANS–58.22（DRAFT #8C）	Low Power Shutdown PRA	低功率停堆 PRA
15	ad	ANSI/ANS–58.21–2007	External Events in PRA Methodology	外部事件的概率风险评价 (PRA) 方法
16	ad	ANSI/ANS–58.23–2007	Fire PRA Methodology（this Standard Was Superseded by ASME/ANS RA–Sa–2009）	火灾概率风险评价（PRA）方法（该标准被 ASME/ANS RA–Sa–2009 替代）

3.3.5 质量保证

用于美国核电厂的质量保证标准主要有10CFR系列、管理导则系列（RG）、NUREG系列、ANS和ASME NQA-1系列标准。其中：

1）10CFR Part 50附录A的第1条设计准则“Criterion 1—Quality standards and records”（GDC1）是核电厂质量保证的最原则的顶层要求，他明确了生产和利用设施许可证持有者必须制定质量保证大纲，以确保安全重要系统和部件能令人满意地执行其安全功能。

2）10CFR Part 50附录B对核电厂的质量保证做了进一步规定，即质量保证包括所有的计划、系统的行动方案、质量控制等，具体为质量保证组织、质量保证大纲、设计控制、采购文档控制、所有可能影响质量的文件控制、质量保证记录等共计18个部分。

3）RG1.70和NUREG-0800两者第17章都是针对核电厂的质量保证内容，其中前者规定核电厂设计 & 建造阶段、运行阶段的质量保证的格式与内容，后者给出了核电厂设计 & 建造阶段、运行阶段的质量保证审评的方法和程序。两者结构上与10CFR Part 50附录B保持一致（即也是18个部分，包括顺序也是一致），内容更加详实，可操作性很强。

4）ASME NQA-1是核设施应用的质量保证要求，包括4篇。第Ⅰ篇内容为核设施的选址、设计、施工、运行和退役的质量保证大纲要求，其内容框架与10CFR Part 50附录B保持一致，但内容更加详尽。第Ⅱ篇内容是核设施的规划和系统及元件的制造、结构、改善、修理、维护和试验及相关活动的质量保证要求。第Ⅲ篇的内容是以前包括在NQA-1、NQA-2和NQA-3中的非强制性导则和应用性附录（1994年之前分为NQA-1、NQA-2和NQA-3三个部分出版，但是由于不易被使用和理解，1994年首次合并发布为NQA-1-1994，之后都是作为一个文件含4篇Parts出版发行）。第Ⅳ篇为包含NQA立场的文件，包括计算机软件质量保证要求、核相关研究和发展的质量保证分级应用等。此外，还包括NQA与ISO 9001相应部分的关系，以及其他质量大纲资料。

5）RG1.28给出了几乎所有与质量保证有关的RG系列、ANSI/ASME N45系列（N45系列也是与核设施质量保证有关的、于上世纪70年代发布的标准，现已撤销，见联邦公报的撤销声明：Vol. 56, No. 147, 07/31/1991，此处给出历史出处，已无使用价值）、以及 ASME NQA-1 之间的横向对比关系（详见表 3–6）。它给许可证申请者和持有者提供了如下信息，即 NRC 工作人员将采用那些管理导则进行核设施的质量保证的监管和评审，但 NRC 本身不会批准与此有关的任何强制性的或者经修改（backfit）的标准，因为许可证申请者和持有者亦可采用其他证明行之有效的方法。

从上述分析结合表 3–6 可知，ASME NQA 与 RG 内容重叠较多，但又不是完全重复（也存在互不交叉的内容）。总体上，ASME NQA-1 与 RG、IEEE 以及 ANS 相关质量保证标准互为包含和补充，共同构成美国核设施质量保证标准体系，其系统框图见图 3–8，相关标准清单见表 3–7。

表 3–6　RG 与 NQA–1 的横向参考与对比

RG	RG 标准名称	RG– 认可标准和 NQA–1 的对应部分	认可标准名称
1.30	Quality Assurance Requirements for the Installation, Inspection, and Testing of Instrumentation and Electric Equipment 仪表和电气设备的安装、检查和试验的质保要求	IEEE 336 ANSI N45.2.4 (Part II) (Subpart 2.4)	Recommended Practice for Installation, Inspection, and Testing for Class 1E Power, Instrumentation, and Control Equipment at Nuclear Facilities 核设施 1E 级电源、仪表和控制设备的安装、检查和试验推荐实施规程
1.33	Quality Assurance Program Requirements (Operation) 质量保证大纲要求（运行）	ANSI/ANS 3.2 (Not in NQA–1)	Managerial, Administrative, And Quality Assurance Controls For The Operational Phase Of Nuclear Power Plants 核电厂运行阶段的行政管理和质量保证
1.37	Quality Assurance Requirements for Cleaning of Fluid Systems and Associated Components of Water–Cooled Nuclear Power Plants 水冷核电厂流体系统及相关部件的清洗质量保证要求	ANSI N45.2.1 (Part II) (Subpart 2.1)	Cleaning of Fluid Systems and Associated Components for Nuclear Power Plants (See Also NQA–1 and NQA–2) 核电厂流体系统及相关部件的清洗（另请参见 NQA–1 和 NQA–2）
1.38	Quality Assurance Requirements for Packaging, Shipping, Receiving, Storage, and Handling of Items for Water–Cooled Nuclear Power Plants 水冷核电厂物项的包装、运输、接收、贮存和装卸的质量保证要求	ANSI N45.2.2 (Part II) (Subpart 2.2)	Packaging,Shipping, Receiving,Storage and Handling of Items for Nuclear Power Plants 核电厂物项的包装、运输、接收、贮存和装卸
1.39	Housekeeping Requirements for Water–Cooled Nuclear Power Plants 水冷核电厂场地管理要求	ANSI N45.2.3 (Part II) (Subpart 2.3)	Housekeeping During the Construction Phase of Nuclear Power Plants 核电厂施工阶段的场地管理
1.58	Qualification of Nuclear Power Plant Inspection, Examination, and Testing Personnel 核电厂检查、检验和试验人员的资格鉴定	ANSI N45.2.6 (Part I)	Qualifications of Inspection, Examination, and Testing Personnel for Nuclear Power Plants 核电厂检查、检验和试验人员的资格鉴定

（续表）

RG	RG 标准名称	RG– 认可标准和 NQA–1 的对应部分	认可标准名称
1.64	Quality Assurance Requirements for the Design of Nuclear Power Plants 核电厂设计质量保证要求	ANSI N45.2.11 (Part I)	Quality Assurance Requirements For The Design of Nuclear Power Plants 核电厂设计质量保证要求
1.88	Collection, Storage, and Maintenance of Nuclear Power Plant Quality Assurance Records 核电厂质保记录的收集、贮存和维护	ANSI N45.2.9 (Part I)	Requirements For Collection, Storage, And Maintenance of Quality Assurance Records For Nuclear Power Plants 核电厂质量保证记录的收集、贮存和维护要求
1.94	Quality Assurance Requirements for Installation, Inspection, and Testing of Structural Concrete and Structural Steel during the Construction Phase of Nuclear Power Plants 核电厂建造阶段混凝土结构和钢结构的安装、检查和试验的质量保证要求	ANSI N45.2.5 (Part II) (Subpart 2.5)	Supplementary Quality Assurance Requirements For Installation, Inspection, And Testing of Structural Concrete, Structural Steel, Soils, And Foundations During The Construction Phase of Nuclear Power Plants 核电厂施工阶段的混凝土结构、钢结构、土壤和地基的安装、检查和试验的质量保证补充要求
1.116	Quality Assurance Requirements for Installation, Inspection, and Testing of Mechanical Equipment and Systems 机械设备和系统的安装、检查和试验的质量保证要求	ANSI N45.2.8 (Part II) (Subpart 2.8)	Supplementary Quality Assurance "Requirements for Installation, Inspection, and Testingt of Mechanical Equipment and Systems for the Construction Phase of Nuclear Power Plants. 核电厂施工阶段机械设备和系统的安装、检查和试验的质量保证补充要求
1.123	Quality Assurance Requirements for Control of Procurement of Items and Services for Nuclear Power Plants 核电厂物项和服务采购控制质量保证要求	ANSI N45.2.13 (Part I)	Quality Assurance Requirements For Control of Procurement of Items And Services For Nuclear Power Plants 核电厂的物项和服务项采购控制的质量保证要求
1.144	Auditing of Quality Assurance Programs for Nuclear Power Plants 核电厂质量保证大纲的监查	ANSI N45.2.12 (Part I)	Requirements for Auditing of Quality Assurance Programs for Nuclear Power Plants 核电厂质量保证大纲监查要求
1.146	Qualification of Quality Assurance Program Audit Personnel for Nuclear Power Plants 核电厂质量保证大纲监查人员的资格鉴定	ANSI N45.2.23 (Part I)	Qualification of Quality Assurance Program Audit Personnel for Nuclear Power Plants 核电厂质量保证大纲监查人员的资格鉴定
1.152	Criteria for Programmable Digital Computer Software in Safety–Related Systems of Nuclear Power Plants 核电厂安全相关系统数字计算机软件的准则	ANSI/IEEE–ANS–7–4.3.2 (Part II) (Subpart 2.7)	Standard Criteria for Digital Computers in Safety Systems of Nuclear Power Generating Stations 核电厂安全系统数字计算机的标准准则
	No existing guide 无现存导则	ANSI N45.2.20 (Part II) (Subpart 2.20)	Supplementary Quality Assurance Requirements For Subsurface Investigations For Nuclear Power Plants 核电厂地下调查的补充质量保证要求
	No existing guide 无现存导则	NQA–1 (Part II) (Subpart 2.18)	Quality Assurance Requirements for Maintenance of Nuclear Facilities 核设施维护质量保证要求
	No existing guide 无现存导则	IEEE 498 ANSI N45.2.16 (Part II) (Subpart 2.16)	Supplementary Requirements for the Calibration and Control of Measuring and Test Equipment Used in the Construction and Maintenance of Nuclear Facilities 核设施用测量和试验设备的标定和控制补充要求

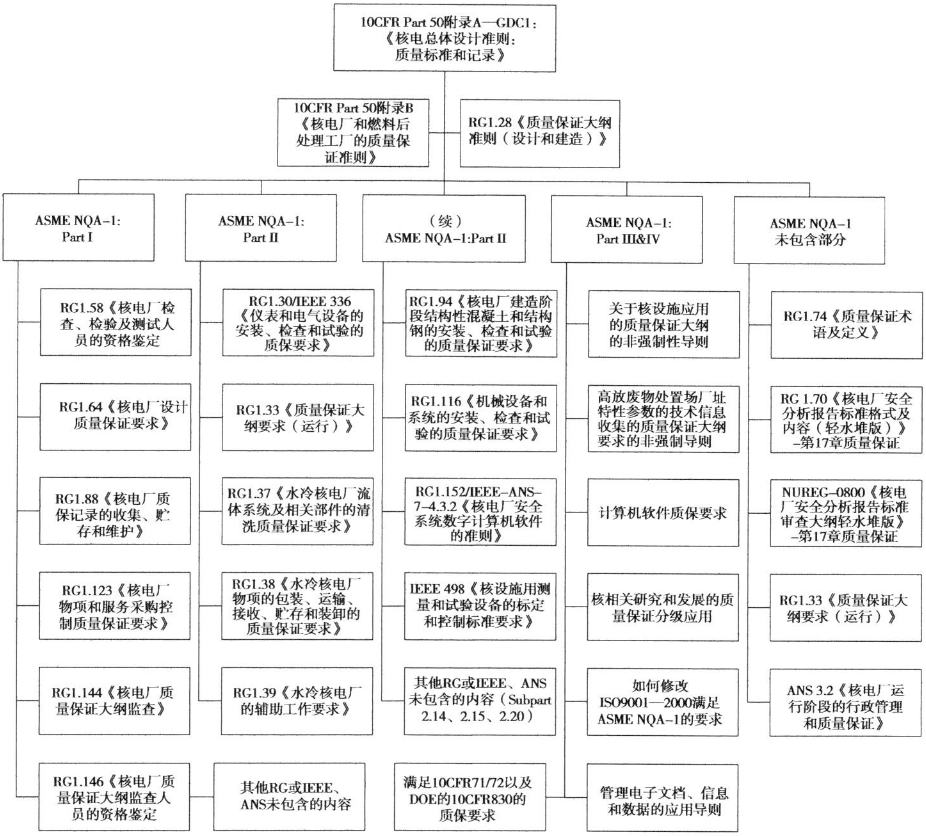

图 3-8　美国核设施质量保证标准子体系框图

表 3-7　美国核电质量保证标准子体系标准清单

序号	代码	标准编号	Title	标准名称
1	ae	10CFR Part 50 附录 A—GDC1	10 CFR Part 50, Appendix A, GDC 1, "Quality Standards and Records."	10 CFR 50 附录 A，GDC 1，质量标准和记录
2	ae	10CFR Part 50 附录 B	Quality Assurance Criteria for Nuclear Power Plants and Fuel Reprocessing Plants	核电厂和燃料后处理工厂质量保证准则
3	ae	RG 1.70	Standard Format and Content of Safety Analysis Reports for Nuclear Power Plants (LWR Edition)	核电厂安全分析报告标准格式及内容（轻水堆版）
4	ae	NUREG-0800	Standard Review Plan for the Review of Safety Analysis Reports for Nuclear Power Plants: LWR Edition	核电厂安全分析报告标准审查大纲：轻水堆版
5	ae	RG1.28	Quality Assurance Program Criteria (Design and Construction)	质量保证大纲准则（设计和建造）

（续表）

序号	代码	标准编号	Title	标准名称
6	ae	RG1.30	Quality Assurance Requirements for the Installation, Inspection, and Testing of Instrumentation and Electric Equipment (Safety Guide 30)	仪表和电气设备的安装、检查和试验的质保要求（安全导则30）
7	ae	RG1.33	Quality Assurance Program Requirements (Operation)	质量保证大纲要求（运行）
8	ae	RG1.37	Quality Assurance Requirements for Cleaning of Fluid Systems and Associated Components of Water–Cooled Nuclear Power Plants	水冷核电厂流体系统及相关部件的清洗质量保证要求
9	ae	RG1.38	Quality Assurance Requirements for Packaging, Shipping, Receiving, Storage, and Handling of Items for Water–Cooled Nuclear Power Plants	水冷核电厂物项的包装、运输、接收、贮存和装卸的质量保证要求
10	ae	RG1.64	Quality Assurance Requirements for the Design of Nuclear Power plants	核电厂设计质量保证要求
11	ae	RG1.74	Quality Assurance Terms and Definitions	质量保证术语及定义
12	ae	RG1.94	Quality Assurance Requirements for Installation, Inspection, and Testing of Structural Concrete and Structural Steel During the Construction Phase of Nuclear Power Plants	核电厂建造阶段结构性混凝土和结构钢的安装、检查和试验的质量保证要求
13	ae	RG1.116	Quality Assurance Requirements for Installation, Inspection, and Testing of Mechanical Equipment and Systems	机械设备和系统的安装、检查和试验的质量保证要求
14	ae	RG1.123	Quality Assurance Requirements for Control of Procurement of Items and Service for Nuclear Power Plants	核电厂物项和服务采购控制质量保证要求
15	ae	RG1.144	Auditing of Quality Assurance Programs for Nuclear Power Plants	核电厂质量保证大纲的监查
16	ae	RG1.146	Qualification of Quality Assurance Program Audit Personnel for Nuclear Power Plants	核电厂质量保证大纲监查人员的资格鉴定
17	ae	RG1.176	An Approach for Plant–Specific, Risk–Informed Decisionmaking: Graded Quality Assurance	特定电厂风险指引决策方法：分级质量保证
18	ae	NUREG–1055	Improving Quality and the Assurance of Quality in the Design and Construction of Nuclear Power Plants: A Report to Congress	核电厂设计和建造的质量改进和质量保证：提交国会的报告
19	ae	NUREG–1737	Software Quality Assurance Procedures for NRC Thermal Hydraulic Codes	NRC 热工水利代码软件质量保证程序
20	ae	NUREG/BR–0167	Software Quality Assurance Program and Guidelines	软件质量保证大纲和导则
21	ae	ANS–3.2–2012	Managerial, Administrative, and Quality Assurance Controls for the Operational Phase of NPPs	核电厂运行阶段的行政管理和质量保证
22	ae	NQA–1–2012	Quality Assurance Requirements for Nuclear Facility Applications	核设施应用的质量保证要求

3.4 核电设计

3.4.1 工程总体

工程总体涉及的标准化活动对象主要包括核电厂总体设计（总体设计准则、物项分级、抗龙卷风设计、防雷击设计、抗震设计、防火设计、实物保护、能动 & 非能动核电厂总体用户要求文件等）、工程管理、核设施的防护和防腐等，其各自的子体系框图和标准清单分析如下。

1）核电厂总体设计

（1）总体设计准则：美国核电厂总体设计的顶层规范当属 10CFR Part 50 附录 A《核电厂总体设计准则》，该准则规定了核电厂设计的 6 大顶层要求和 55 条总体设计准则（GDC），即总体要求（含 5 条准则）、裂变材料的多重屏障保护（含 10 条准则）、反应性控制和保护（含 10 条准则）、流体系统（含 17 条准则）、反应堆安全壳（含 8 条准则）、燃料和放射性控制（含 5 条准则）。所有与核电厂相关的系统、结构和部件的各种设计均应分别遵循此 55 条设计准则相应的要求，核电厂 55 个总体设计准则的系统框图见图 3–9。

（2）物项分级：为减少低安全重要性物项的不必要的监管负担，可在特殊要求范围中进行针对性的排出，排出的依据就是对物项进行分级。RG1.201《依据结构、系统和部件的安全重要性对其进行分类的导则》为 NRC 工作人员提供了一种“风险预知型 SSCs 分级（RISC）”的概念性指导方法。其中，安全分级遵循 ANSI/ANS 51.1—1983《固定式压水堆核电厂设计核安全准则》，电气设备安全分级遵循 IEEE 相关标准，抗震分级遵循 RG1.29《抗震设计分类》，机械设备分级遵循 ASME BPVC 第 III 卷 NB、NC、ND 分卷的要求，质量分级遵循 RG 1.26《核电厂包容水 - 蒸汽和放射性废物的部件的质量分组及标准》。核电厂物项分级标准子体系框图见图 3–10。

（3）抗龙卷风设计：美国核电厂抗震设计遵循 10CFR Part 50 附录 A《核电厂总体设计准则》的第 2 条准则—抵抗自然灾害的效应（GDC2），具体的标准主要为 RG 1.117《龙卷风设计分级》，RG1.76《核电厂设计基准龙卷风及龙卷风飞射物》、RG1.221《核电厂设计基准飓风和飓风飞射物》。

（4）防雷击设计：美国核电厂抗震设计遵循 10CFR Part 50 附录 A《核电厂总体设计准则》的第 2 条准则—抵抗自然灾害的效应（GDC2），具体的标准主要有 RG 1.204《核电厂防雷击保护导则》、NUREG/CR-6866《核电厂雷击防护技术基础导则》、NFPA 780-2004《雷击保护系统安装》、UL 96A-2001《雷击保护系统安装要求》。抗飓风、龙卷风和防雷击标准子体系框图见图 3−11。

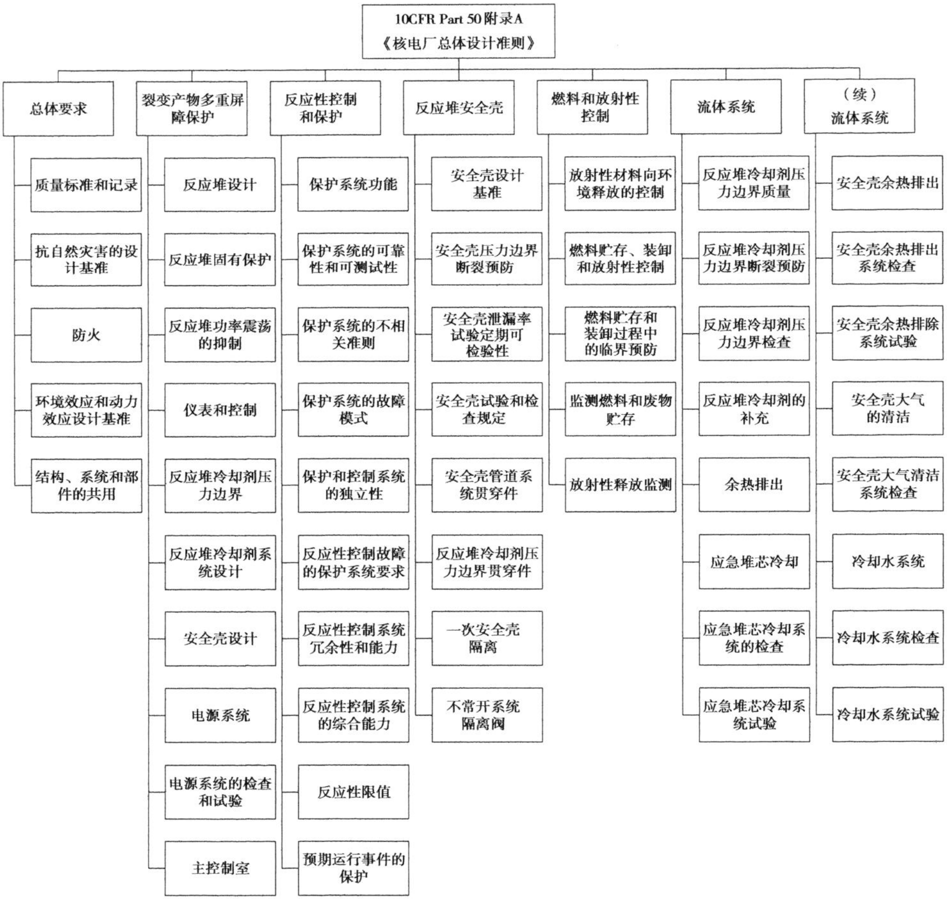

图 3−9　美国核电厂的 55 个总体设计准则（GDC）

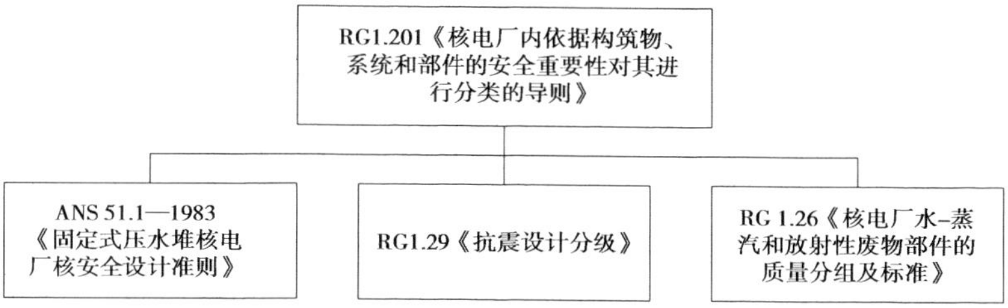

图 3-10 核电厂物项分级标准子体系框图

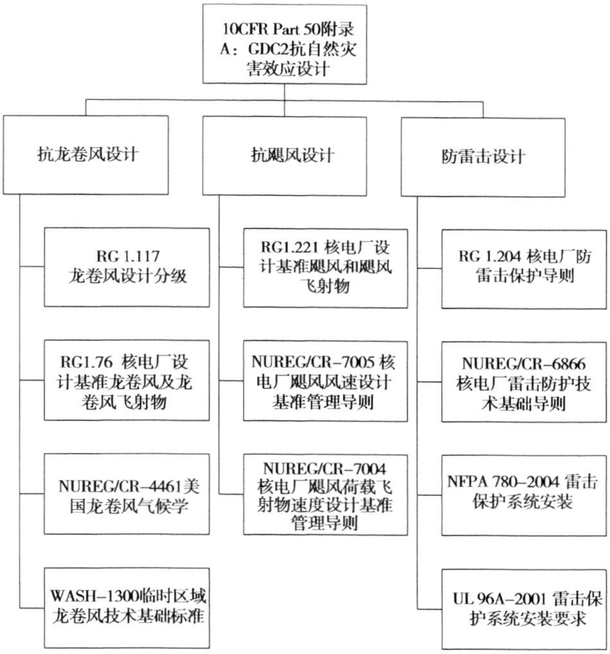

图 3-11 抗飓风、龙卷风和防雷击标准子体系框图[2]

（5）抗震设计：美国核电厂抗震设计遵循 10CFR Part 50 附录 A《核电厂总体设计准则》的第 2 条准则—抵抗自然灾害的效应（GDC2），具体的顶层规范为 10CFR Part 50 附录 S《核电厂地震工程设计准则》和 10CFRPart 100 附录 A《核

2 飓风和台风都是指风速达到 33 米 / 秒以上的热带气旋，只是因为发生的地域不同，才有了不同的名称。出现在西北太平洋和我国南海的强烈热带气旋被称为“台风”；发生在大西洋、加勒比海和北太平洋东部的则称为“飓风”。

电厂地震和地质选址准则》。RG1.29《抗震设计分类》则是用于指导 NRC 人员识别和对某一具体核电机组的抗震 I 类物项特征进行分类，该特征的设计必须能抵抗 SSE 的影响，它提供了一种可以接受的方法。核设施结构、系统和部件的抗震设计应遵循 ASCE/SEI 43-05、ASCE N-725 等相关标准。其中对于管道抗震设计，10CFR 50.55a Codes and standards 明确规定应遵循 ASME BPVC 的 NB–3200、NB–3600、NC–3600 和 ND–3600 相应条款。核电抗震设计标准子体系见图 3–12。

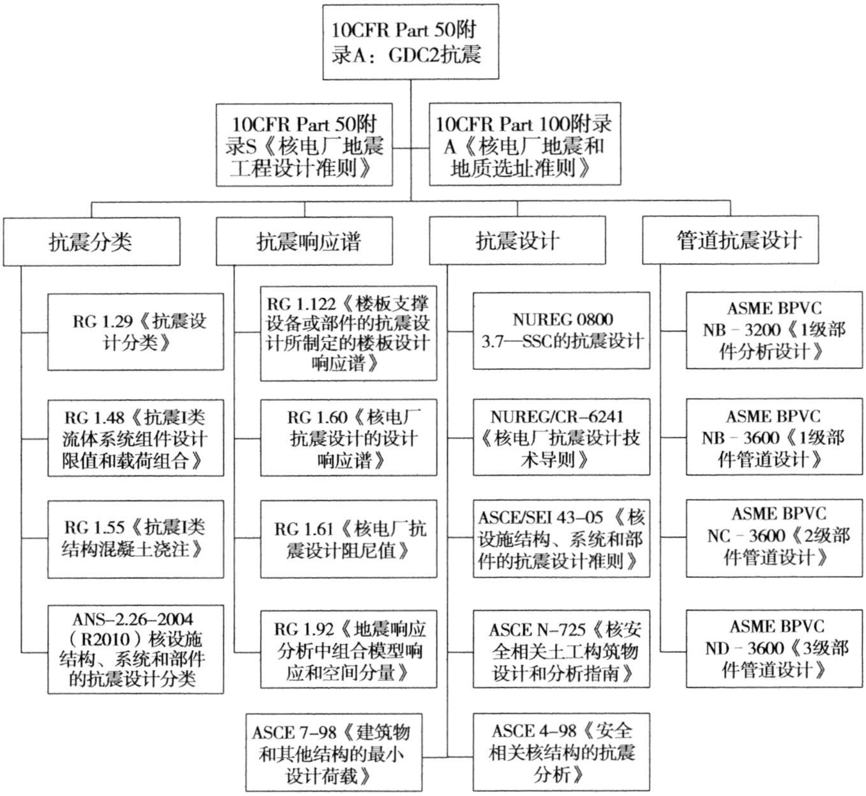

图 3–12　核电厂抗震设计标准子体系框图

（6）防火设计：美国核电厂防火设计遵循 10CFR Part 50 附录 A《核电厂总体设计准则》的第 3 条准则（GDC3）—防火。具体的顶层规范为 10 CFR 50.48《核电厂防火》、10 CFR Part 50 附录 R《核电厂设施运行防火大纲》。NRC 早期曾发布过 RG 1.120《核电厂防火导则》，因各种原因，现已撤销。可以直接指导美国核电厂防火的管理导则是现行有效的如：RG 1.189《核电厂的防火》（有详细的防火标准）、RG1.191《核电厂退役和永久停机期间的火灾防护大纲》、NUREG 系列报告（如 NUREG—0800 Section 9.5.1 "Fire Protection Program"），以及相应的工业标准（如 BTP APCSB 9.5-1《核电厂防火导则》、NFPA 805-2001 轻水反应堆发电厂防火装置性能化消防标准）。核电厂防火设计标准子体系框图见图 3—13。

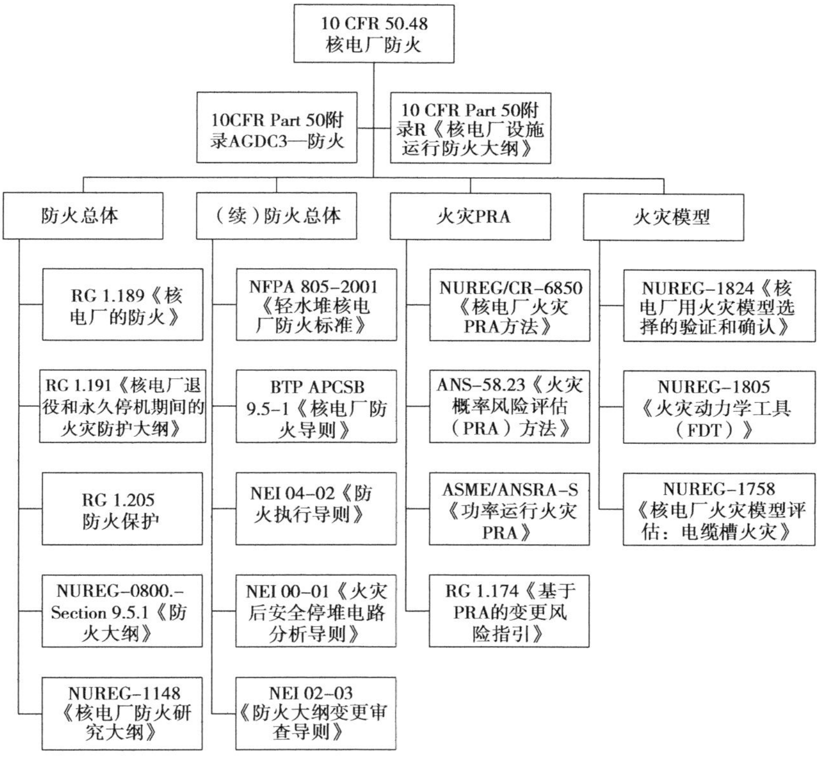

图 3—13　核电厂防火设计标准子体系框图

（7）实物保护：相关的顶层规范为 10 CFR Part 73《核电厂和材料的实物保护》。10 CFR Part 73 附录 C 是关于核电厂安保意外事故计划的内容，它描述了如何执行实体保护大纲以抵御核设施的威胁。同时 NRC 制定并发布了一系列实物保护的管理导则（见 RG5 系列"材料和电厂保护"）和技术文件，代表性的有 RG 5.76《核动力堆实体保护大纲》。此外 ANS 制定了 ANSI/ANS-58.3《核安全重要系统和部件实体防护》。

（8）URD 的设计要求：三哩岛核电厂事故后，为使今后建造的核电厂在安全性、经济性、安全审评稳定性以及保护核电业主投资等方面有大的改进，美国电力研究院（EPRI）发起建立先进轻水堆（ALWR）设计的技术基础，为设计美国下一代先进轻水堆 (ALWR)，编制了一份美国核电用户要求文件《先进轻水堆用户要求文件》(URD)，URD 规范了第三代核电厂的设计技术基础，其文件框架结构见图 3–14。

美国核电厂总体设计相关标准清单见表 3–8。

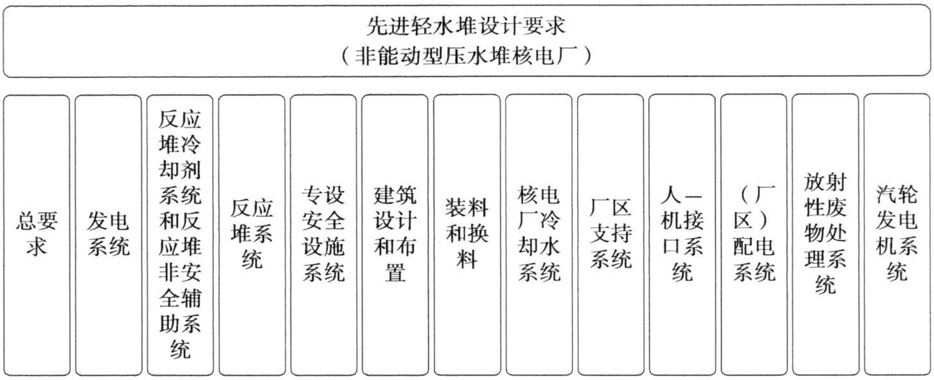

图 3–14　美国先进轻水堆核电厂设计要求（URD）

表 3–8　美国核电总体设计相关标准清单

序号	代码	标准编号	Title	标准名称
1	ba	10CFR 50 附录 A	General Design Criteria for Nuclear Power Plants	核电厂总体设计准则
2	ba	RG1.201	Guidelines for Categorizing Structures, Systems, and Components in Nuclear Power Plants According to Their Safety Significance	核电厂内依据构筑物、系统和部件的安全重要性对其进行分类的导则
3	ba	RG1.29	Seismic Design Classification	抗震设计分级
4	ba	RG1.26	Quality Group Classifications and Standards for Water–, Steam–, and Radioactive–Waste–Containing Components of Nuclear Power Plants	核电厂水蒸气和放射性废物部件的质量分组及标准
5	ba	ANSI/ANS–51.1	Nuclear Safety Criteria for the Design of Stationary Pressurized Water Reactor Plants	固定式压水堆核电厂核安全设计准则
6	ba	RG1.117	Tornado Design Classification	龙卷风设计分级

（续表）

序号	代码	标准编号	Title	标准名称
7	ba	RG1.76	Design−Basis Tornado and Tornado Missiles for Nuclear Power Plants	核电厂设计基准龙卷风及龙卷风飞射物
8	ba	RG1.221	Design−Basis Hurricane and Hurricane Missiles for Nuclear Power Plants	核电厂设计基准飓风和飓风飞射物
9	ba	RG1.204	Guidelines for Lightning Protection of Nuclear Power Plants	核电厂避雷防护导则
10	ba	NUREG/CR−6866	Technical Basis for Regulatory Guidance on Lightning Protection in Nuclear Power Plants	核电厂避雷防护管理导则的技术依据
11	ba	NFPA 780−2004	Standard for the Installation of Lightning Protection Systems	雷电保护系统安装标准
12	ba	UL 96A−2001	Installation Requirements for Lightning Protection Systems	雷击保护系统安装要求
13	ba	NUREG/CR−4461	Tornado Climatology of the Contiguous United States	美国本土龙卷风气象学
14	ba	NUREG/CR−7005	Technical Basis for Regulatory Guidance on Design−BasisHurricane Windspeeds for Nuclear Power Plants	核电厂设计基准飓风风速管理导则的技术依据
15	ba	NUREG/CR−7004	Technical Basis for Regulatory Guidance on Design−BasisHurricane−Borne Missile Speeds for Nuclear Power Plants	核电厂设计基准飓风荷载飞射物速度管理导则的技术依据
16	ba	WASH−1300	Technical Basis for Interim Regional Tornado Criteria	临时局部龙卷风技术基础标准
17	ba	10CFR Part 50 附录 S	Earthquake Engineering Criteria for Nuclear Power Plants	核电厂地震工程学准则
18	ba	10CFR Part 100 附录 A	Seismic and Geologic Siting Criteria for Nuclear Power Plants	核电厂地震和地质选址准则
19	ba	RG1.29	Seismic Design Classification	抗震设计分级
20	ba	RG1.48	Design Limit and Loading Combinations for Seismic Category I Fluid System Components	抗震 I 类流体系统组件设计限值和载荷组合
21	ba	RG1.55	Concrete Placement in Category I Structures	抗震 I 类结构混凝土浇注
22	ba	ANS−2.26 −2004	ANS−2.26−2004 (R2010) Categorization of Nuclear Facility Structures, Systems, and Components for Seismic Design	核设施构筑物、系统和部件的抗震设计分类
23	ba	RG1.122	Development of Floor Design Response Spectra for Seismic Design of Floor−Supported Equipment or Components	楼板支撑设备或部件的抗震设计所制定的楼板设计响应谱
24	ba	RG1.60	Design Response Spectra for Seismic Design of Nuclear Power Plants	核电厂抗震设计的设计响应谱
25	ba	RG1.61	Damping Values for Seismic Design of Nuclear Power Plants	核电厂抗震设计阻尼值
26	ba	G1.92	Combining Modal Responses and Spatial Components in Seismic Response Analysis	地震响应分析中组合模型响应和空间分量

（续表）

序号	代码	标准编号	Title	标准名称
27	ba	NUREG/CR −6241	Technical Guidelines for Aseismic Design of Nuclear Power Plants	核电厂抗震设计技术导则
28	ba	ASCE/SEI 43−05	Seismic Design Criteria for Structures, Systems, and Components in Nuclear Facilities	核设施构筑物、系统和部件的抗震设计准则
29	ba	ASCE N−725	Guideline for Design and Analysis of Nuclear Safety Related Earth Structures (ANSI/ASCE 1−82)	核安全相关土工构筑物设计和分析指南 (ANSI/ASCE 1−82)
30	ba	ASCE 7−98	Minimum Design Loads for Buildings and Other Structures	建筑物和其他构筑物的最小设计荷载
31	ba	ASCE 8−90	Specification for the Design of Cold Formed Stainless Steel Structural Members	冷成型不锈钢构件设计规范
32	ba	10CFRPart 50 附录 R	Fire Protection Program for Nuclear Power Facilities	核电动力设施运行防火大纲
33	ba	RG1.189	Fire Protection for Nuclear Power Plants	核电厂火灾防护
34	ba	RG1.191	Fire Protection Program for Nuclear Power Plants During Decommissioning and Permanent Shutdown	核电厂退役和永久停堆期间的防火大纲
35	ba	RG1.205	Risk−Informed, Performance−Based Fire Protection for Existing Light−Water Nuclear Power Plants	现存轻水核电厂风险指引的基于性能的火灾防护
36	ba	NUREG −0800	Standard Review Plan for the Review of Safety Analysis Reports for Nuclear Power Plants: LWR Edition	核电厂安全分析报告标准审查大纲：轻水堆版（Section 9.5.1 防火大纲）
37	ba	NUREG −1148	Nuclear Power Plant Fire Protection Research Program	核电厂消防研究大纲
38	ba	NUREG/CR −6850	EPRI/NRC−RES Fire PRA Methodology for Nuclear Power Facilities	核电设施火灾概率风险评价（PRA）方法 EPRI/NRC−RES
39	ba	ANSI/ANS −58.23	Fire PRA Methodology（this Standard Was Superseded By ASME/ANS RA−Sa−2009）	火灾概率风险评价（PRA）方法（该标准被 ASME/ANS RA−Sa−2009 替代）
40	ba	ASME/ANSRA−S	Fires At−Power PRA (Part 4)	功率运行火灾概率风险评价 (PRA)（第 4 部分）
41	ba	RG1.174	An Approach for Using Probabilistic Risk Assessment in Risk−Informed Decisions on Plant−Specific Changes to the Licensing Basis	在特定电厂许可依据变更的风险指引决策中使用概率风险评价的方法
42	ba	NUREG−1824	Verification and Validation of Selected Fire Models for Nuclear Power Plant Applications	核电厂用火灾模型选择的验证和确认
43	ba	NUREG−1805	Fire Dynamics Tools (FDT^s) Quantitative Fire Hazard Analysis Methods for the U.S. Nuclear Regulatory Commission Fire Protection Inspection Program	美国 NRC 消防检查大纲的定量火灾分析方法：火灾动力学工具（FDT）
44	ba	NUREG−1758	Evaluation of Fire Models for Nuclear Power Plant Applications: Cable Tray Fires	核电厂火灾模型评估：电缆槽火灾

2）工程管理基础

工程管理基础应包含：术语标准、文档管理、设备代码、图形符号等相关标准。其中用于美国核电厂相关的术语和定义在10CFR各部分的“定义”一节中规定，除此之外，术语标准也分散在各协会制定的标准中，如RG1.74《质量保证术语及定义》、ASTM C859-14b《核材料用术语》等。

关于文档管理、文件代码、设备代码和图形符号等暂无各协会制定的行业通用标准，但美国西屋公司为AP1000核电厂的商业推广分别制定了APP-GW-GMP-005《AP1000文档编码程序》、APP-GW-GMP-006《AP1000设备代码程序》、APP-GW-GMP-001~003《管道和仪器图形符号》。

工程管理基础相关标准清单见表3—9。

表3—9 工程管理基础相关标准清单

序号	代码	标准编号	Title	标准名称
1	ba	APP—GW—GMP—001~003	AP1000 Piping and Instrument Graphic Symbol	AP1000管道和仪器图形符号
2	ba	APP—GW—GMP—005	AP1000 Document Numbering Procedure	AP1000文档编码程序
3	ba	APP—GW—GMP—006	AP1000 Component Numbering Procedure	AP1000设备编码程序

3）核设施设备防护与防腐

核设施设备防护与防腐包括涂层防护与埋地设施设备阴极保护，涂层防护相关标准主要由ASTM D33防护涂层技术委员会制定并发布，阴极保护相关标准主要由NACE（美国腐蚀工程师协会）制定并发布。

在美国核电工程领域，可以直接指导防护涂层在核电厂应用的顶层文件是美国核管会（NRC）早期发布的RG 1.54《关于核电厂用Ⅰ、Ⅱ、Ⅲ服役级涂层》。基于10 CFR 50中关于“核电厂总体设计准则、环境和动态效应设计基准事故、核电厂和燃料后处理厂质量保证准则”的总体原则，提出核电厂用设施设备防护涂层的质量保证、选择和应用、人员资质鉴定和认证、涂层检验和维护、防护涂层性能监测规程等要求，分层建立了适用于美国核电行业的防护涂层标准体系。其中RG 1.54中认可了ASTM发布的16项核电防护涂层相关的标准。

ASTM D5144 被认为是核电厂涂层相关标准的顶层标准。它通过标准的引用，提供了整个涂层标准体系所含标准的应用指南，使得应用性极强。从总体上看，美国核电厂设施设备防护涂层相关标准体系（见图 3–15）设置合理，相互之间接口明确，使用方便，其体系的设置和标准技术内容的涵盖整体上处于国际先进水平。

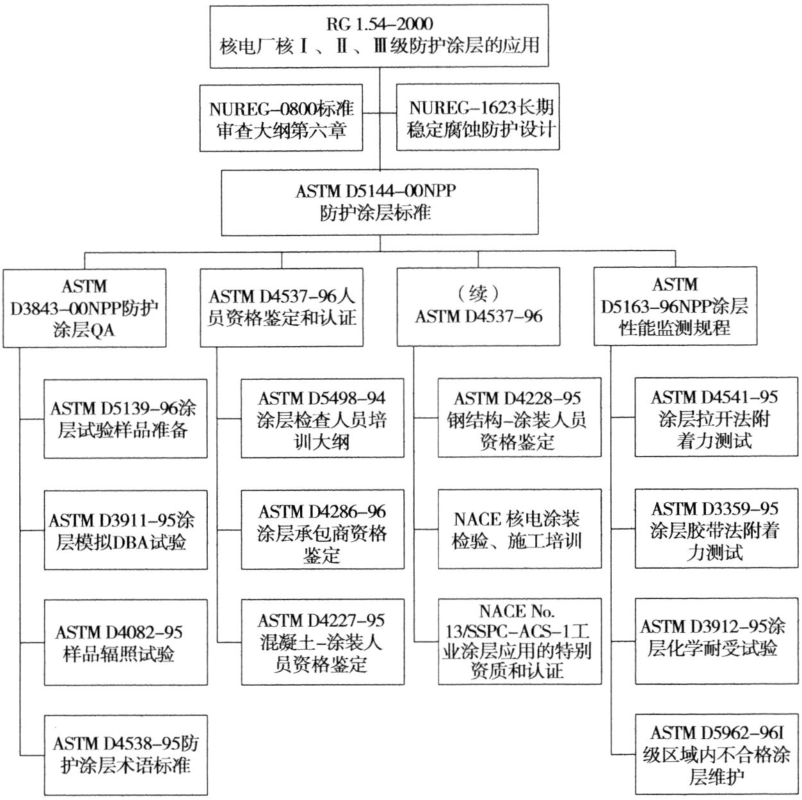

图 3–15　美国核电防护涂层标准体系

核电厂厂区地下管道错综复杂，在土壤腐蚀性较强的环境下，地下管网会发生介质泄漏等问题，影响着核电厂的安全运行。埋地管道的防蚀技术主要采用防腐层和阴极保护联合防护的方法，这是公认的且已被证明了的一项经济且有效的防护措施。目前，美国用于核电厂阴极保护系统的相关标准主要有 NACE 系列设计、调试、安装相关标准，包括 NACE SP 0169-2007、NACE SP 0572-2007、

NACE TM 0497-2002 等，其阴极保护体系框架见图 3—16。

与核设施设备防护与防腐相关的标准清单见表 3—10。

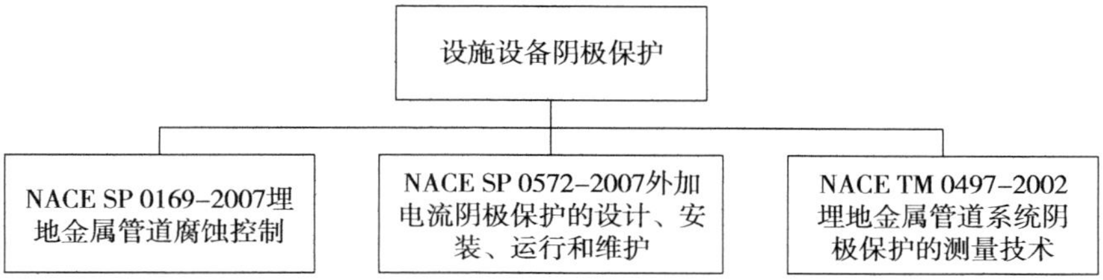

图 3—16　美国核设施设备阴极保护标准体系

表 3—10　美国核电防护涂层与阴极保护标准清单

序号	代码	标准编号	Title	标准名称
1	ba	RG 1.54	Service Level Ⅰ, Ⅱ, and Ⅲ Protective Coatings Applied to Nuclear Power Plants	核电厂核Ⅰ、Ⅱ和Ⅲ级防护涂层的应用
2	Ba	NUREG −0800	Standard Review Plan for the Review of Safety Analysis Reports for Nuclear Power Plants: LWR Edition	核电厂安全分析报告标准审查大纲（轻水堆版）
3	ba	ASTM D3911−08	Standard Test Method for Evaluating Coatings Used in Light−Water Nuclear Power Plants at Simulated Design Basis Accident (DBA) Conditions	在模拟设计基准事故（DBA）工况下评价轻水核电站用涂料的标准试验方法
4	ba	ASTM D3912−10	Standard Test Method for Chemical Resistance of Coatings and Linings for Use in Nuclear Power Plants	核电厂用涂层和衬里耐化学性的标准试验方法
5	ba	ASTM D4082−10	Standard Test Method for Effects of Gamma Radiation on Coatings for Use in Nuclear Power Plants	γ 射线对核电厂用涂层的影响的标准试验方法
6	ba	ASTM D5139−12	Standard Specification for Sample Preparation for Qualification Testing of Coatings to be Used in Nuclear Power Plants	核电厂用涂层鉴定试验样品制备标准规范
7	ba	ASTM D5144−08e1	Standard Guide for Use of Protective Coating Standards in Nuclear Power Plants	核电厂防护涂层标准应用的标准指南
8	ba	ASTM D7230−06(2013)	Standard Guide for Evaluating Polymeric Lining Systems for Water Immersion in Coating Service Level Ⅲ Safety−Related Applications on Metal Substrates	评估核Ⅲ级防护涂层金属底板在水浸环境下聚合物衬里系统的标准指南
9	ba	ASTM WK36282	New Guide for Selection of Coating for Maintenance, Repair, and Rehabilitation of Buried Pipe External Coatings for Power Generating Facilities	发电设施埋地管道外部涂层维护、修补和复原用防护涂层选择最新指南
10	ba	ASTM WK38912	New Guide for Assessing Variables to be Considered in DBA Testing of Protective Coatings for Nuclear Power Plants	核电厂防护涂层设计基准事故（DBA）试验中所考虑的变量评估最新指南

（续表）

序号	代码	标准编号	Title	标准名称
11	ba	ASTM WK40529	New Guide for Selection and Application of Coatings and Linings for New Buried Pipe for Power Generation Facilities	发电设施新埋地管道涂层和衬里的选择和应用最新指南
12	ba	ASTM D3843−00	Standard Practice for Quality Assurance for Protective Coatings Applied to Nuclear Facilities	核设施用防护涂层质量保证的标准操作规程
13	ba	ASTM D4537−12	Standard Guide for Establishing Procedures to Qualify and Certify Personnel Performing Coating and Lining Work Inspection in Nuclear Facilities	核设施涂层和衬里工作检验人员资格和认证考核程序制定标准指南
14	ba	ASTM D5163−08	Standard Guide for Establishing a Program for Condition Assessment of Coating Service Level Ⅰ Coating Systems in Nuclear Power Plants	核电厂核Ⅰ级级涂层系统工况评估大纲制定标准指南
15	ba	ASTM D5498−12a	Standard Guide for Developing a Training Program for Personnel Performing Coating and Lining Work Inspection for Nuclear Facilities	核设施防护涂层和衬里工作检验人员培训大纲制定标准指南
16	ba	ASTM D7108−12	Standard Guide for Establishing Qualifications for a Nuclear Coatings Specialist	核涂料专家的资格认证标准指南
17	ba	ASTM D7167−12	Standard Guide for Establishing Procedures to Monitor the Performance of Safety−Related Coating Service Level Ⅲ Lining Systems in an Operating Nuclear Power Plant	在役核电站核Ⅲ级涂层衬里系统性能监测程序制定标准指南
18	ba	ASTM WK41588	New Guide for DBA Qualification Test Program	设计基准事故（DBA）鉴定试验大纲最新指南
19	ba	ASTM D4227−05	Standard Practice for Qualification of Coating Applicators for Application of Coatings to Concrete Surfaces	混凝土表面涂层涂覆操作工资格鉴定标准操作规程
20	ba	ASTM D4228−05	Standard Practice for Qualification of Coating Applicators for Application of Coatings to Steel Surfaces	钢表面涂层涂覆操作工资格鉴定标准操作规程
21	ba	ASTM D4258−05	Standard Practice for Surface Cleaning Concrete for Coating	混凝土涂覆前表面清洁标准操作规程
22	ba	ASTM	D4261−05(2012) Standard Practice for Surface Cleaning Concrete Masonry Units for Coating	混凝土预制件涂覆前表面的清洁处理标准操作规程
23	ba	ASTM D4262−05	Standard Test Method for pH of Chemically Cleaned or Etched Concrete Surfaces	化学清洗或侵蚀混凝土表面 pH 值标准试验方法
24	ba	ASTM D4286−08	Standard Practice for Determining Coating Contractor Qualifications for Nuclear Powered Electric Generation Facilities	核动力发电设施涂覆承包商资格鉴定标准操作规程
25	ba	ASTM D5367−08	Standard Practice for Evaluating Coatings Applied Over Surfaces Treated With Inhibitors Used to Prevent Flash Rusting of Steel When Water or Water/Abrasive Blasted	用水或水 / 磨料喷洗时为防止钢生锈用抑制剂处理的表面涂层评定的标准操作规程
26	ba	ASTM D7491−08	Standard Guide for Management of Non−Conforming Coatings in Coating Service Level Ⅰ Areas of Nuclear Power Plants	核电厂核Ⅰ级涂层区域不合格涂层管理标准指南
27	ba	ASTM WK34368	New Guide for MNL−8; Manual on Maintenance Coatings for Nuclear Power Plants	MNL−8 最新指南：核电厂涂层维护手册

（续表）

序号	代码	标准编号	Title	标准名称
28	ba	ASTM D4538−13	Standard Terminology Relating to Protective Coating and Lining Work for Power Generation Facilities	发电设施用防护涂层和衬里工作相关标准术语
29	ba	NACE SP0169−2007	Control of External Corrosion on Underground or Submerged Metallic Piping Systems	埋地或水下金属管道系统外部腐蚀控制
30	ba	NACE SP0572−2007	Design, Installation, Operation, and Maintenance of Impressed Current Deep Anode Beds	强制电流深阳极地床的设计、安装、运行和维护准则
31	ba	NACE TM0497−2002	Measurement Techniques Related to Criteria for Cathodic Protection on Underground or Submerged Metallic Piping Systems	埋地或水下金属管道系统阴极保护准则的相关测量方法

3.4.2 堆芯设计

堆芯设计涉及的标准化对象包括核设计和燃料设计。美国在核设计方面的法规和标准全面而完整，包括堆芯物理、热工水力、堆外燃料的临界安全方面的标准。

1. 堆芯物理、热工水力

第 1 层为总体性和基础性标准，包括联邦法规（Code of Federal Regulations）10CFR50 系列，主要规定核电厂设计的总原则和总体安全要求；第 2 层为管理导则（Regulation Guide），主要为反应堆核设计准则、稳态中子学分析方法等；第 3 层为核电标准（ANSI/ANS、ASTM 等）。具体核设计标准清单见表 3−11。

表 3−11　堆芯物理、热工水力标准清单

序号	代码	标准编号	Title	标准名称
1	bb	10CFR50 Appendix A	General Design Criteria for Nuclear Power Plants	核电厂总体设计准则
2	bb	NUREG−0800−2011	Standard Review Plan for the Review of Safety Analysis Reports for Nuclear Power Plants	核电厂安全分析报告标准审查大纲
3	bb	RG1.190−2013	Calculational and Dosimetry Methods for Determining Pressure Vessel Neutron Fluence	压力容器中子通量的计算和测定方法
4	bb	RG1.49 −2007	Power Levels of Nuclear Power Plants	核电厂功率水平
5	bb	ANS−51.1 −1983	Nuclear Safety Criteria for the Design of Stationary Pressurized Water Reactor Plants	固定式压水堆核电厂核安全设计准则

（续表）

序号	代码	标准编号	Title	标准名称
6	bb	ANS−8.27 −2008	Burnup Credit for Light Water Reactor Fuel	轻水反应堆燃料的燃耗信任制
7	bb	ANSI/ANS −19.1− 2002	Nuclear data sets for reactor design calculations	反应堆设计计算用核数据集
8	bb	ANSI/ANS19.3 −2005	Determination of Steady State Neutron Reaction Rate Distributions and Reactivity of Nuclear Reactors	核反应堆稳态中子反应率分布及反应性的确定
9	bb	ANS−19.11 −2011	Calculation and Measurement of the Moderator Temperature Coefficient of Reactivity for Pressurized Water Reactors	压水反应堆反应性慢化剂温度系数的计算与测量
10	bb	ANSI/ANS− 19.3.4− 2008	Determination of Thermal Energy Deposition Rates in Nuclear Reactors	核反应堆热沉积率的测定
11	bb	ANSI/ANS −19.10−2009	Methods for Determining Neutron Fluence in BWR and PWR Pressure Vessel and Reactor Internals	沸水堆和压水堆压力容器和堆内构件的中子注量测定方法
12	bb	ASTM E900 −2007	Standard Guide for Predicting Radiation−Induced Transition Temperature Shift in Reactor Vessel Materials	反应堆容器材料辐照诱变脆性转变温度的变化预测标准指南
13	bb	ASTME1035 −2013	Standard Practice for Determining Neutron Exposures for Nuclear Reactor Vessel Support Structures	核反应堆压力容器支承结构中子辐照判定标准操作规程
14	bb	ASTM E482 −11e1	Standard Guide for Application of Neutron Transport Methods for Reactor Vessel Surveillance	反应堆压力容器监督用中子输运法应用标准指南
15	bb	ASTM E1035 −2013	Standard Practice for Determining Neutron Exposures for Nuclear Reactor Vessel Support Structures	核反应堆压力容器支承结构中子辐照判定标准操作规程
16	bb	ASTM E2956 −2014	Standard Guide for Monitoring the Neutron Exposure of LWR Reactor Pressure Vessels	轻水反应堆压力容器中子辐照监测标准指南

2. 堆外燃料的临界安全

在堆外燃料的临界安全方面，第 1 层次包括 10 CFR 50.68、10 CFR 70 以及 10 CFR 71 等。第 2 层次为管理导则，给出了临界安全相关的设计要求。第 3 层次为 ANSI/ANS 标准，主要是关于防止临界事故的一些对应措施和操作准则等。具体临界安全标准清单见表 3−12。

表 3−12　堆外燃料的临界安全标准清单

序号	代码	标准编号	Title	标准名称
1	bb	10CFR50 附录 A	General Design Criteria for Nuclear Power Plants	核电厂总体设计准则
2	bb	10CFR 50.68	Criticality Accident Requirements	临界事故要求

（续表）

序号	代码	标准编号	Title	标准名称
3	bb	10CFR 70	Domestic Licensing of Special Nuclear Material	特殊核材料的国内许可
4	bb	10CFR71	Packaging and Transportation of Radioactive Material	放射性材料的包装和运输
5	bb	NUREG-0800-2011	Standard Review Plan for the Review of Safety Analysis Reports for Nuclear Power Plants	核电厂安全分析报告标准审查大纲
6	bb	RG3.4 -1998	Nuclear Criticality Safety in Operations with Fissionable Materials at Fuels and Materials Facilities	在核燃料和材料设施中操作可裂变材料时的核临界安全
7	bb	RG3.43 -1998	Nuclear Criticality Safety in the Storage of Fissile Materials	易裂变材料贮存的核临界安全性
8	bb	RG3.47 -1998	Nuclear Criticality Control and Safety of Homogeneous Plutonium-Uranium Fuel Mixtures Outside Reactors	反应堆外均匀钚铀燃料混合物的核临界控制与安全
9	bb	ANS-8.1 -2014	Nuclear Criticality Safety in Operations with Fissionable Materials Outside Reactors	堆外操作可裂变材料的核临界安全核临界安全
10	bb	ANS-8.6 -2010	Safety in Conducting Subcritical Neutron-Multiplication Measurements In Situ	次临界中子增殖就地测量安全规定
11	bb	ANS-8.7 -2012	Nuclear Criticality Safety in the Storage of Fissile Materials	易裂变材料贮存的核临界安全
12	bb	ANS-8.10 -2005	Criteria for Nuclear Criticality Safety Controls in Operations with Shielding and Confinement	在屏蔽和封闭条件下进行操作的核临界安全控制准则
13	bb	ANS-8.12 -2011	Nuclear Criticality Control and Safety of Plutonium- Uranium Fuel Mixtures Outside Reactors	堆外钚－铀燃料混合物的核临界控制与安全
14	bb	ANS-8.15 -2005	Nuclear Criticality Control of Special Actinide Elements	特种锕系元素的核临界控制
15	bb	ANS-8.17 -2009	Criticality Safety Criteria for the Handling, Storage, and Transportation of LWR Fuel Outside Reactors	堆外装卸、贮存及运输轻水堆燃料的核临界安全准则
16	bb	ANS-8.22 -2011	Nuclear Criticality Safety Based on Limiting and Controlling Moderators	基于限制和控制慢化剂的核临界安全
17	bb	ANS-8.24 -2012	Validation of Neutron Transport Methods for Nuclear Criticality Safety Calculations	核临界安全计算用中子输运法的验证
18	bb	ANS-8.28	Administrative Practices for the Use of Non-Destructive Assay Measurements for Nuclear Criticality Safety	核临界安全用无损分析测量的管理规定

3. 燃料设计

燃料设计主要包括燃料棒设计（性能安全分析）和燃料及相关组件机械设计。美国在燃料设计方面已形成了完整的法规标准体系，各国燃料设计标准都源于美国标准。其体系的第1层次为10CFR50系列，如10CFR50附录A，它分为6个部分，其中60-64与燃料和放射性控制相关；第2层次为RG系列、NUREG-0800等；第3层次为ASTM、ASME、ANS等标准化机构编制、出版的标准。具体燃料及相关组件设计标准清单见表3−13。另外ASTM编制、出版的燃料及相关组件材料标准见表3−14。

表3−13 燃料及相关组件设计标准清单

序号	代码	标准编号	Title	标准名称
1	bb	10CFR50 附录A	General Design Criteria for Nuclear Power Plants	核电厂总体设计准则
2	bb	10CFR50.36	Technical specifications	技术规格书
3	bb	10CFR50.46	Acceptance Criteria for Emergency Core Cooling Systems for Light Water Cooled Nuclear Power Reactors	轻水核电反应堆应急堆芯冷却系统验收准则
4	bb	10CFR50.59	Changes, tests and experiments	变更、试验和实验
5	bb	NUREG−0800	Standard Review Plan for the Review of Safety Analysis Reports for Nuclear Power Plants	核电厂安全分析报告标准审查大纲
6	bb	RG1.126−2010	An Acceptable Model and Related Statistical Methods for the Analysis of Fuel Densification	燃料密实度分析的一种可接受模型和相关统计方法
7	bb	RG 1.29−2010	Seismic Design Classification	抗震设计分级
8	bb	RG 1.64−1991	Quality Assurance Requirements for the Design of Nuclear Power plants	核电厂设计质量保证要求
9	bb	RG1.119−1977	Surveillance Program for New Fuel Assembly Designs	新燃料组件设计监督大纲
10	bb	RG5.1−1998	Serial Numbering of Fuel Assembles for Light−Water−Cooled Nuclear Power Reactors	轻水冷却堆核燃料组件序号编码
11	bb	ANS57.5−2006	Light Water Reactors Fuel Assembly Mechanical Design and Evaluation	轻水反应堆燃料组件的机械设计和评估
12	bb	ANS57.8−2011	Fuel Assembly Identification	燃料组件标识
13	bb	ASME NQA−1	Quality Assurance Requirements for Nuclear Facility Applications	核设施应用的质量保证要求
14	bb	ASME BPVC−III	Rules for Construction of Nuclear Facility Components	核设施部件建造规则

表3−14 ASTM发布的燃料及相关组件材料标准清单

序号	代码	标准编号	Title	标准名称
1	bb	ASTM A1016	Specification for General Requirements for Ferritic Alloy Steel, Austenitic Alloy Steel, and Stainless Steel Tubes	铁素体合金钢、奥氏体合金钢和不锈钢管通用技术规范

（续表）

序号	代码	标准编号	Title	标准名称
2	bb	ASTM A193	Standard Specification for Alloy–Steel and Stainless Steel Bolting Materials for Hign–Temperature Service	高温用合金钢和不锈钢螺栓材料标准规范
3	bb	ASTM A213	Standard Specification for Seamless Ferritic and Austenitic Alloy–Steel Boiler, Superheater, and Heat–Exchanger Tubes	锅炉、过热器和热交换器用无缝铁素体和奥氏体合金钢管标准规范
4	bb	ASTM A240	Standard Specification for Chromium and Chromium–Nickel Stainless Steel Plate, Sheet, and Strip for Pressure Vessels and for General Applications	压力容器与普通设备用铬和铬－镍不锈钢中厚板、薄板和带材标准规范
5	bb	ASTM A249	Standard Specification for Welded Austenitic Steel Boiler, Superheater, Heat–Exchanger, and Condenser Tubes	锅炉、过热器、热交换器和冷凝器用奥氏体钢焊接管标准规范
6	bb	ASTM A262	Standard Practices for Detecting Susceptibility to Intergranular Attack in Austenitic Stainless Steels	奥氏体不锈钢晶间腐蚀敏感性检测的标准操作规程
7	bb	ASTM A269	Standard Specification for Seamless and Welded Austenitic Stainless Steel Tubing for General Service	通用奥氏体不锈钢无缝管和焊接管标准规范
8	bb	ASTM A276	Standard Specification for Stainless Steel Bars and Shapes	不锈钢棒材和型材标准规范
9	bb	ASTM A313	Standard Specification for Stainless Steel Spring Wire	不锈钢弹簧丝标准规范
10	bb	ASTM A370	Standard Test Methods and Definitions for Mechanical Testing of Steel Products	钢制品力学试验标准试验方法和定义
11	bb	ASTM A450	Standard Specification for General Requirements for Carbon, Ferritic Alloy, and Austenitic Alloy Steel Tubes	碳钢、铁素体和奥氏体合金钢钢管一般要求的标准规范
12	bb	ASTM A479	Standard Specification for Stainless Steel Bars and Shapes for Use in Boilers and Other Pressure Vessels	锅炉及其他压力容器用不锈钢棒材和型材标准规范
13	bb	ASTM A480	Standard Specification for General Requirements for Flat–Rolled Stainless and Heat–Resisting Steel Plate, Sheet and Strip	平轧不锈钢及耐热钢中厚板，薄板和钢带一般要求的标准规范
14	bb	ASTM A564	Standard Specification for Hot–Rolled and Cold–Finished Age–Hardening Stainless Steel Bars and Shapes	热轧及冷加工时效硬化不锈钢棒及型材标准规范
15	bb	ASTM A580	Standard Specification for Stainless Steel Wire	不锈钢丝标准规范
16	bb	ASTM A700	Practices for Packaging, Marking and loading Methods for Steel Products for Domestic Shipment	钢制品国内装运的包装、标识和装载操作规程
17	bb	ASTM A–744	Standard Specification for Castings, Iron–Chromium–Nickel, Corrosion Resistant, for Severe Service	严酷条件下使用的耐腐蚀镍铬铁合金铸件标准规范
18	bb	ASTM A751	Standard Test Methods, Practices, and Terminology for Chemical Analysis of Steel Products	钢制品化学分析的标准试验方法、操作规程和术语

（续表）

序号	代码	标准编号	Title	标准名称
19	bb	ASTM B351	Standard Specification for Hot–Rolled and Cold–Finished Zirconium and Zirconium Alloy Bars, Rod, and Wire for Nuclear Application	核设备用热轧和冷加工精制锆与锆合金棒材、条材及线材标准规范
20	bb	ASTM B352	Standard Specification for Zirconium and Zirconium Alloy Sheet,Strip and Plate for Nuclear Application	核设备用锆与锆合金薄板、带材及中厚板标准规范
21	bb	ASTM B353	Standard Specification for Wrought Zirconium and Zirconium Alloy Seamless and Welded Tubes for Nuclear Service (Except Nuclear Fuel Cladding)	核设施用锻制锆和锆合金无缝管与焊接管（除核燃料包壳外）标准规范
22	bb	ASTM B–637	Standard Specification for Precipitation–Hardening and Cold Worked Nickel Alloy Bars, Forgings, and Forging Stock for Moderate or High Temperature Service	中高温用沉淀硬化冷加工镍合金棒材、锻件及锻坯标准规范
23	bb	ASTM B670	Standard Specification for Precipitation–Hardening Nickel Alloy (UNS N07718) Plate, Sheet, and Strip for High–Temperature Service	高温用沉淀硬化镍合金（UNS N07718）中厚板、薄板及带材标准规范
24	bb	ASTM B760	Standard Specification for Tungsten Plate, Sheet, and Foil	钨中厚板、薄板和箔标准规范
25	bb	ASTM B811	Standard Specification for Wrought Zirconium Alloy Seamless Tubes for Nuclear Reactor Fuel Cladding	核反应堆燃料包壳用锻制锆合金无缝管标准规范
26	bb	ASTM B880	Standard Specification for Chemical Check Analysis Limits for Nickel, Nickel Alloys and Cobalt Alloys	镍、镍合金和钴合金化学检查分析限值标准规范
27	bb	ASTM C785	Standard Specification for Nuclear–Grade Aluminum Oxide Pellets	核级氧化铝（Al_2O_3）颗粒标准规范
28	bb	ASTM C–888	Standard Specification for Nuclear–Grade Gadolinium Oxide (Gd_2O_3) Powder	核级氧化钆（Gd_2O_3）粉末标准规范
29	bb	ASTM C–1066	Standard Specification for Nuclear–Grade Zirconium Oxide Pellets	核级氧化锌（ZrO_2）颗粒标准规范
30	bb	ASTM E1019	Standard Test Methods for Determination of Carbon, Sulfur, Nitrogen, and Oxygen in Steel and in Iron, Nickel, and Cobalt Alloys	钢、铁、镍和钴合金中碳、硫、氮、氧含量测定的标准试验方法
31	bb	ASTM E1085	Standard Test Method for X–Ray Emission Spectrometric Analysis of Low–Alloy Steels	低合金钢 X 光射线光谱测定分析的标准试验方法
32	bb	ASTM E1086	Standard Test Method for Atomic Emission Vacuum Spectrometric Analysis of Stainless Steel by Point–to–Plane Excitation Technique	用点对面激发技术对不锈钢做光学发射真空光谱测定分析的标准试验方法
33	bb	ASTM E112	Standard Test Methods for Determining Average Grain Size	平均晶粒度测定的标准试验方法
34	bb	ASTM E1181	Standard Test Methods for Characterizing Duplex Grain Sizes	双重晶粒度表征与测定方法

（续表）

序号	代码	标准编号	Title	标准名称
35	bb	ASTM E1473	Standard Test Methods for Chemical Analysis of Nickel, Cobalt, and High-Temperature Alloys	镍、钴和高温合金化学分析的标准试验方法
36	bb	ASTM E18	Standard Test Methods for Rockwell Hardness of Metallic Materials	金属材料洛氏硬度的标准试验方法
37	bb	ASTM E1806	Standard Practice for Sampling Steel and Iron for Determination of Chemical Composition	铁和铁化学成分测定时取样的标准操作规程标准操作
38	bb	ASTM E192	Standard Reference Radiographs for Investment Steel Castings for Aerospace Applications	航天航空设备用熔模钢铸件的标准射线照片
39	bb	ASTM E21	Standard Test Methods for Elevated Temperature Tension Tests of Metallic Materials	金属材料高温拉伸试验的标准试验方法
40	bb	ASTM E29	Recommended Practice for Indicating which Places of Figures are to be Considered Significant in Specified Limiting Values	指明在规定的极限值中数字哪个位置被认为重要的推荐规程
41	bb	ASTM E290	Standard Test Methods for Bend Testing of Material for Ductility	材料延展性弯曲试验的标准试验方法
42	bb	ASTM E3	Methods of Preparation of Metallographic Specimens	金相试样制备方法
43	bb	ASTM E353	Standard Test Methods for Chemical Analysis of Stainless, Heat-Resisting, Maraging, and Other Similar Chromium-Nickel-Iron Alloys	不锈钢、耐热钢、马氏体时效钢和其他类似铬－镍－铁合金化学分析的标准试验方法
44	bb	ASTM E354	Chemical Analysis of High-Temperature, Electrical, Magnetic, and Other Similar Iron, Nickel, and Cobalt alloys	高温钢、电炉钢、磁钢和其他类似的铁、镍和钴基合金化学分析的标准试验方法
45	bb	ASTM E415	Standard Test Method for Atomic Emission Vacuum Spectrometric Analysis of Carbon and Low-Alloy Steel	碳素钢和低合金钢光学放射真空光谱测定分析的标准试验方法
46	bb	ASTM E572	Standard Test Method for Analysis of Stainless and Alloy Steels by X-ray Fluorescence Spectrometry	用 X 射线荧光光谱测定法分析不锈钢及合金钢的标准试验方法
47	bb	ASTM E8	Standard Test Methods for Tension Testing of Metallic Materials	金属材料拉伸试验的标准试验方法
48	bb	ASTM E92	Test Method for Vickers Hardness of Metallic Materials	金属材料维氏硬度的试验方法
49	bb	ASTM E94	Standard Guide for Radiographic Examination	射线检查标准指南
50	bb	ASTM G2	Recommended Practice for Aqueous Corrosion Testing of Samples of Zirconium and Zirconium Alloy	锆及锆合金样品水溶液腐蚀试验的建议操作规程

3.4.3 工艺系统

此处的核工艺系统包括：反应堆冷却剂系统、专设安全设施系统、核岛主要辅助系统、蒸汽动力转换系统、燃料和放射性废物处理系统。其各自涉及的标准化对象与活动介绍如下。

1. 反应堆冷却剂系统

又称为一回路系统，按照功能划分，可分为冷却系统、压力调节系统和超压保护系统。其中与此有关的美国核电法规标准简介如下：

10CFR 50.46a 是关于反应堆冷却剂系统排气系统的顶层法规，改法规内容较少，但是规定了 3 条反应堆冷却剂系统的排气系统设计的可接受准则。

10CFR 50 附录 A 的 GDC15 规定了反应堆冷却剂系统设计的顶层要求，GDC30-GDC34 则分别规定了：反应堆冷却剂压力边界部件质量保证、反应堆冷却剂压力边界断裂预防、反应堆冷却剂压力边界检验、反应堆冷却剂的补充。

RG1.70 和 NUREG-0800 两者第 5 章为“反应堆冷却剂系统和与之相连接的系统”，规定了反应堆冷却剂压力边界的完整性、反应堆压力容器以及反应堆冷却剂系统部件和子系统的设计。此外 ANSI/ANS-56.3 以及美国 URD 第Ⅲ卷第 3 章也对反应堆冷却剂系统的设计进行了规定。与此相关的标准子体系框图见图 3−17，相关标准清单见表 3−15。

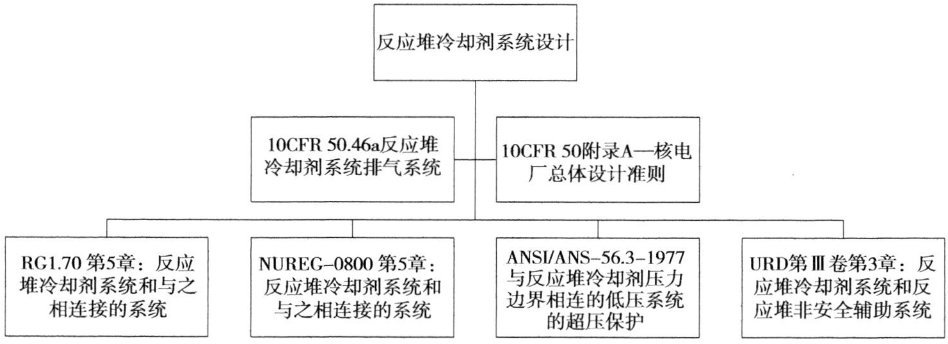

图 3−17　反应堆冷却剂系统设计标准子体系框图

表 3-15 反应堆冷却剂系统设计标准清单

序号	代码	标准编号	Title	标准名称
1	ba	10CFR 50. 46a	50.46a Acceptance Criteria for Reactor Coolant System Venting Systems.	反应堆冷却剂系统排气系统验收准则
2	ba	10CFR 50 附录 A	General Design Criteria for Nuclear Power Plants：Criterion 15–Reactor Coolant System Design	核电厂总体设计准则：准则 15– 反应堆冷却剂系统设计
3	ba	10CFR 50 附录 A. Ⅳ	General Design Criteria for Nuclear Power Plants: Ⅳ . Fluid Systems	核电厂总体设计准则：Ⅳ流体系统
4	ba	URD 第Ⅲ卷	Utility Requirements Document (URD) Ⅲ	电力公司要求文件第 3 章：反应堆冷却剂系统和反应堆非安全辅助系统
5	ba	RG1.70	Standard Format and Content of Safety Analysis Reports for Nuclear Power Plants (LWR Edition)	核电厂安全分析报告标准格式及内容（轻水堆版）第 5 章：反应堆冷却剂系统和与之相连接的系统
6	ba	NUREG –0800	Standard Review Plan for the Review of Safety Analysis Reports for Nuclear Power Plants: LWR Edition	《核电厂安全分析报告标准审查大纲（轻水堆版）》第 5 章：反应堆冷却剂系统和与之相连接的系统
7	ba	ANSI/ANS –56.3	Overpressure Protection of Low Pressure Systems Connected to the Reactor Coolant Pressure Boundary	与反应堆冷却剂压力边界相连的低压系统的超压保护

2. 专设安全设施系统

主要用于设计基准事故工况下确保反应堆停闭，排出堆芯余热、保持安全壳完整性、避免放射性物质失控排放，有关系统包括：应急堆芯冷却系统（安注系统）、安全壳系统、安全壳喷淋系统、安全壳隔离系统、可燃气体控制系统、应急给水系统以及与之有关的系统。与此有关的美国核电法规标准简介如下：

与此有关的顶层法规包括 10 CFR 50.44（可燃气体控制）、10 CFR 50.46（应急堆芯冷却）、10CFR 50 附录 A（安全壳设计 & 流体系统设计）、10CFR Part 50 附录 K。

NRC发布的管理导则等技术文件包括RG 1.7、RG1.70、RG1.141、NUREG-0800等。其中RG1.70和NUREG-0800两者第6章为“专设安全设施”，规定了安全壳系统、应急堆芯冷却系统、可居留性系统、可燃其他控制、安全壳隔离、裂变产物移除和控制系统、主蒸汽隔离阀泄露控制系统以及其他专设安全设施系统的设计要求。

此外，ANS 先后发布了与专设安全设施相关的 3 项标准：ANS-51.10-1979 压水堆核电厂辅助给水系统、ANS-56.5-1979；R1987 压水堆、沸水堆安全壳喷淋系统的设计准则、ANS-56.6-1986 压水堆安全壳通风系统。

美国核电厂专设安全设施系统设计相关标准子体系框图见图 3–18，标准清单见表 3–16。

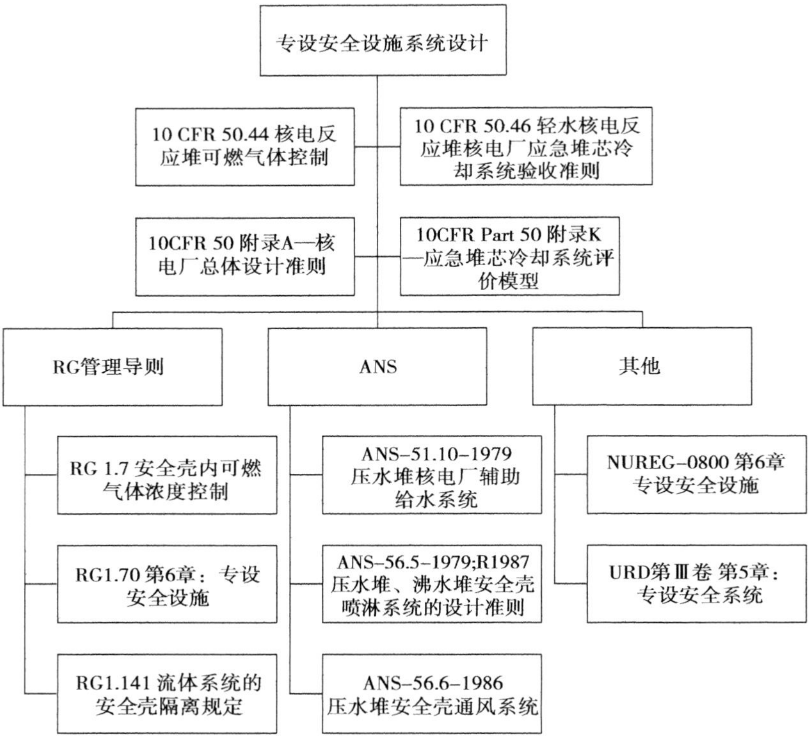

图 3–18　专设安全设施系统设计标准子体系框图

表 3–16　专设安全设施系统设计标准清单

序号	代码	标准编号	Title	标准名称
1	ba	10 CFR 50.44	50.44 Combustible Gas Control for Nuclear Power Reactors	核电反应堆可燃气体控制
2	ba	10 CFR 50.46	50.46 Acceptance Criteria for Emergency Core Cooling Systems for Light–Water Nuclear Power Reactors	轻水核电反应堆应急堆芯冷却系统验收准则
3	ba	10CFR 50 附录 A	General Design Criteria for Nuclear Power Plants：Criterion 16—Containment design	核电厂总体设计准则：准则 16– 安全壳设计
4	ba	10CFR 50 附录 A.IV	General Design Criteria for Nuclear Power Plants:IV. Fluid Systems	核电厂总体设计准则：IV 流体系统

（续表）

序号	代码	标准编号	Title	标准名称
5	ba	10CFR 50 附录 A.V	General Design Criteria for Nuclear Power Plants:V. Reactor Containment	核电厂总体设计准则：V. 反应堆安全壳
6	ba	10CFR Part 50 附录 K	ECCS Evaluation Models	应急堆芯冷却系统评价模型
7	ba	URD 第Ⅲ卷		第 5 章：专设安全系统
8	ba	RG1.7	Control of Combustible Gas Concentrations in Containment	安全壳内可燃气体浓度控制
9	ba	RG1.70.	Standard Format and Content of Safety Analysis Reports for Nuclear Power Plants (LWR Edition)	核电厂安全分析报告标准格式及内容（轻水堆版）第 6 章：专设安全设施
10	ba	RG1.141	Containment Isolation Provisions for Fluid Systems	流体系统的安全壳隔离规定
11	ba	NUREG −0800	Standard Review Plan for the Review of Safety Analysis Reports for Nuclear Power Plants: LWR Edition	核电厂安全分析报告标准审查大纲（轻水堆版）第 6 章：专设安全设施
12	ba	ANSI/ANS −56.5	PWR and BWR Containment Spray System Design Criteria	压水堆、沸水堆安全壳喷淋系统的设计准则
13	ba	ANSI/ANS −51.10	Auxiliary Feedwater System for Pressurized Water Reactors	压水堆辅助给水系统
14	ba	ANSI/ANS −56.5	PWR and BWR Containment Spray System Design Criteria	压水堆、沸水堆安全壳喷淋系统的设计准则
15	ba	ANSI/ANS −56.6	Pressurized Water Reactor Containment Ventilation Systems	压水堆安全壳通风系统

3. 核岛主要辅助系统

核岛的重要组成部分，是核电厂正常运行不可缺少的，在事故工况下为核电厂安全设施提供支持。压水堆核电厂核岛辅助系统包括：化学和容积控制系统、反应堆硼和水补给系统、余热排出系统、设备冷却水系统、重要厂用水系统、反应堆换料水池和乏燃料冷却和处理系统、核岛通风空调及空气净化以及与之有关的系统。

与此有关的顶层法规包括 10 CFR 50 附录 A—核电厂总体设计准则（如余热排出系统设计、设备冷却水系统设计等）。NRC 发布的管理导则等技术文件包括 RG1.27、RG1.139、RG1.140、RG1.70、NUREG-0800、NUREG-0733 等。其中 RG1.70 和 NUREG-0800 两者第 9 章为“辅助系统”，规定了设备冷却水系统、压缩空气系统、化学容积控制系统、空调和通风系统以及其他的辅助系统相关要求。

美国核电厂辅助系统设计相关标准子体系框图见图 3–19，标准清单见表 3–17。

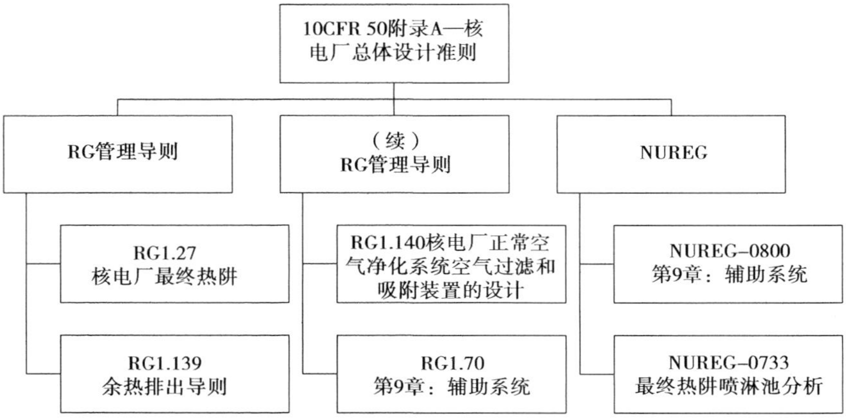

图 3–19　辅助系统设计相关标准子体系框图

表 3–17　辅助系统设计相关标准清单

序号	代码	标准编号	Title	标准名称
1	ba	10CFR 50 附录 A	General Design Criteria for Nuclear Power Plants	核电厂总体设计准则
2	ba	URD 第Ⅲ卷	URD Ⅲ	第 8 章：核电厂冷却水系统
3	ba	RG1.27	Ultimate Heat Sink for Nuclear Power Plants	核电厂最终热阱
4	ba	RG1.139	Guidance for Residual Heat Removal	余热排出导则
5	ba	RG1.140	Design, Inspection, and Testing Criteria for Air Filtration and Adsorption Units of Normal Atmosphere Cleanup Systems in Light–Water–Cooled Nuclear Power Plants	轻水冷却核电厂正常空气净化系统空气过滤和吸附装置的设计、检查及试验准则
6	ba	RG1.70	Standard Format and Content of Safety Analysis Reports for Nuclear Power Plants (LWR Edition)	核电厂安全分析报告标准格式及内容（轻水堆版）第 9 章：辅助系统
7	ba	NUREG–0800	Standard Review Plan for the Review of Safety Analysis Reports for Nuclear Power Plants: LWR Edition	NUREG–0800 核电厂安全分析报告标准审查大纲（轻水堆版）第 9 章：辅助系统
8	ba	NUREG–0733	Analysis of Ultimate–Heat–Sink Spray Ponds	最终热阱喷淋池分析

4. 蒸汽动力转换系统

其功能是将蒸汽发生器产生的蒸汽引向汽轮机组各用汽单元，其中包括再热系统、旁路系统管系以及用于驱动水泵的汽轮机及其他辅助蒸汽用汽单元。与核电厂主蒸汽系统相关的标准主要有 NRC 发布的 RG1.96、RG1.70 和 NUREG-0800 等技术文件，其中 RG1.70 和 NUREG-0800 两者第 10 章为“蒸汽和动力转换系统”，规定了汽轮机发电系统、主蒸汽供应系统、蒸汽和动力转换系统的其他设施相关要求。

美国核电厂蒸汽动力转换系统设计相关标准清单见表 3–18。

表 3–18 蒸汽动力转换系统设计相关标准清单

序号	代码	标准编号	Title	标准名称
1	ba	RG1.96	Design of Main Steam Isolation Valve Leakage Control Systems for Boiling Water Reactor Nuclear Power Plants	沸水反应堆核电厂主蒸汽隔离阀泄漏控制系统设计
2	ba	RG1.70	Standard Format and Content of Safety Analysis Reports for Nuclear Power Plants (LWR Edition)	核电厂安全分析报告标准格式及内容（轻水堆版）第 10 章：蒸汽和动力转换系统
3	ba	NUREG –0800	Standard Review Plan for the Review of Safety Analysis Reports for Nuclear Power Plants: LWR Edition	核电厂安全分析报告标准审查大纲（轻水堆版）第 10 章：蒸汽和动力转换系统

5. 燃料和放射性废物处理系统

核系统主要包括燃料处理系统、新旧燃料贮存系统、放射性废气处理系统、放射性废液处理系统、放射性废固处理系统等。

与此相关的顶层法规包括 10CFR 50 附录 A—核电厂总体设计准则：VI 燃料和放射性控制。

NRC发布的管理导则和技术文件包括RG1.13、RG1.143、RG1.70、NUREG-0800、NUREG-1536、NUREG-1567、NUREG/CR-6865等，其中NUREG-0800第9.1节为“燃料贮存和处理”，规定了新燃料、乏燃料的贮存、乏池冷却系统和清洁、乏燃料处理系统等要求。而RG1.70和NUREG-0800的第11章为“放射性废物处理系统”，规定了源项、液体放射性废物处理系统、气体放射性废物处理系统、固体放射性废物处理系统、放射性流出物的监测和取样等要求。

此外，ANS 发布了与燃料贮存、放射性废物处理相关的 11 项标准。

值得一提的是，RG1.143《乏燃料贮存设施的设计基准》认为 ANSI/ANS 55.1-1992、ANSI/ANS 55.4-1993、ANSI/ANS 55.6-1993 对放射性废物处理系

统的要求是合适的，且此 3 项标准的内容比 RG1.143 第 11 章的内容更为广泛，此导则对放射性废物处理设施相关的系统结构和部件的设计应遵循的标准给出了详细的规定，详见表 3−19。美国核电厂燃料和放射性废物处理系统系统设计相关标准子体系框图见图 3−20，标准清单见表 3−20。

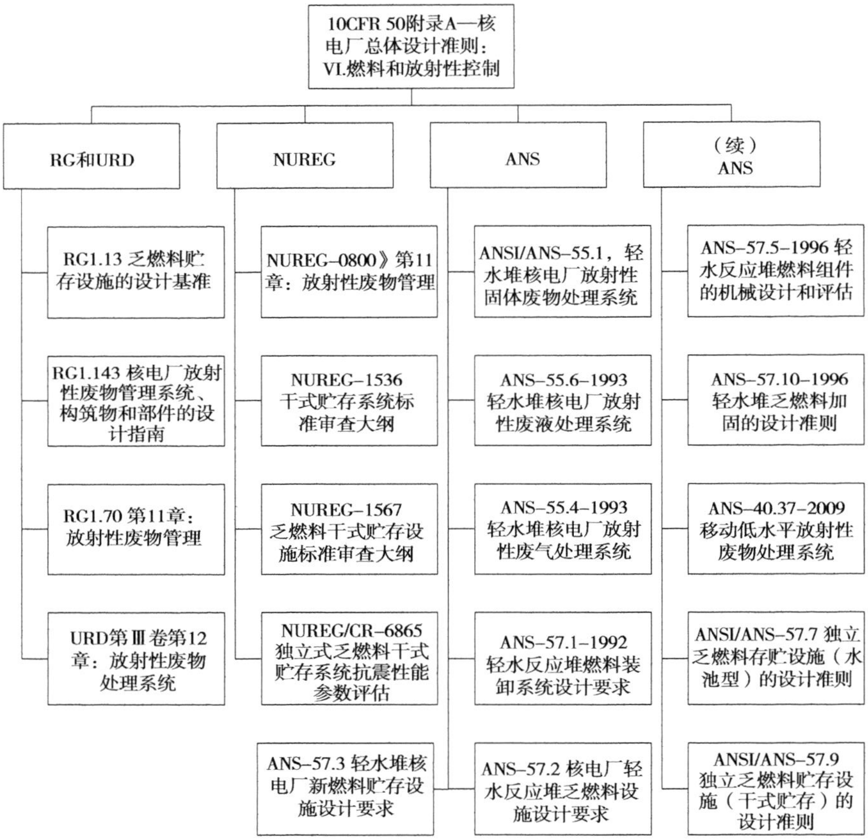

图 3−20　燃料和放射性废物处理系统系统设计相关标准子体系框图

表 3−19　放射性废物处理设施中有关系统、结构和部件的规范和标准

部件	设计和建造	材料	焊接	检验和试验
结构 − 混凝土	ACI−318 或 ACI 3492,3,4	ACI−318 或 ACI 349	ACI−318 或 ACI 349	ACI−318 或 ACI 349
结构 − 钢 （热轧）	AISC−ASD 或 AISC LFRD 或 AISC N−690(S327) 2,4	ASTM−A36	AWS−D1.1	AISC 标准 和 AWS 标准

（续表）

部件	设计和建造	材料	焊接	检验和试验
结构－钢（冷成型）	AISI SG-673	ASTM-A500	AWS-D1.3, D9.1	AISC 标准和 AWS 标准
管道和阀门	ANSI/ASME B31.3 5,6	ASME-Sec. II7	ASME, Sec. IX	ANSI/ASME B31.3
常压贮罐	API-650	ASME Sec. II	ASME, Sec. IX	API-620
贮罐 (0-15psig)	API-620	ASME Sec. II	ASME, Sec. IX	API-650
压力容器和贮罐 (>15 psig)	ASME BPVC Div. 1 或 Div. 2	ASME Sec. II	ASME, Sec. IX	ASME Section VIII, Div. 1 或 2
泵	API-610; API-674; API-675; ASME BPVC Section VIII, Div. 1 或 Div. 2	ASTM A57184(1997) 或 ASME Sec. II	ASME, Sec. IX	ASME BPVC Code Section III, Class 38
热交换器	TEMA STD, 8th Edition; ASME BPVC Section VIII Div. 1 或 Div. 2	ASTM B359-98 或 ASME Sec. II	ASME, Sec. IX	ASME Section VIII, Div. 1 或 2
HVAC 系统	SMACNA Stds. 6,9	ASTM F856-97 ASTM C1290-00	AWS-D1.1, D1.3, D9.1	SMACNA Stds
管道和电缆托盘	NEMA TC2-1998 NEMA VE1-1998	ASTM B633-98, A123/A123M-01 NEMA TC2, VE1	AWS-D1.1, D1.3, D9.1	NEMA TC2-1998, NEMA VE1-1998
防火系统	NFPA-136,10 ; NFPA-14	ASTM-A795	AWS-D1.1, D1.3, D9.1, D10.9	NFPA-13
可弯曲软管和软管连接	ANSI/ANS-40.37	ANSI/ANS-40.37	ANSI/ANS-40.37	ANSI/ANS-40.37

表 3-20　燃料贮存和放射性废物处理系统系统标准清单

序号	代码	标准编号	Title	标准名称
1	ba	10CFR 50 附录 A	General Design Criteria for Nuclear Power Plants: Ⅵ . Fuel and Radioactivity Control	核电厂总体设计准则：Ⅵ . 燃料和放射性控制
2	ba	URD 第Ⅲ卷	第 12 章	放射性废物处理系统
3	ba	RG1.13	Spent Fuel Storage Facility Design Basis	乏燃料贮存设施的设计基准
4	ba	RG1.143	Design Guidance for Radioactive Waste Management Systems, Structures, and Components Installed in Light-Water-Cooled Nuclear Power Plants	轻水冷却核电厂放射性废物管理系统、构筑物和部件的设计指南
5	ba	RG1.70	Standard Format and Content of Safety Analysis Reports for Nuclear Power Plants (LWR Edition)	核电厂安全分析报告标准格式及内容（轻水堆版）第 11 章：放射性废物的管理
6	ba	NUREG -0800, Chapter 9	Fuel Storage and Handling	核电厂安全分析报告标准审查大纲（轻水堆版）第 9.1 节：燃料贮存和装卸

（续表）

序号	代码	标准编号	Title	标准名称
7	ba	NUREG -0800	Standard Review Plan for the Review of Safety Analysis Reports for Nuclear Power Plants: LWR Edition	NUREG-0800《核电厂安全分析报告标准审查大纲（轻水堆版）第 11 章：放射性废物的管理
8	ba	NUREG -1536	Standard Review Plan for Dry Cask Storage Systems	干式贮存系统标准审查大纲
9	ba	NUREG -1567	Standard Review Plan for Spent Fuel Dry Storage Facilities	乏燃料干式贮存设施标准审查大纲
10	ba	NUREG/CR -6865	Parametric Evaluation of Seismic Behavior of Freestanding Spent Fuel Dry Cask Storage Systems	独立式乏燃料干式贮存系统抗震性能参数评估
11	ba	ANSI/ANS -55.1	Solid Radioactive Waste Processing Systems for Light Water Cooled Reactor Plants	轻水冷却反应堆核电厂放射性固体废物处理系统
12	ba	ANS-55.6 -1993	Liquid Radioactive Waste Processing System for Light Water Reactor Plants	轻水反应堆核电厂放射性废液处理系统
13	ba	ANS-55.4 -1993	Gaseous Radioactive Waste Processing Systems for Light Water Reactor Plants	轻水反应堆核电厂放射性废气处理系统
14	ba	ANS 57.1 1992	Design Requirements for Light Water Reactor Fuel Handling Systems	轻水反应堆燃料装卸系统设计要求
15	ba	ANS 57.2	Design Requirements for Light Water Reactor Spent Fuel Facilities at Nuclear Power Plants	核电厂轻水反应堆乏燃料设施设计要求
16	ba	ANS 57.3	Design Requirements for New Fuel Storage Facilities at LWR Plants	轻水堆核电厂新燃料贮存设施设计要求
17	ba	ANS-57. 5-1996	Light Water Reactors Fuel Assembly Mechanical Design and Evaluation	轻水反应堆燃料组件的机械设计和评估
18	ba	ANS 57.10 1996	Design Criteria for Consolidation of LWR Spent Fuel	轻水堆乏燃料加固设计准则
19	ba	ANS 40.37 2009	Mobile Low-Level Radioactive Waste Processing Systems	移动低水平放射性废物处理系统
20	ba	ANSI/ANS -57.7-1988	Design Criteria for an Independent Spent Fuel Storage Installation (Water Pool Type)	独立乏燃料存贮设施（水池型）的设计准则
21	ba	ANSI/ANS -57.9-1992	Design Criteria for an Independent Spent Fuel Storage Installation (Dry Type)	独立乏燃料贮存设施（干式贮存）的设计准则

3.4.4 仪控系统

NUREG 0800-7《核电厂数字仪控标准化审查大纲》详述了核电厂数字仪控系统安全相关部分的评审要求，包括软件审查大纲、纵深防御和多样性、安全系统可接受准则、反应堆保护系统、专设安全设施系统、安全重要控制系统、安全重要信息系统和安全重要通信系统等方面。这些系统设计的安全要求涵盖在 ANS、IEEE、ISA 相关标准中，这些标准归纳为系统安全设计、人机接口设计、信息与控制设计和动力源系统设计 4 个方面，见图 3–21，标准清单见表 3–21。

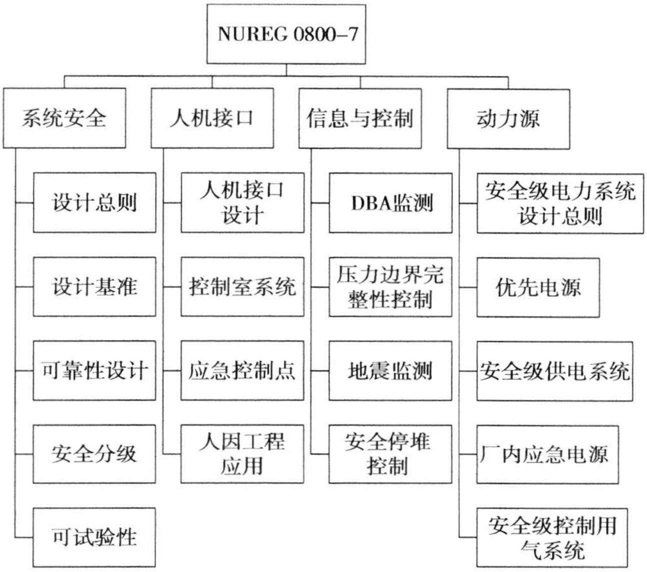

图 3-21 美国仪控系统设计标准体系框架图

表 3-21 美国仪控系统设计标准清单

序号	代码	标准编号	Title	标准名称	背书
1	bd	NUREG 0700	Human-System Interface Design Review Guidelines	人机接口设计审查导则	
2	bd	IEEE 603	Standard Criteria for SafetySystems for Nuclear Power Generating Stations	核电厂安全系统标准准则	RG 1.153
3	bd	IEEE 7-4.3.2 -2010	Standard Criteria for Digital Computers in Safety Systems of Nuclear Power Generating Stations	核电厂安全系统数字计算机的标准准则	RG 1.152
4	bd	IEEE 379 -2014	Application of the Single-Failure Criterion to Nuclear Power Generating Station Safety Systems	安全系统单一故障准则的应用	RG 1.153
5	bd	IEEE 384 -2008	Standard Criteria for Independence of Class 1E Equipment and Circuits	1E 级设备和电路独立性标准准则	RG 1.75
6	bd	IEEE 338 -2012	Criteria for the Periodic Surveillance Testing of Nuclear Power Generating Station Safety	核电厂安全系统定期监督试验准则	RG 1.118
7	bd	IEEE 577 -2012	Standard Requirements for Reliability Analysis in the Design and Operation of Safety Systems for Nuclear Power Generating Stations	核电厂安全系统设计和运行中的可靠性分析标准要求	
8	bd	IEEE 352 -1987	Guide for General Principles of Reliability Analysis of Nuclear Power Generating Station Safety Systems	核电厂安全系统可靠性分析一般原则指南	

（续表）

序号	代码	标准编号	Title	标准名称	背书
9	bd	IEEE 497 –2010	Standard Criteria for Accident Monitoring Instrumentation for Nuclear Power Generating Stations	核电厂事故监测仪表标准准则	RG 1.97
10	bd	IEEE 628 –2011	Standard Criteria for the Design, Installation, and Qualification of Raceway Systems for Class 1E Circuits for Nuclear Power Generating Stations	核电厂 1E 级电路电缆通道系统设计、安装和鉴定的标准准则	
11	bd	IEEE 484 –2002	Recommended Practice for Installation Design and Installation of Vented Lead–Acid Batteries for Stationary Applications	固定设施用排气式铅酸蓄电池安装设计和安装推荐实施规程	RG 1.128
12	bd	IEEE 1050 –2004	Guide for Instrumentation and Control Equipment Grounding in Generating Stations	发电站仪表和控制设备的接地指南	RG 1.180
13	bd	IEEE 692 –2013	Criteria for Security Systems for Nuclear Power Generating Stations	核电厂安保系统准则	
14	bd	IEEE 308 –2012	Standard Criteria for Class 1E Power Systems for Nuclear Power Generating Stations	核电厂 1E 级电力系统标准准则	RG 1.32
15	bd	IEEE 765–2012	Preferred Power Supply (PPS) for Nuclear Power Generating Stations (NPGS)	核电厂的优先电源	
16	bd	IEEE 387–1995	Standard Criteria for Diesel–Generator Units Applied as Standby Power Supplies for Nuclear Power Generating Stations	核电厂备用电源柴油发电机组标准准则	RG 1.9
17	bd	IEEE 741–2007	Standard Criteria for the Protection of Class 1E Power Systems and Equipment in Nuclear Power Generating Stations	核电厂 1E 级电力系统和设备保护标准准则	
18	bd	IEEE 946	Recommended Practice for the Design of DC Auxiliary Power Systems for Generating Systems	发电站用直流辅助电力系统设计的推荐实施规程	
19	bd	IEEE 690	The Design and Installation of Cable Systems for Class 1E Circuits in Nuclear Power Generating Stations	核电厂 1E 级电路用电缆系统设计和安装	
20	bd	IEEE 494–1974	Standard Method for Identification of Documents Related to Class 1E Equipment and Systems for Nuclear Power Generating Stations	核电厂 1E 级设备和系统文件的鉴定方法	
21	bd	IEEE 1023–2004	Recommended Practice for the Application of Human Factors Engineering to Systems, Equipment, and Facilities of Nuclear Power Generating Stations and Other Nuclear Facilities	人因工程在核电厂和其他核设施的系统、设备和设施中的应用推荐实施规程	
22	bd	IEEE 1289–1998	Guide for the Application of Human Factors Engineering in the Design of Computer–Based Monitoring and Control Displays for Nuclear Power Generating Stations	人因工程在核电厂用基于计算机的监测和控制显示设计中的应用指南	
23	bd	IEEE 845–1999	Guide for the Evaluation of Human–System Performance in Nuclear Power Generating Stations	核电厂人机系统性能评价指南	

（续表）

序号	代码	标准编号	Title	标准名称	背书
24	bd	IEEE 1082–1997	Guide for Incorporating Human Action Reliability Analysis for Nuclear Power Generating Stations	核电厂采纳人类行为可靠性分析的指南	
25	bd	ISA 67.01.01	Transducer and transmitter installation for nuclear safety applications	核电厂安全重要传感器和变送器的安装	
26	bd	ISA 67.04.01	Setpoints for Nuclear Safety–Related Instrumentation	核安全相关仪表的整定值	RG 1.105
27	bd	ISA –PR 67.04.02	Methodologies for The Determination of Setpoints for Nuclear Saftety–Related Instrumentation	核安全相关仪表整定值的确定方法	
28	bd	ISA 67.03	Light Water Reactor Coolant Pressure Boundary Leak Detection	轻水反应堆冷却剂压力边界的泄漏检测	RG 1.45
29	bd	ANS 51.1	Nuclear Safety Criteria for the Design of Stationary Pressurized Water Reactor Plants	固定式压水堆核电厂核安全设计准则	
30	bd	ANS 58.3	Physical Protection for Nuclear Safety–Related Systems and Components	核安全相关系统和部件的实物保护	
31	bd	ANS 58.6	Criteria for Remote Shutdown for Light Water Reactors Facilities	轻水反应堆设施远程停堆准则	
32	bd	ANS 58.8	Nuclear Power Plants – Time Response Design Criteria for Safety Related Operator Actions	核电厂安全相关的操纵员动作时间响应设计准则	
33	bd	ANS 58.9	Single Failure Criteria for Light Water Reactor Safety–Related Fluid Systems	轻水反应堆安全相关流体系统的单一故障准则	
34	bd	ANS 58.11	Design Criteria for Safe Shutdown Following Selected Design Basis Events in Light Water Reactors	轻水反应堆发生所选定的设计基准事件后进行安全停堆的设计准则	
35	bd	ANS 59.3	Nuclear Safety Criteria for Control Air Systems	控制用气系统核安全准则	
36	bd	ANS 59.51	Fuel Oil Systems for Safety– Related Emergency Diesel Generators	安全相关应急柴油发电机用燃油系统	
37	bd	ANS 59.52	Lubricating Oil Systems for Safety–Related Emergency Diesel Generators	安全相关应急柴油发电机润滑油系统	

3.5 核电制造

3.5.1 机械设备

核电厂机械设备在整个核电制造的范畴中具有相当重要的地位。核电厂对其所用的机械设备有着极为严苛的特殊要求，需要满足相当高的结构强度、抗震、耐磨、耐高温、承高压、耐辐照、抗腐蚀等要求。同时，机械设备的设计制造必须严格执行核安全系统设计准则（如单一故障准则、冗余性准则、故障安全准则和可靠性准则等）。

美国法规标准体系中，涉及核电厂机械设备设计、制造和鉴定等方面的可分为三层，第一层为法规导则，主要有：10CFR 系列，RG 系列和 NUREG 系列，主要规定了核电厂机械设备设计原则、质量保证、抗震设计等方面内容。第二层为核电厂机械设备规范，直接对某类核电机械设备提出总体技术要求，以满足和支撑法规导则的相关规定，如 ASME 第Ⅲ卷的 NCA 分卷，提出核设施建造的总要求。第三层为基础工业技术标准，用来补充和支撑规范，主要有 ANSI、ASME、AWS、API 等标准化组织制定的相关标准。

ASME 第Ⅲ卷涉及的机械设备范围主要包括：核承压设备（压力容器，换热器、泵、管道和阀门等），核设备支承件以及堆内构件等。其他不属于第Ⅲ卷规定范围的核电厂机械设备还主要有核空气和气体处理设备，装卸、起重和输送设备以及其他常规机械设备。ASME NUM-1、NOG-1、BTH-1 给出了核电厂用装卸、起重和输送等相关机械设备及部件的规定。ASME AG-1 等规定了核空气和气体处理设备的相关要求。核电厂用常规机械设备标准则在 ASME 其他部分卷册中给出相关规定。

结合上述分析，可将美国标准体系中关于核电厂机械设备的内容大致划分为 4 类，对应的标准构成了核电机械设备标准子体系，其中，体系框图见图 3−22。

1. 核岛机械设备

美国法规和导则中关于核岛机械设备的主要有 10CFR50 的附录 G《断裂韧性要求》、附录 H《反应堆压力容器材料监督大纲》、10CFR50.55(a)《规范和标准》、RG1.1 等 22 项管理导则，以及 NUREG-0800《压水堆核电厂安全分析报告标准审查大纲》。这些法规导则是基于核安全提出的基本原则和监管要求，构成了机械设备子体系的第一层。

核岛机械设备通用标准主要有 ANSI/ANS-51.1 稳压水冷反应堆装置设计的核安全准则，规定了核电厂机械设备安全功能、物项分级等；ASME NQA《核设施质量保证大纲》规定了核电厂机械设备质量保证管理规定；ASME 第Ⅲ卷 NCA 分卷。

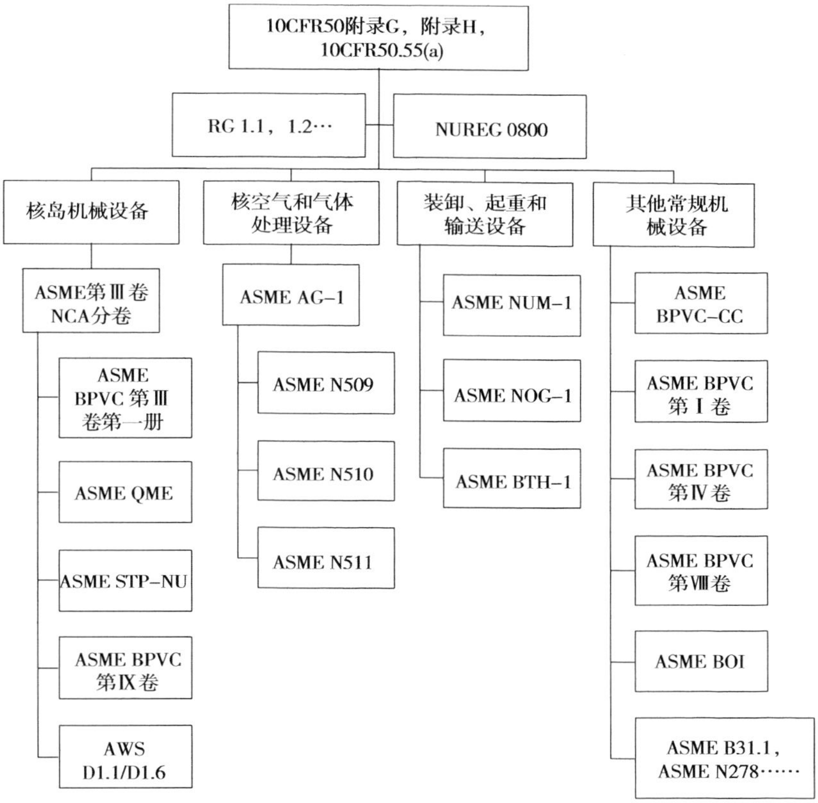

图 3-22 核电机械设备标准子体系框图

技术标准层面主要是 ASME BPVC 第Ⅲ卷第 1 册（NB、NC、ND、NE、NF、NG、NH 分卷）、ASME BPVC 第Ⅲ篇第 5 册等。这些标准规定的内容涵盖了核岛机械设备 1 级部件、2 级部件、3 级部件、MC 级部件、支承件、堆芯支承结构、高温使用的 1 级部件的设计、制造、安装（含焊接评定、热处理等）、检测（含无损检测）、试验（如水压试验、气压试验等）和超压保护等。

焊接作为机械设备制造方面比较重要的工艺过程，也理所当然成为重要的标准化对象。ASME 除了在上述第Ⅲ卷各分卷的 4000 章中涉及焊接工艺评定等内容之外，ASME 第Ⅸ篇对焊接工艺评定、焊工技能评定、焊接资料等相关内容提出要求。此外，AWS D1.1 和 D1.6 给出了钢结构的焊接规范，也基本适用于核电厂机械设备的制造及安装过程。

关于核电厂机械设备鉴定方面，ASME QME 规定了核电厂能动机械设备的鉴定相关要求等。ASME STP-NU 规定了结构性能和试验要求，其中部分标准是对第Ⅲ卷的补充，如材料许用应力的确定等。核岛机械设备标准清单见表 3–22。

表 3–22　核岛机械设备标准清单

序号	代码	标准编号	Title	标准名称
1	ca	10CFR50 Appendix G	Fracture Toughness Requirements	断裂韧性要求
2	ca	10CFR50 Appendix H	Reactor Vessel Material Surveillance Program Requirements	反应堆压力容器材料监督大纲要求
3	ca	10CFR50.55(a)	Codes and Standards	规范和标准
4	ca	RG 1.1	Net Positive Suction Head for Emergency Core Cooling and Containment Heat Removal System Pumps (Safety Guide 1)	应急堆芯冷却和安全壳排热系统泵的净正吸入压头（安全导则 1）
5	ca	RG 1.2	Thermal Shock to Reactor Pressure Vessels (Safety Guide 2)	反应堆压力容器所受热冲击（安全导则 2）
6	ca	RG 1.14	Reactor Coolant Pump Flywheel Integrity	反应堆冷却剂泵飞轮的完整性
7	ca	RG 1.148	Functional Specification for Active Valve Assemblies in Systems Important to Safety in Nuclear Power Plants	核电厂安全重要系统中能动阀门组件的功能要求
8	ca	RG 1.162	Format and Content of Report for Thermal Annealing of Reactor Pressure Vessels	反应堆压力容器热退火报告的格式和内容
9	ca	RG 1.26	Quality Group Classifications and Standards for Water–, Steam–, and Radioactive–Waste–Containing Components of Nuclear Power Plants	压水堆核电厂水—蒸汽和放射性废物部件的质量分组及标准
10	ca	RG1.29	Seismic Design Classification	抗震设计分级
11	ca	RG 1.31	Control of Ferrite Content in Stainless Steel Weld Metal	不锈钢焊缝金属中铁素体含量的控制
12	ca	RG 1.34	Control of Electro–slag Weld Properties	电渣焊性能的控制
13	ca	RG 1.43	Control of Stainless Steel Weld Cladding of Low–Alloy Steel Components	低合金钢部件不锈钢堆焊层的控制
14	ca	RG 1.44	Control of the Use of Sensitized Stainless Steel	敏化不锈钢使用的控制
15	ca	RG 1.50	Control of Preheat Temperature for Welding of Low–Alloy Steel	低合金钢焊接预热温度控制
16	ca	RG 1.60	Design Response Spectra for Seismic Design of Nuclear Power Plants	核电厂抗震设计的设计响应谱
17	ca	RG 1.61	Damping Values for Seismic Design of Nuclear Power Plants	核电厂抗震设计阻尼值
18		RG 1.64	Quality Assurance Requirements for the Design of Nuclear Power plants	核电厂设计质量保证要求
19	ca	RG 1.65	Materials and Inspection for Reactor Vessel Closure Studs	反应堆压力容器主螺栓的材料及检查

（续表）

序号	代码	标准编号	Title	标准名称
20	ca	RG 1.67	Installation of Overpressure Protection Devices	超压保护装置的布置
21	ca	RG 1.71	Welders Qualification for Areas of Limited Accessibility	进入限制性区域焊接工的资格鉴定
22	ca	RG 1.92	Combining Modal Responses and Spatial Components in Seismic Response Analysis	地震响应分析中组合模型响应和空间分量
23	ca	RG 1.99	Radiation Embrittlement of Reactor Vessel Materials	反应堆压力容器材料的辐照脆变
24	ca	RG 1.100	Seismic Qualification of Electric and Mechanical Equipment for Nuclear Power Plants	核电厂电气和机械设备抗震鉴定
25	ca	RG 1.125	Physical Models for Design and Operation of Hydraulic Structures and Systems for Nuclear Power Plants	核电厂水力构筑物和系统的设计和运行的物理模型
26	ca	NUREG –0612	Control of Heavy Loads at Nuclear Power Plants	核电厂重载的控制
27	ca	NUREG –0800	Standard Review Plan for the Review of Safety Analysis Reports for Nuclear Power Plants: LWR Edition	核电厂安全分析报告标准审查大纲：轻水堆版
28	ca	ANSI/ANS –51.1	Nuclear Safety Criteria for the Design of Stationary Pressurized Water Reactor Plants	固定式压水堆核电厂核安全设计准则
29	ca	BPVC–CC–NUC–2010	BPVC Code Cases: Nuclear Components	锅炉与压力容器规范案例：核部件
30	ca	BPVC–CC–NUC–2013	BPVC Code Cases: Nuclear Components	锅炉与压力容器规范案例：核部件
31	ca	BPVC–III APP–2010	BPVC Section Ⅲ –Rules for Construction of Nuclear Facility Components–Division 1–Appendices	锅炉与压力容器规范第三卷 – 核设施部件建造规则 – 第 1 册 – 附录
32	ca	BPVC–III APP–2013	BPVC Section Ⅲ –Rules for Construction of Nuclear Facility Components–Division 1–Appendices	锅炉与压力容器规范第三卷 – 核设施部件建造规则 – 第 1 册 – 附录
33	ca	BPVC–III NB–2010	BPVC Section Ⅲ –Rules for Construction of Nuclear Facility Components–Division 1–Subsection NB–Class 1 Components	锅炉与压力容器规范第三卷 – 核设施部件建造规则 – 第 1 册 –NB 分卷 1 级部件
34	ca	BPVC–III NB–2013	BPVC Section Ⅲ –Rules for Construction of Nuclear Facility Components–Division 1–Subsection NB–Class 1 Components	锅炉与压力容器规范第三卷 – 核设施部件建造规则 – 第 1 册 –NB 分卷 1 级部件
35	ca	BPVC–III NC–2010	BPVC Section Ⅲ –Rules for Construction of Nuclear Facility Components–Division 1–Subsection NC–Class 2 Component	锅炉与压力容器规范第三卷 – 核设施部件建造规则 – 第 1 册 –NB 分卷 –2 级部件
36	ca	BPVC–III NC–2013	BPVC Section Ⅲ –Rules for Construction of Nuclear Facility Components–Division 1–Subsection NC–Class 2 Component	锅炉与压力容器规范第三卷 – 核设施部件建造规则 – 第 1 册 –NB 分卷 –2 级部件
37	ca	BPVC–III NCA–2010	BPVC Section Ⅲ –Rules for Constructions of Nuclear Facility Components–Subsection NCA–General Requirements for Division 1 and Division 2	锅炉与压力容器规范第三卷 – 核设施部件建造规则 –NCA 分卷 – 第 1 册和第 2 册的总要求

（续表）

序号	代码	标准编号	Title	标准名称
38	ca	BPVC−III NCA−2013	BPVC Section Ⅲ −Rules for Constructions of Nuclear Facility Components−Subsection NCA−General Requirements for Division 1 and Division 2	锅炉与压力容器规范第三卷 – 核设施部件建造规则 –NCA 分卷 – 第 1 册和第 2 册的总要求
39	ca	BPVC−III ND −2010	BPVC Section Ⅲ −Rules for Constructions of Nuclear Facility Components−Division 1−Subsection ND−Class 3 Components	锅炉与压力容器规范第三卷 – 核设施部件建造规则 – 第 1 册 –ND 分卷 3 级部件
40	ca	BPVC−III ND −2013	BPVC Section Ⅲ −Rules for Constructions of Nuclear Facility Components−Division 1−Subsection ND−Class 3 Components	锅炉与压力容器规范第三卷 – 核设施部件建造规则 – 第 1 册 –ND 分卷 3 级部件
41	ca	BPVC−III NE−2010	BPVC Section Ⅲ −Rules for Construction of Nuclear Facility Components−Division 1−Subsection NE−Class MC Components	锅炉与压力容器规范第三卷 – 核设施部件建造规则 – 第 1 册 –NE 分卷 MC 级部件
42	ca	BPVC−III NE−2013	BPVC Section Ⅲ −Rules for Construction of Nuclear Facility Components−Division 1−Subsection NE−Class MC Components	锅炉与压力容器规范第三卷 – 核设施部件建造规则 – 第 1 册 –NE 分卷 MC 级部件
43	ca	BPVC−III NF−2010	BPVC Section Ⅲ −Rules for Construction of Nuclear Facility Components−Division 1−Subsection NF−Supports	锅炉与压力容器规范第三卷 – 核设施部件建造规则 – 第 1 册 –NF 分卷支撑件
44	ca	BPVC−III NF−2013	BPVC Section Ⅲ −Rules for Construction of Nuclear Facility Components−Division 1−Subsection NF−Supports	锅炉与压力容器规范第三卷 – 核设施部件建造规则 – 第 1 册 –NF 分卷支撑件
45	ca	BPVC−III NG−2010	BPVC Section Ⅲ −Rules for Construction of Nuclear Facility Components−Division 1−Subsection NG−Core Support Structures	锅炉与压力容器规范第三卷 – 核设施部件建造规则 – 第 1 册 –NG 分卷堆芯支承结构
46	ca	BPVC−III NG−2013	BPVC Section Ⅲ −Rules for Construction of Nuclear Facility Components−Division 1−Subsection NG−Core Support Structures	锅炉与压力容器规范第三卷 – 核设施部件建造规则 – 第 1 册 –NG 分卷堆芯支承结构
47	ca	BPVC−III NH−2010	BPVC Section Ⅲ −Rules for Construction of Nuclear Facility Components−Division 1−Subsection NH−Class 1 Components in Elevated Temperature Service	锅炉与压力容器规范第三卷 – 核设施部件建造规则 – 第 1 册 –NH 分卷高温使用的 1 级部件
48	ca	BPVC−III NH−2013	BPVC Section Ⅲ −Rules for Construction of Nuclear Facility Components−Division 1−Subsection NH−Class 1 Components in Elevated Temperature Service	锅炉与压力容器规范第三卷 – 核设施部件建造规则 – 第 1 册 –NH 分卷高温使用的 1 级部件
49	ca	BPVC−III−5 −2010	BPVC Section Ⅲ −Rules for Construction of Nuclear Facility Components−Division 5−High Temperature Reactors	锅炉与压力容器规范第三卷 – 核设施部件建造规则 – 第 5 册 – 高温反应堆
50	ca	BPVC−III−5 −2013	BPVC Section Ⅲ −Rules for Construction of Nuclear Facility Components−Division 5−High Temperature Reactors	锅炉与压力容器规范第三卷 – 核设施部件建造规则 – 第 5 册 – 高温反应堆
51	ca	BPVC−IX −2010	BPVC Section Ⅸ −Welding and Brazing Qualifications	锅炉与压力容器规范第九卷 – 焊接和钎焊评定
52	ca	BPVC−IX −2013	BPVC Section Ⅸ −Welding, Brazing, and Fusing Qualifications	锅炉与压力容器规范第九卷 – 焊接、钎焊和粘接评定
53	ca	NQA−1−1989	Quality Assurance Program Requirements for Nuclear Facilities/with Addenda	核设施质量保证大纲要求（带附件）

（续表）

序号	代码	标准编号	Title	标准名称
54	ca	NQA−1−1994	Quality Assurance Program Requirements for Nuclear Facilities/with Addenda	核设施质量保证大纲要求（带附件）
55	ca	NQA−1−2008	Quality Assurance Requirements for Nuclear Facility Applications (QA)	核设施应用的质量保证要求（QA）
56	ca	NQA−1−2012	Quality Assurance Requirements for Nuclear Facility Applications	核设施应用的质量保证要求
57	ca	QME−1−2002	Qualification of Active Mechanical Equipment used in Nuclear Power Plants	核电厂用能动机械设备鉴定
58	ca	QME−1−2012	Qualification of Active Mechanical Equipment Used in Nuclear Facilities	核设施用能动机械设备鉴定
59	ca	STP−NU−008−2009	Conservatism in the B2 and B2' Index	ASME STP−NU−008−2009 B2 和 B2' 指数中的保守性
60	ca	STP−NU−009−2008	Graphite for High Temperature Gas−Cooled Nuclear Reactors	高温气冷核反应堆用石墨
61	ca	STP−NU−010−2007	Regulatory Safety Issues in Structural Design Criteria of Sec Ⅲ NH for VHTR & GEN IV Reactors	第 III 卷 – NH 分卷 VHTR 和 GEN IV 反应堆结构设计准则中有关监管的安全问题
62	ca	STP−NU−013−2008	Improvement of ASME Section Ⅲ −NH for Grade 91 Negligible Creep and Creep−Fatigue	ASME 第 III 卷 −NH 分卷中 91 级钢可忽略蠕变和蠕变 – 疲劳的改善
63	ca	STP−NU−018−2009	Creep−Fatigue Data and Existing Evaluation Procedures for Grade 91 and Hastelloy XR	91 级钢和哈斯特洛伊耐蚀镍基合金（XR）的蠕变疲劳数据和现有评估程序
64	ca	STP−NU−019−1−2009	Verification of Allowable Stresses in ASME Section Ⅲ Subsection NH for Grade 91 Steel	ASME 第Ⅲ卷 −NH 分卷中 91 级钢许用应力的验证
65	ca	STP−NU−020−2008	Verification of Allowable Stresses in ASME Section Ⅲ, Subsection NH for Alloy 800H	ASME 第Ⅲ卷 −NH 分卷中合金 800H 许用应力的验证
66	ca	STP−NU−035−2012	Extend Allowable Stress Values for Alloy 800H	合金 800H 的扩展容许应力值
67	ca	STP−NU−037−2010	Operating Condition Allowable Stress Values in ASME Section Ⅲ Subsection NH	ASME 第 III 卷 −NH 分卷中运行工况下的许用应力值
68	ca	STP−NU−038−2010	ASME Code Considerations for the Intermediate Heat Exchanger (IHX)	ASME 规范对中间热交换器的考虑
69	ca	STP−NU−039−2011	Creep and Creep−Fatigue Crack Growth at Structural Discontinuities and Welds	结构不连续处和焊缝处的蠕变和疲劳蠕变裂纹扩展
70	ca	STP−NU−040−2012	Update and Improve Subsection NH−Simplified Elastic and Inelastic Design Analysis Methods	NH 分卷的更新和改善：简化的弹性和非弹性分析方法
71	ca	STP−NU−041−2011	Update and Improve Subsection NH−Alternative Simplified Creep−Fatigue Design Methods	NH 分卷的更新和改善：可供选择型简化的蠕变 – 疲劳设计方法
72	ca	STP−NU−042−2011	New Materials for ASME Subsection NH	ASME NH 分卷的新材料
73	ca	STP−NU−051−1−2012	Code Comparison Report for Class 1 Nuclear Power Plant Components	核电厂 1 级部件的规范比较报告

（续表）

序号	代码	标准编号	Title	标准名称
74	ca	STP-NU-057-2013	ASME Code Development Roadmap for HDPE Pipe in Nuclear Service	关于核电厂高密度聚乙烯管的ASME规范发展路线图
75	ca	STP-NU-059-2013	Corrections to Stainless Steel Allowable Stresses	不锈钢许用应力的校正
76	ca	STP-NU-061-2013	Comprehensive Evaluation of the NSQ-100 Nuclear Safety and Quality Management System Requirements	NSQ-100核安全和质量管理体系要求的综合评价
77	ca	STP-NU-062-2013	Comprehensive Comparison of International Quality Standards	国际质量标准的综合比较分析
78	ca	STP-NU-063-2013	Correct and Extend Allowable Stress Values for 304 and 316 Stainless Steel	304和316不锈钢许用应力值的校正和扩展
79	ca	STP-NU-067-2014	Roadmap for the Development of ASME Code Rules for Fusion Energy Devices	聚变能设备的ASME规范规则发展路线图
80	ca	STP-NU-068-2014	Corros ion of A193 Grade B7 Bolt Material in BWR Sodium Pentaborate Solutions	沸水堆五硼酸钠溶液中A193等级B7螺栓材料的腐蚀
81	ca	STP-NU-069-2014	Analysis of Selected Nondestructive Examination (NDE) Methodologies for the Assessment of Cracking in Concrete Containments	混凝土安全壳裂纹评估中选定的无损检验方法分析
82	ca	STP-NU-072-2014	Small Modular Reactor (SMR) Roadmap	小型模块化反应堆（SMR）发展路线图
83	ca	AWS D1.1		钢结构焊接规范
84	ca	AWS D1.6		不锈钢结构焊接规范

2. 核空气和气体处理设备

美国ASME中专门成立了核空气和气体处理委员会，主要是针对核电厂通风，空气净化、调节装置和附件的标准化而积极制定相关标准。

核空气和气体处理设备主要有管理导则RG 1.140规定了轻水堆核电厂正常空气净化系统空气过滤和吸附装置的设计、检查及试验要求。标准层面则主要有ASME核空气和气体处理委员会编制的ASME AG1系列以及N509、N510、N511等标准，标准子体系的使用范围为核设施的高可靠性空气净化设备、空气调节装置和附件的设计、制造、检查和性能试验等。其中，AG-1规定了核电厂空气和气体处理的总要求，核设施通风、空气净化和调节以及工艺气体处理等内容，在N509、N510、N511中分别从净化设备及部件（附件）的设计制造安装、系统试验和在役试验三个方面细化。标准清单见表3-23。

3. 装卸、起重和输送设备

核用装卸、起重和输送设备方面顶层的法规导则主要是RG1.104《核电厂吊车装卸系统》，标准层面主要有 ASME NOG 系列、ASME NUM 系列、ASME BTHA 系列、STP-NU-015 等。包括核用桥吊和起重设备制造规则、桥式起重机的建造规则、吊钩下部提升装置设计建造等。主要标准清单见表 3–24。

表 3–23 核空气和气体处理设备标准清单

序号	代码	标准编号	Title	标准名称
1	ca	RG 1.140	Design, Inspection, and Testing Criteria for Air Filtration and Adsorption Units of Normal Atmosphere Cleanup Systems in Light–Water–Cooled Nuclear Power Plants	轻水冷却核电厂正常空气净化系统空气过滤和吸附装置的设计、检查及试验准则
2	ca	AG–1– 1997	Code on Nuclear Air and Gas Treatment/ with Addenda	核空气和气体处理规范（带附录）
3	ca	AG–1–2003	Code on Nuclear Air and Gas Treatment	核空气和气体处理规范
4	ca	AG–1–2009	Code on Nuclear Air and Gas Treatment	核空气和气体处理规范
5	ca	AG–1–2012	Code on Nuclear Air and Gas Treatment	核空气和气体处理规范
6	ca	N509–1989	Nuclear Power Plant Air–Cleaning Units and Components with Addenda	核电厂空气净化装置和部件（带附件）
7	ca	N509–2002	Nuclear Power Plant Air–Cleaning Units and Components	核电厂空气净化装置和部件
8	ca	N510–1989	Testing of Nuclear Air–Treatment Systems	核空气处理系统试验
9	ca	N510–2007	Testing of Nuclear Air–Treatment Systems	核空气处理系统试验
10	ca	N511–2007	In–Service Testing of Nuclear Air Treatment, Heating, Ventilating, and Air–Conditioning Systems	核空气处理、加热、通风和空调系统在役试验

表 3–24 核用装卸、起重和输送设备标准清单

序号	代码	标准编号	Title	标准名称
1	ca	RG 1.104	Overhead Crane Handling Systems for Nuclear Power Plants	核电厂吊车装卸系统
2	ca	ASME NOG –1–2010	Rules for Construction of Overhead and Gantry Cranes (Top Running Bridge, Multiple Girder)	桥式和门式起重机（支承桥和多横梁）的制造规则
3	ca	ASME NUM –1–2009	Rules for construction of cranes, monorails, and hoists (with bridge or trolley or hoist of the underhung type)	起重机、单轨铁路和提升机的制造规则（带有悬桥或悬挂式吊车或悬挂式提升机）
4	ca	ASME BTH –1–2011	Design of Below–the–Hook Lifting Devices	吊钩下部提升装置的设计
5	ca	STP–NU –015–2008	A Guide to American Crane Standards for Electric Overhead Traveling Cranes, Hoists, and Related Equipment for Nuclear Facilities	核设施用电气高架移动式起重机、小型起重机和相关设备的美国起重机标准指南
6	ca	STP–SA –055–2012	Guide to Mobile Crane Standards	移动式起重机标准导则

4. 其他常规机械设备标准

核电厂存在大量常规的机械设备，如汽轮机、柴油机、常规压力容器、泵、阀门、非安全级管道、法兰、螺栓等。这部分机械设备标准较为繁杂且涉及的面很广。美国法规标准体系中，适用于核电厂常规机械设备的标准主要包括：ASME BPVC 第Ⅷ篇第 1 册、第 2 册、第 3 册，ASME BOI、ASME N278、ASME N626、ASME PTB/PTC、ASME B 系列相关标准、API 等。这些标准主要服务于核电厂常规岛的相关机械设备的设计制造检验等，也是对核电厂机械设备标准体系的补充。标准清单见表 3–25。

表 3–25　其他常规机械设备标准清单

序号	代码	标准编号	Title	标准名称
1	ca	BPVC–CC–BPV–2013	BPVC Code Cases: Boilers and Pressure Vessels	锅炉和压力容器规范案例：锅炉和压力容器
2	ca	BOI–2000	Criteria of the ASME Boiler and Pressure Vessel Code Section Ⅷ, Division 3	ASME 锅炉和压力容器规范第三卷 – 第 3 册准则
3	ca	BOI–2001	Guide for ASME Stamp Holders for Section Ⅷ Division 1 Vessels and the Pressure Equipment Directive	ASME 第八卷 – 第 1 册容器和承压设备指令钢印持有者导则
4	ca	BPVC– Ⅰ – 2010	BPVC Section Ⅰ –Rules for Construction of Power Boilers	锅炉与压力容器规范第一卷 – 动力锅炉建造规则
5	ca	BPVC– Ⅰ –2013	BPVC Section Ⅰ –Rules for Construction of Power Boilers	锅炉与压力容器规范第一卷 – 动力锅炉建造规则
6	ca	BPVC– Ⅳ –2010	BPVC Section Ⅳ –Rules for Construction of Heating Boilers	锅炉与压力容器规范第四卷 – 采暖锅炉建造规则
7	ca	BPVC– Ⅳ –2013	BPVC Section Ⅳ –Rules for Construction of Heating Boilers	锅炉与压力容器规范第四卷 – 采暖锅建造规则
8	ca	BPVC Ⅷ –1 –2010	BPVC Section Ⅷ –Rules for Construction of Pressure Vessels Division 1	锅炉与压力容器规范第八卷 – 第 1 册压力容器建造规则
9	ca	BPVC Ⅷ –1 –2013	BPVC Section Ⅷ –Rules for Construction of Pressure Vessels Division 1	锅炉与压力容器规范第八卷 – 第 1 册压力容器建造规则
10	ca	BPVC Ⅷ –2 –2010	BPVC Section Ⅷ –Rules for Construction of Pressure Vessels Division 2–Alternative Rules	锅炉与压力容器规范第八卷 – 第 2 册 – 压力容器建造规则另一规则
11	ca	BPVC– Ⅷ –2 –2013	BPVC Section Ⅷ –Rules for Construction of Pressure Vessels Division 2–Alternative Rules	锅炉与压力容器规范第八卷 – 第 2 册 – 压力容器建造规则另一规则
12	ca	BPVC– Ⅷ –3 –2010	BPVC Section Ⅷ –Rules for Construction of Pressure Vessels Division 3–Alternative Rules for Construction of High Pressure Vessels	锅炉与压力容器规范第八卷 – 第 3 册 – 高压容器建造另一规则
13	ca	ASME B31.1	Power Piping	动力管道

（续表）

序号	代码	标准编号	Title	标准名称
14	ca	N278.1−1975	Self−Operated and Power−Operated Safety−Related Valves Functional Specification Standard	与安全相关的自动和机动阀门功能规范标准
15	ca	PCC−1−2013	Guidelines for Pressure Boundary Bolted Flange Joint Assembly	压力边界螺栓法兰连接拼装导则
16	ca	PCC−2−2006	Repair of Pressure Equipment and Piping	压力设备和管道的维修
17	ca	PCC−2−2011	Repair of Pressure Equipment and Piping	压力设备和管道的修理
18	ca	PTB−1−2009	ASME Section Ⅷ Division 2 Criteria and Commentary	ASME 锅炉与压力容器规范第八卷第 2 册准则和说明
19	ca	PTB−1−2014	ASME Section Ⅷ Division 2 Criteria and Commentary	ASME 锅炉与压力容器规范第八卷第 2 册准则和说明
20	ca	PTB−2−2009	Guide to Life Cycle Management of Pressure Equipment Integrity	压力设备完整性的全寿命周期管理导则
21	ca	PTB−3−2013	ASME Section Ⅷ −Division 2 Example Problem Manual	ASME 锅炉与压力容器规范第八卷第 2 册范例问题手册
22	ca	PTB−4−2013	ASME Section Ⅷ −Division 1 Example Problem Manual	ASME 锅炉与压力容器规范第八卷第 1 册范例问题手册
23	ca	PTB−5−2013	ASME Section Ⅷ −Division 3 Example Problem Manual	ASME 锅炉与压力容器规范第八卷第 3 册范例问题手册
24	ca	PTB−6−2013	Guidelines for Strain Gaging of Pressure Vessels Subjected to External Pressure Loading in the PVHO−1 Standard	载人压力容器 −1 标准中承受外部压力负载的压力容器应力规测指南
25	ca	PTB−7−2014	PTB−7 − 2014 Criteria for Shell−and−Tube Heat Exchangers According to Part UHX of ASME Section Ⅷ −Division 1	ASME 锅炉与压力容器规范第八卷第 1 册 −UHX 部分管壳式热交换器准则
26	ca	PTB−8−2014	PTB−8 − 2014 Procurement Guidelines for Metallic Materials	金属材料的采购导则
27	ca	STP/PT −002−2005	ASME Section Ⅰ Power Boilers − PED Guide: Supplement to Guide for ASME Stamp Holders Use of Section Ⅰ to Meet EC Pressure Equipment Directive (97/23/EC)	ASME 锅炉与压力容器规范第一卷动力锅炉 − 承压设备指令导则: ASME 钢印持有者在使用第一卷满足欧共体承压设备指令（97/23/EC）的增补导则
28	ca	STP/PT −003−2005	Hydrogen Standardization Interim Report for Tanks, Piping, and Pipelines	储罐、管道、管线用氢气标准化临时报告
29	ca	STP/PT −004−2005	Impregnated Graphite for Pressure Vessels	压力容器用浸渍石墨
30	ca	STP−PT −005−2006	Design Factor Guidelines for High−Pressure Composite Hydrogen Tanks	高压复合型氢储罐的设计因子导则
31	ca	STP−PT −006−2007	Design Guidelines for Hydrogen Piping and Pipelines	氢气管道和管线的设计导则
32	ca	STP−PT −007−2006	Comparison of Pressure Vessel Codes: ASME Section Ⅷ & EN13445 (Technical, Commercial, & Usage Comparison Design Fatigue Life Comparison)	压力容器规范的比较：ASME 第八卷 &EN13445（技术、商用、使用对比、设计疲劳寿命比较）

（续表）

序号	代码	标准编号	Title	标准名称
33	ca	STP–PT –011–2008	Integrity Management of Stress Corrosion Cracking in Gas Pipeline High Consequence Areas	输气管道失效后果严重区的应力腐蚀开裂完整性管理
34	ca	STP–PT –022–2008	Comparison and Validation of Creep–Buckling Analysis Methods	蠕变屈曲分析方法的比较和确定
35	ca	STP–PT –023–2009	Guidelines for In–Service Inspection of Composite Pressure Vessels	复合型压力容器在役检查导则
36	ca	STP–PT –024–2008	Development of Basic Time–Dependent Allowable Stresses for Creep Regime in Section Ⅷ, Divison 1	ASME 第八卷第 1 册中蠕变机制的时间相关的基本许用应力研究
37	ca	STP–PT –025–2009	Extended Fatigue Exemption Rules for Low CR Alloys into the Time–Dependent Range for Section Ⅷ Division 2 Construction	ASME 第八卷第 2 册中用于时间相关范围的低铬合金扩展疲劳豁免规则
38	ca	STP–PT –026–2009	Guaranteed Higher Strength Properties	保证较高强度特性
39	ca	STP–PT –027–2009	Extended Low Chrome Steel Fatigue Rules	扩展的低铬钢疲劳规则
40	ca	STP–PT –028–2009	Impact Testing Exemption Curves for Low Temperature Operation of Pressure Piping	压力管道低温运行的冲击试验豁免曲线
41	ca	STP–PT –029–1 –2012	External Pressure Design in Creep Range	蠕变范围内的外部压力设计
42	ca	STP–PT –031–2010	Pressure Induced Fatigue	压力所致疲劳
43	ca	STP–PT –032–2009	Buckling of Cylindrical, Thin Wall, Trailer Truck Tanks and ASME Section Ⅻ	圆柱型薄壁拖车罐屈曲和 ASME 第十二卷
44	ca	STP–PT –033–2011	Degradation of Notch Toughness by a Post Weld Heat Treatment (PWHT)	焊缝焊后热处理（PWTH）所致的缺口韧性退化
45	ca	STP–PT –034–2011	Alignment of Sustained Load Stress Indices in the ASME B31 Code	ASME B31 规范中持续荷载应力指数的校准
46	ca	STP–PT –036–2010	Bolted Flanged Connections in Elevated Temperature Service	高温环境下螺栓法兰连接
47	ca	STP–PT –043–2010	ASME Flawed Cylinder Testing	ASME 缺陷筒体试验
48	ca	STP–PT –048–2012	Criteria for Reliability–Based Design and Assessment for ASME B31.8 Code	ASME B31.8 规范用基于可靠性的设计和评估准则
49	ca	STP–PT –052–2012	Align Mechanical and Civil–Structural Earthquake Design and Qualification Rules for ASME B31 Piping Systems and Pipelines	ASME B31 管道系统和管线用机械和土建结构抗震设计和鉴定规则对标
50	ca	STP–PT –056–2013	Extend Stress–Strain Curve Parameters and Cyclic Stress–Strain Curves to All Materials Listed for Section Ⅷ, Divisions 1 and 2 Construction	扩展应力 – 应变曲线参数和周期应力 – 应变曲线至 ASME 第八卷第 1&2 册中所列所有材料
51	ca	STP–PT –064–2013	Evaluation of Fracture Properties Test Methods for Hydrogen Service	含氢环境中断裂属性试验方法评估

（续表）

序号	代码	标准编号	Title	标准名称
52	ca	STP–PT –070–2014	Design Guidelines for the Effects of Creep, Fatigue & Creep–Fatigue Interaction with Design–By–Analysis and Nondestructive Inspection Acceptance Criteria	采用分析设计法和无损检验验收准则的蠕变、疲劳效应和蠕变–疲劳相互作用设计导则
53	ca	STP–PT –071–2014	Stress Intensity Factor Solutions for Internal Cracks in Thick–Walled Cylinder Vessels	厚壁圆筒容器内裂纹的应力强度因子解决方案
54	ca	STP–SA –030–2009	Comparison of FEM Storage/Retrieval Machine Documents to the ASME B30.13 Specification	FEM(欧洲机械搬运协会)储存/检索机器文件与ASME B30.13规范比较
55	ca	STP–TS –012–1 –2012	Thermophysical Properties of Working Gases Used In Working Gas Turbine Applications	燃气轮机使用的工作燃气的热物理特性

3.5.2 电气设备

电气设备是仪表、控制和动力系统（电、气）所有设备的统称。核电厂安全相关的电气设备包括：电动机、电动装置、气动装置、电磁阀、变压器、蓄电池、充电器、逆变器、断路器、传感器和变送器、控制屏（台）和机柜、位置开关、安全壳电气贯穿件、显示仪表、报警装置、电缆及其连接件和各种软件。核电厂仪控系统执行安全相关功能的能力决定于系统各电气设备（包括软件）的功能性和可靠性。美国核电厂电气设备的相关标准主要是IEEE依据10CFR50的附录A《核电总体设计准则》在核电初期发布的系列标准，NRC在RG中对其中一些标准的应用作了背书。

1. 电气设备制造

对于系统硬设备，用于核电厂安全重要系统与常规仪控系统的主要区别在于事故环境条件下的功能性和可靠性要求，其功能性和可靠性要求通过设备鉴定（环境鉴定和抗震鉴定）加以验证。因此，美国核电厂电气设备制造的安全相关标准主要是IEEE的设备鉴定系列标准，可大致分为三层：顶层标准为IEEE 627《核设施用设备的质量鉴定》；第二层次为IEEE323《核电厂1E级设备质量鉴定》和IEEE344《核电厂设备抗震鉴定》。这两层为总体层面的鉴定标准。第三层次为专项设备的鉴定标准。核电厂电气设备制造标准子体系框图见图3–23，标准清单见表3–26。

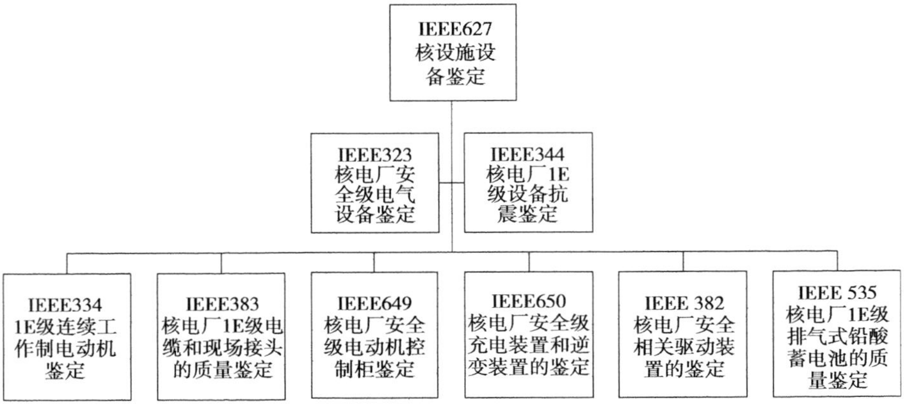

图 3-23　美国核电电气设备制造标准子体系框图

表 3-26　美国核电电气设备标准清单

序号	代码	标准编号	Title	标准名称	背书
1	cb	IEEE 627-2010	Qualification of Equipment Used in Nuclear Facilities	核设施用设备的质量鉴定	
2	cb	IEEE323-2003	Qualifying Class 1E Equipment for Nuclear Power Generating Stations	核电厂 1E 级设备质量鉴定	RG1.89 RG1.209
3	cb	IEEE 344-2013	Seismic Qualification of Equipment for Nuclear Power Generating Stations	核电厂设备抗震鉴定	RG1.100
4	cb	IEEE 334-2006	Qualifying Continuous Duty Class 1E Motors for Nuclear Power Generating Stations	核电厂 1E 级连续工作机制电机的质量鉴定	RG1.40
5	cb	IEEE 383-2003	Qualifying Class 1E Electric Cables and Field Splices for Nuclear Power Generating Stations	核电厂 1E 级电缆和现场接头的质量鉴定	RG1.131
6	cb	IEEE 649-2006	Qualifying Class 1E Motor Control Centers for Nuclear Power Generating Stations	核电厂 1E 级电机控制中心的质量鉴定	
7	cb	IEEE 650-2006	Qualification of Class 1E Static Battery Chargers and Inverters for Nuclear Power Generating Stations	核电厂 1E 级固定式蓄电池充电器和逆变器质量鉴定	
8	cb	IEEE 382-2006	Qualification of Safety-Related Actuators for Nuclear Power Generating Stations	核电厂安全相关驱动装置质量鉴定	
9	cb	IEEE 535-2013	Qualification of Class 1E Vented Lead Acid Storage Batteries for Nuclear Power Generating Stations	核电厂 1E 级排气式铅酸蓄电池的质量鉴定	RG1.158
10	cb	IEEE 572-2006	Qualification of Class 1E Connection Assemblies for Nuclear Power Generating Stations	核电厂 1E 级连接组件的质量鉴定	RG1.156
11	cb	IEEE638-2006	Qualification of Class lE Transformers for Nuclear Power Generatingstations	核电厂 1E 级变压器的质量鉴定	

（续表）

序号	代码	标准编号	Title	标准名称	背书
12	cb	IEEE1682−2011	Trial−Use Qualifying Fiber Optic Cables, Connections, and Optical Fiber Splices for Use in Safety Systems in Nuclear Power Generating Stations	核电厂安全系统用光纤电缆、连接件和光纤接头的质量鉴定（试用）	
13	cb	IEEEC37.98−1987	Seismic Testing of Relays	核电厂继电器抗震试验	
14	cb	IEEEC37.105−1987	Qualifying Class 1E Protective Relays and Auxiliaries for Nuclearpower Generating Stations	核电厂 1E 级保护继电器及辅助器件的质量鉴定	
15	cb	IEEEC37.81−2005	Seismic Qualification ofClass 1E Metal−Enclosed PowerSwitchgear Assemblies	核电厂 1E 级金属封闭式电力开关柜组件抗震鉴定	
16.	cb	IEEEC37.82−1987	Qualification of Switchgear Assemblies for Class 1E Applications Innuclear Power General Stations	核电厂 1E 级开关柜组件的质量鉴定	
17	cb	IEEE62.41−45		核电厂电磁兼容试验	RG1.180

2. 系统软件

对于系统软件，其功能性和可靠性要求与硬设备有较大差异，不能采用硬设备鉴定的标准。自数字技术用于核电厂安全系统以来，美国核电标准增设了 IEEE7-4.3.2《核电厂安全系统数字计算机适用准则》，可作为系统软件的上层次指导标准，鉴于美国已有一系列有关软件的产业标准，NRC 在 RG 中对软件产业标准用于核电厂安全系统作了背书。核电厂仪控系统软件标准子体系框图见图 3−24，标准清单见表 3−27。

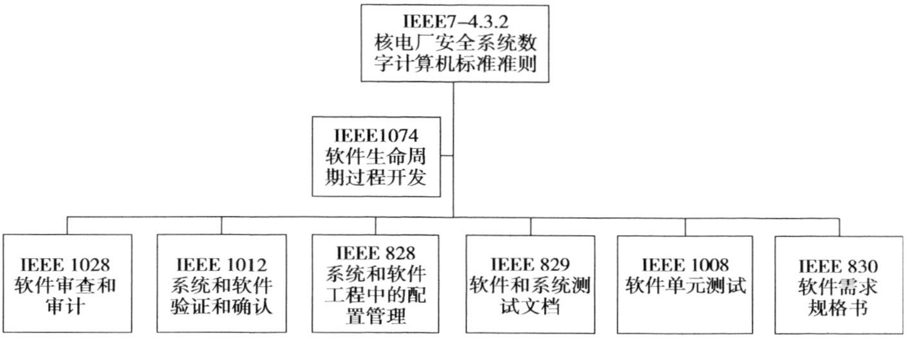

图 3−24　美国核电仪控系统软件标准子体系框图

表 3–27　美国核电仪控系统软件标准清单

序号	代码	标准编号	Title	标准名称	背书
1	cb	IEEE 7–4.3.2 –2009	Standard Criteria for Digital Computers in Safety Systems of Nuclearpower Generating Stations	核电厂安全系统数字计算机标准准则	
2	cb	IEEE1074 –2006	Developing a Software Project Life Cycle Process	软件生命周期过程开发	RG1.173
3	cb	IEEE828 –2012	Configuration Management in Systems and Software Engineering	系统和软件工程中的配置管理	RG1.169
4	cb	IEEE830 –1998	Software Requirements Specifications	软件需求规格书	RG1.172
5	cb	IEEE1012 –2012	System and Software Verification and Validation	系统和软件验证和确认	RG1.168
6	cb	IEEE1028 –2008	Software Reviews and Audits	软件审查和审计	RG1.168
7	cb	IEEE1059 –1993	Software Verification and Validation Plans	软件验证和确认计划	
8	cb	IEEE829 –2008	Softwareand System Test Documentation	软件和系统测试文档	RG1.170
9	cb	IEEE1008 –1987	Software Unit Testing	软件单元测试	RG1.170

3.5.3 核测设备

美国有关核测仪表的标准较多，但用于核电工程在线测量的设备标准并不多，主要为 IEEE 的相关标准，核电核测设备标准清单见表 3–28。

表 3–28　美国核电核测设备标准清单

序号	代码	标准编号	Title	标准名称
1	cc	IEEE N320 –1979	Performance Specifications for Reactor Emergency Radiological Monitoring Instrumentation	反应堆应急放射性监测仪器的性能规范
2	cc	IEEE N323 –1978	Radiation Protection Instrumentation Test and Calibration	辐射防护仪器试验和标定
3	cc	IEEE N42.18 –2004	Specification and Performance of On–Site Instrumentation for Continuously Monitoring Radioactivity in Effluents	排出流放射性连续监测用现场仪器的规范和性能
4	cc	IEEE N42.4 –1971	High Voltage Connectors for Nuclear Instruments	核仪器高压连接器（已撤销）

3.5.4 材料

材料是核电设备制造基础和关键，材料的质量直接决定核电工程建造质量以及工程进度，直接影响核电厂安全运行以及寿命。稳定可靠的材料是获得高质量核电设备的重要前提条件。

美国核电法规对于材料的规定较少，在核电制造中材料虽然是最基础的，但核电材料的数量很多，并且在其他行业中具有了很多的使用经验和大量的数据积累，才被核电制造中所采用。所以一般美国核电法规只对一些核电材料的使用许可和具有核电特点的材料性能或使用要求进行了规定，如 RG 1.31、RG 1.36、NUREG-1556、NUREG/CR-6875 等。

美国有关核电设计、制造以及材料检验验收主要依据 ASME BPVC、ASTM、AWS 材料标准以及 ASME Code Case。ASME 第Ⅱ卷是核电设备设计制造中使用的金属材料主要参照的标准，ASME 第Ⅲ卷 NX-2000（NX 包括 NB、NC、ND 等）中提出了对于金属材料的更多具体和有针对性的要求。这些要求主要是根据核电设计中各部件的分类和用途，对所选用材料进行有针对性的性能要求和检验要求，这些要求是核电设备设计制造中所特有的，是必须遵循的。其中 ASME 的 II 卷 A 篇（铁基材料）和 B 篇（非铁基材料）中的材料标准全部是等效引用的 ASTM 的相关标准，ASME 的Ⅱ卷 C 篇中的焊接材料也基本上是等同引用了 AWS 的焊接材料标准。核电厂设计制造中燃料元件材料标准直接参考 ASTM B 系列相关标准。

ASTM 和 AWS 并不专门制定核电材料标准，但由于 ASTM 是美国权威的材料和试验标准化组织，AWS 是美国最权威的焊接标准化组织，所以其制定的许多标准被法规和其他标准化组织引用。ASTM 制定的材料标准广泛应用于核领域，如 A01.09 碳素钢管产品、A01.10 不锈钢和合金钢管产品、A01.11 锅炉及压力容器、B02.07 精炼镍和钴合金等大量标准被美国核工业和美国管理导则引用。

综上所述，ASME 第Ⅲ卷中对材料的规定是核电特有的。而 ASME 第 II 卷及所引用的 ASTM 和 AWS 材料标准不是专门针对核电制定的标准，这些标准就相当于一个材料库，得到核电相关许可的材料供设计时选取。

美国核电材料标准体系见图 3–25，标准清单见表 3–29。

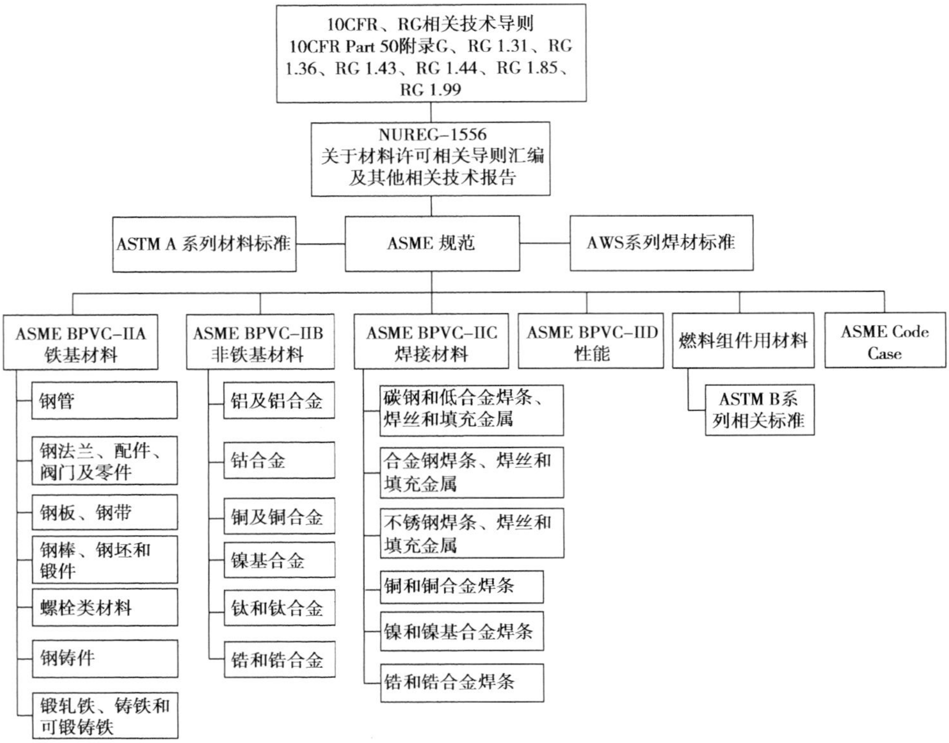

图 3-25 美国核电材料标准体系

表 3-29 美国核电材料标准清单

序号	代码	编号	Title	标准名称
1		Appendix G to Part 50	Fracture Toughness Requirements	断裂韧性要求
2		RG 1.31	Control of Ferrite Content in Stainless Steel Weld Metal	不锈钢焊缝金属中铁素体含量的控制
3		RG 1.36	Nonmetallic Thermal Insulation for Austenitic Stainless Stee	奥氏体不锈钢的非金属保温材料
4		RG 1.44	Control of the Processing and Use of Stainless Steel	不锈钢材料加工和使用的控制
5		RG 1.85	Materials code case Acceptability —ASME Section Ⅲ, Division 1	ASME 规范Ⅲ卷第 1 册——材料规范案例适用性
6		RG 1.99	Radiation Embrittlement of Reactor Vessel Materials	反应堆压力容器材料的辐照脆变
7		NUREG-1556	Consolidated Guidance About Materials Licenses	材料许可证相关导则汇编
8		NUREG/CR-6875	Boric Acid Corrosion of Light Water Reactor Pressure Vessel Materials	轻水反应堆压力容器材料的硼酸腐蚀

（续表）

序号	代码	编号	Title	标准名称
9		NUREG/CR −6878	Effect of Material Heat Treatment on Fatigue Crack Initiation in Austenitic Stainless Steels in LWR Environments	材料热处理对轻水堆用奥氏体不锈钢疲劳裂纹形成的影响
10		NUREG/CR −6930	Temperature Dependence of Weibull Stress Parameters: Studies Using the Euro−Material Similar to ASME SA508 Class−3 Steel	威布尔应力参数与温度的关系：采用与 ASME SA508−3 钢相似的欧洲材料进行研究
11		NUREG/CR −7030	Atmospheric Stress Corrosion Cracking Susceptibility of Welded and Unwelded 304, 304L, and 316L Austenitic Stainless Steels Commonly Used for Dry Cask Storage Containers Exposed to Marine Environments	海洋环境下干式贮存桶常用的焊接和未焊接 304、304 L 和 316 L 奥氏体不锈钢的大气应力腐蚀开裂敏感性
12		NUREG/CR −7137	Stress Corrosion Cracking in Nickel−Base Alloys 690 and 152 Weld in Simulated PWR Environment – 2009	模拟压水堆环境下镍基合金 690 和 152 焊缝的应力腐蚀开裂 −2009
13		NUREG/CR −7170	Assessment of Stress Corrosion Cracking Susceptibility for Austenitic Stainless Steels Exposed to Atmospheric Chloride and Non−Chloride Salts	大气氯盐和无氯盐环境中奥氏体不锈钢的应力腐蚀开裂敏感性评估
14		ASME BPVC −Ⅱ A	BPVC Section Ⅱ −Materials−Part A−Ferrous Materials Specifications (2 Volumes)	锅炉与压力容器规范第二卷 – 材料 −A 篇 – 铁基材料规范
15		ASME BPVC −Ⅱ B	BPVC Section Ⅱ−Materials−Part B−Nonferrous Material Specifications	锅炉与压力容器规范第二卷 – 材料 −B 篇 – 非铁基材料规范
16		ASME BPVC −Ⅱ C	BPVC Section Ⅱ −Materials Part C−Specifications for Welding Rods Electrodes and Filler Metals	锅炉与压力容器规范第二卷 – 材料 −C 篇焊条、焊丝和填充金属材料规范
17		ASME BPVC −Ⅱ D	BPVC Section Ⅱ −Materials−Part D−Properties	锅炉与压力容器规范第二卷 – 材料 D 篇性能 (公制)
18		ASME Code Case	/	ASME 规范案例
19		ASTM	/	A 系列材料标准
20		ASTM	/	B 系列材料标准
21		AWS	/	焊接材料标准

3.5.5 检测与试验

检测与试验标准主要是指在核电厂设计、建造和运行各个阶段都相关一些基础检验标准，主要包括无损检测标准和材料的理化试验标准。这两类检验和试验方法标准是核电工程质量的基本保证，标准所规定的检测要求、检测方法与结果评定直接关系到核设施的安全和可靠性。所制造的部件、设备、管道等是否符合要求，是否有不允许的缺陷等都需要无损检测来进行检测。而所使用的材料，尤其是结构材料是受力构件，同时也有一定如光泽、热导率、抗辐照、抗腐蚀、抗氧化等性能，所以材料是否能够满足条件就需要进行理化分析。下面分别进行分析。

1. 无损检测标准分析

核电无损检测涉及的对象主要是核电厂核岛机械设备制造和安装过程中板材、管材、铸件、锻件、棒材等原材料和焊缝以及在役检测中各部件。

美国在联邦法规中对无损检测并没有相应的规定，在NRC的很早的管理导则中曾有过一份关于管道无损检测的文件，但这份文件在1977年就被废止了。在NUREG文件中有一些无损检测评价的技术文件。这些评价文件是根据核电特点对通用的无损检测方法进行评价。

美国无专门针对核电制定核电特有无损检测标准，核电的无损检测主要参考ASME Ⅴ卷《无损检测》。ASME第Ⅴ卷分为A分卷、B分卷两个部分，A分卷规定了常用无损检测方法的技术要求，而B分卷则列出了A分卷所采用的一些支持性标准。其中A分卷全面地规定了超声检测、射线检测、渗透检测、磁粉检测、涡流检测、泄漏检测、声发射检测等无损检测方法和验收准则等。A分卷第一章为无损检测的通用要求，对锅炉和压力容器用无损检测方法进行了总体要求，A分卷其他章节按检测方法和检测部件分别进行了规定。

ASME Ⅱ卷根据具体材料类型设置了7项无损检测标准，这些标准的检测方法是与ASME Ⅴ卷一致的，只是根据具体材料加入了一些具体的规定。这7项标准是等同采用的ASTM相应标准。

其中不论是ASME第Ⅱ卷还是第Ⅴ卷都参照或引用了ASTM的无损检测标准。ASTM标准由于其质量高、适应性好，赢得了美国工业界的官方信赖，不仅被美国工业界纷纷采用，而且被美国国防部和联邦政府各部门采用。

ASTM无损检测技术委员会（E07）负责制定无损检测相关的技术规范、指南、试验方法和参考底片等。无损检测技术委员会中还包括表3–30中所列的主要的分技术委员会。目前无损检测技术委员会制定的标准已超过190份，并且大部分都得到了广泛的应用。值得说明的一点是，ASME第Ⅴ卷B分卷中引用的ASTM标准并不完全是无损检测技术委员会（E07）制定的标准，还有部分材料标准。所以ASME Ⅴ卷无损检测标准在是参考ASTM的基础上根据压力容器的特点进行了一些更有针对性的规定，更适合用于核电厂机械设备制造和安装的检测。

表 3-30 无损检测技术委员会中主要的分技术委员会

E07.01	射线法（X 射线和 Y 射线）	E07.02	射线参考影像
E07.03	液体渗透、磁粉法	E07.04	声发射法
E07.05	射线法（中子）	E07.06	超声法
E07.07	电磁法	E07.08	泄漏法
E07.09	无损检测机构	E07.10	特殊无损检测法

综上所述，美国虽无核电专有无损检测标准，核电设计制造和验收时采用 ASME 和 ASTM 两类标准，也构成了核电核电完善的标准体系。美国核电无损检测体系框架见图 3-26，无损检测标准清单见表 3-31。

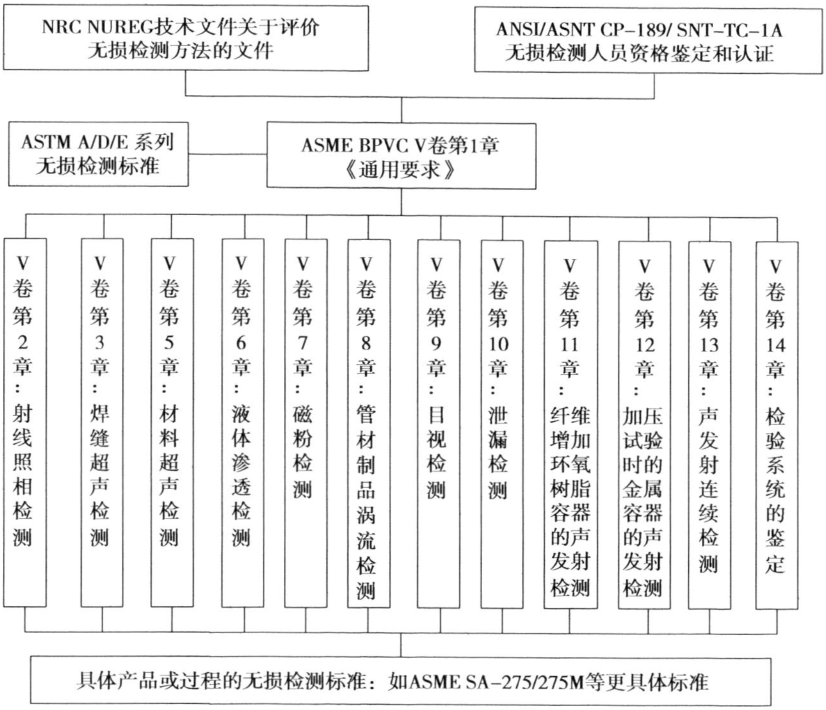

图 3-26 美国核电无损检测体系框架

表 3-31 . 核电无损检测标准清单

序号	代码	标准编号	Title	标准名称
1	ce1	ANSI/ASNT CP-189-2011	Qualification and Certification of Nondestructive Testing Personnel	无损检测人员的资格和认证
2	ce2	ANSI/ASNT -TC-1A-2011	Standard Topical Outlines for Qualification of Nondestructive Testing Personnel	无损检测人员资格鉴定标准专题纲要
3	ce3	RG 1.66	Nondestructive Examination of Tubular Products	管材无损检验（已经废止）
4	ce4	NUREG/CR -6929	Assessment of Eddy Current Testing for the Detection of Cracks in Cast Stainless Steel Reactor Piping Components	反应堆不锈钢铸管部件裂纹检测用涡流试验的评估
5	ce5	NUREG/CR -6933	Assessment of Crack Detection in Heavy-Walled Cast Stainless Steel Piping Welds Using Advanced Low-Frequency Ultrasonic Methods	采用先进低频超声检测方法的厚壁不锈钢铸管焊缝裂纹检测评估
6	ce6	NUREG/CR -6982	Assessment of Noise Level for Eddy Current Inspection of Steam Generator Tubes	蒸汽发生器传热管涡流检测的噪声水平评估
7	ce7	NUREG/CR -6996	Nondestructive and Destructive Examination Studies on Removed-from-Service Control Rod Drive Mechanism Penetrations	退役控制棒驱动机构贯穿件的无损检测和破坏性检测研究
8	ce8	NUREG/CR -7113	An Assessment of Ultrasonic Techniques for Far-Side Examinations of Austenitic Stainless Steel Piping Welds	用于奥氏体不锈钢管道焊缝背面检测的超声技术的评估
9	ce9	NUREG/CR -7122	An Evaluation of Ultrasonic Phased Array Testing for Cast Austenitic Stainless Steel Pressurizer Surge Line Piping Welds	铸造奥氏体不锈钢稳压器波动管管道焊缝的超声相控阵检测评估
10	ce10	NUREG/CR -7142	Ultrasonic Phased Array Assessment of the Interference Fit and Leak Path of the North Anna Unit 2 Control Rod Drive Mechanism Nozzle 63 with Destructive Validation	采用破坏性验证的北安娜 2 号机组控制棒驱动机构管嘴 63 的过盈配合和泄漏路径超声相控阵评估
11	ce11	ASME BPVCV	BPVC Section V-Nondestructive Examination	锅炉与压力容器规范第五卷 - 无损检验

2. 理化检验

核电厂理化检验涉及的对象是核电厂核岛机械设备制造和安装中所用的结构材料，基本上都是金属材料。

美国对材料性理化检验方法的法规或导则包括 10CFR 第 50 部分的附录 G（断裂韧性）、NUREG/CR-6964（600 和 82/182 合金在压水堆环境中裂纹扩展速率和金相检验）、NUREG/CR-6965（奥氏体不锈钢和 690 合金辐照应力腐蚀裂纹研究）。

美国核电无专有核岛机械设备制造和材料的理化检验标准，在核岛设备制造和材料验收时主要是依照 ASME SA370 和 ASME SA751 两项检验总要求并结合 ASTM 的具体的材料检验方法标准。核电厂理化检验标准体系清单见表 3–32。

表 3–32　美国核电理化检验标准体系清单

序号	代码	标准编号	标准名称	分类
1	ce12	Appendix G to Part 50	Fracture Toughness Requirements（断裂韧性要求）	
2	ce13	NUREG/CR –6964	Crack Growth Rates and Metallographic Examinations of Alloy 600 and Alloy 82/182 from Field Components and Laboratory Materials Tested in PWR Environments（压水堆环境中现场部件和实验室材料中合金 600 和合金 82/182 的裂纹扩展速率和金相检验）	
3	ce14	NUREG/CR –6965	Irradiation–Assisted Stress Corrosion Cracking of Austenitic Stainless Steels and Alloy 690 from Halden Phase–II Irradiations（哈尔登 (Halden) 核电站二期辐照下的奥氏体不锈钢和合金 690 的辐照促进应力腐蚀开裂研究）	
4	ce15	ASME SA370	Standard Test Methods and Definitions for Mechanical Testing of Steel Products 钢制品力学试验标准试验方法和定义	
5	ce16	ASME SA751	Specification for Test Methods, Practices, and Terminology for Chemical Analysis of Steel Products 钢制品化学分析试验方法、实践和术语规范	
6	ce17	ASTM E29	Recommended Practice for Indicating which Places of Figures are to be Considered Significant in Specified Limiting Values 指明在规定的极限值中数字哪个位置被认为重要的推荐规程	数据处理方法
7	ce18	ASTM E6	Standard Terminology Relating to Methods of Mechanical Testing 有关力学性能试验方法的术语	术语标准
8	ce19	ASTM E1806	Standard Practice for Sampling Steel and Iron for Determination of Chemical Composition 铁和铁化学成分测定时取样的标准操作规程（ISO 14284）	化学成分分析取样
9	ce20	ASTM E30	Test Methods for Chemical Analysis of Steel, Cast Iron, Open–Hearth Iron, and Wrought Iron 钢、铸铁、平炉铁和熟铁的化学分析试验方法	钢铁及合金的湿法成分分析方法
10	ce21	ASTM E350	Standard Test Methods for Chemical Analysis of Carbon Steel, Low–Alloy Steel, Silicon Electrical Steel, Ingot Iron, and Wrought Iron 碳钢、低合金钢、硅电工钢、锭铁和熟铁的化学分析标准试验方法	钢铁及合金的湿法成分分析方法
11	ce22	ASTM E351	Standard Test Methods for Chemical Analysis of Cast Iron–All Types 铸铁化学分析的标准试验方法 – 各种型号	钢铁及合金的湿法成分分析方法
12	ce23	ASTM E352	Standard Test Methods for Chemical Analysis of Tool Steels and Other Similar Medium– and High–Alloy Steels 工具钢和其他类似中高合金钢的标准试验方法	钢铁及合金的湿法成分分析方法
13	ce24	ASTM E353	Standard Test Methods for Chemical Analysis of Stainless, Heat–Resisting, Maraging, and Other Similar Chromium–Nickel–Iron Alloys 不锈钢、耐热钢、马氏体时效钢和其他类似铬 – 镍 – 铁合金化学分析的标准试验方法	钢铁及合金的湿法成分分析方法
14	ce25	ASTM E354	Standard Test Methods for Chemical Analysis of High–Temperature, Electrical, Magnetic, and Other Similar Iron, Nickel, and Cobalt Alloys 高温钢、电炉钢、磁钢和其他类似的铁、镍和钴基合金化学分析的标准试验方法（21 个方法）	钢铁及合金的湿法成分分析方法

（续表）

序号	代码	标准编号	标准名称	分类
15	ce26	ASTM E1473	Standard Test Methods for Chemical Analysis of Nickel, Cobalt and High-Temperature Alloys 镍、钴和高温合金化学分析的标准试验方法	非铁基材料成分分析
16	ce27	ASTM E120	Standard Test Methods for Chemical Analysis of Titanium and Titanium Alloys 钛及钛合金化学分析的标准试验方法	非铁基材料成分分析
17	ce28	ASTM E1019	Standard Test Methods for Determination of Carbon, Sulfur, Nitrogen, and Oxygen in Steel, Iron, Nickel, and Cobalt Alloys by Various Combustion and Inert Gas Fusion Techniques 采用不同燃烧和惰性气体熔融技术测定钢、铁、镍和钴合金中碳、硫、氮、氧的标准试验方法	气体元素法成分分析
18	ce29	ASTM E1409	Standard Test Method for Determination of Oxygen and Nitrogen in Titanium and Titanium Alloys by Inert Gas Fusion 采用惰气熔融法测定钛及钛合金中氧和氮含量的标准试验方法	气体元素法成分分析
19	ce30	ASTM E1447	Standard Test Method for Determination of Hydrogen in Titanium and Titanium Alloys by Inert Gas Fusion Thermal Conductivity/ Infrared Detection Method 采用惰气熔融热导 / 红外法测定钛及钛合金中氢含量的标准试验方法	气体元素法成分分析
20	ce31	ASTM E572	Standard Test Method for Analysis of Stainless and Alloy Steels by Wavelength Dispersive X-Ray Fluorescence Spectrometry 用波长色散 X 射线荧光光谱分析不锈钢及合金钢的标准试验方法	XRF
21	ce32	ASTM E322	Standard Test Method for Analysis of Low-Alloy Steels and Cast Irons by Wavelength Dispersive X-Ray Fluorescence Spectrometry 用波长色散 X 射线荧光光谱分析低合金钢和铸铁的标准试验方法	XRF
22	ce33	ASTM E415	Standard Test Method for Analysis of Carbon and Low-Alloy Steel by Spark Atomic Emission Spectrometry 碳钢和低合金钢真空光发射光谱分析方法	直读光谱法成分分析
23	ce34	ASTM E1086	Standard Test Method for Analysis of Austenitic Stainless Steel by Spark Atomic Emission Spectrometry 采用火花源原子发射光谱法进行奥氏体不锈钢分析的标准试验方法	直读光谱法成分分析
24	ce35	ASTM E8 /E8M	Standard Test Methods for Tension Testing of Metallic Materials 金属材料拉伸试验的标准试验方法	力学性能检验方法
25	ce36	ASTM E21	Standard Test Methods for Elevated Temperature Tension Tests of Metallic Materials 金属材料高温拉伸试验的标准试验方法	力学性能检验方法
26	ce37	ASTM E190	Standard Test Method for Guided Bend Test for Ductility of Welds 焊缝塑性的导向弯曲试验的标准试验方法	力学性能检验方法
27	ce38	ASTM E290	Standard Test Methods for Bend Testing of Material for Ductility 材料延展性弯曲试验的标准试验方法	力学性能检验方法
28	ce39	ASTM E10	Standard Test Method for Brinell Hardness of Metallic Materials 金属材料的布氏硬度的标准试验方法	力学性能检验方法
29	ce40	ASTM E18	Standard Test Methods for Rockwell Hardness of Metallic Materials 金属材料的洛氏硬度试验方法	力学性能检验方法
30	ce41	ASTM E110	Standard Test Method for Rockwell and Brinell Hardness of Metallic Materials by Portable Hardness Testers 使用携带式硬度计测定金属材料的压痕硬度的标准试验方法	力学性能检验方法

（续表）

序号	代码	标准编号	标准名称	分类
31	ce42	ASTM E384	Standard Test Method for Microindentation Hardness of Materials 材料微压痕硬度试验方法	力学性能检验方法
32	ce43	ASTM E23	Standard Test Methods for Notched Bar Impact Testing of Metallic Materials 金属材料开缺口试棒冲击试验的试验方法	力学性能检验方法
33	ce44	ASME SA770/770M ASTM A770 /770M	Standard Specification for Through–Thickness Tension Testing of Steel Plates for Special Applications 特殊用途钢板板厚方向拉伸试验	力学性能检验方法
34	ce45	ASTM E208	Standard Test Method for Conducting Drop–Weight Test to Determine Nil–Ductility Transition Temperature of Ferritic Steels 铁素体钢无塑性转变温度落锤试验方法	力学性能检验方法
35	ce46	ASTM E1820	Standard Test Method for Measurement of Fracture Toughness 断裂韧性测量的标准试验方法	力学性能检验方法
36	ce47	ASTM E436	Standard Test Method for Drop–Weight Tear Tests of Ferritic Steels 铁素体钢落锤撕裂试验的标准试验方法	力学性能检验方法
37	ce48	ASTM E606	Standard Test Method for Strain–Controlled Fatigue Testing 应变控制疲劳试验的标准试验方法	力学性能检验方法
38	ce49	ASTM E466	Standard Practice for Conducting Force Controlled Constant Amplitude Axial Fatigue Tests of Metallic Materials 金属材料力控制轴向等幅疲劳试验标准实施规程	力学性能检验方法
39	ce50	ASTM E647	Standard Test Method for Measurement of Fatigue Crack Growth Rates 疲劳裂纹扩展率测量标准试验方法	力学性能检验方法
40	ce51	ASTM E2207	Standard Practice for Strain–Controlled Axial–Torsional Fatigue Testing with Thin–Walled Tubular Specimens 带有薄壁管状试样的应力控制轴向扭转疲劳试验的标准实施规程	力学性能检验方法
41	ce52	ASTM E139	Standard Test Methods for Conducting Creep, Creep–Rupture, and Stress–Rupture Tests of Metallic Materials 金属材料蠕弯、蠕变断裂和应力断裂的标准试验方法	力学性能检验方法
42	ce53	ASTM E3	Standard Guide for Preparation of Metallographic Specimens 金相试样制备标准指南	金相组织结构检验
43	ce54	ASTM E340	Standard Practice for Macroetching Metals and Alloys 金属和合金宏观浸蚀的标准实施规程	金相组织结构检验
44	ce55	ASTM E112	Standard Test Methods for Determining Average Grain Size 平均晶粒度测定的标准试验方法	金相组织结构检验
45	ce56	ASTM A262	Standard Practices for Detecting Susceptibility to Intergranular Attack in Austenitic Stainless Steels 奥氏体不锈钢晶间腐蚀敏感性检测的标准操作规程	金相组织结构检验
46	ce57	ASTM A763	Standard Practices for Detecting Susceptibility to Intergranular Attack in Ferritic Stainless Steels 铁素体不锈钢晶间腐蚀敏感性检测的标准实施规程	金相组织结构检验
47	ce58	AWS A4.2M	Standard Procedures for Calibrating Magnetic Instruments to Measure the Delta Ferrite Content of Austenitic and Duplex Ferritic–Austenitic Stainless SteelWeld Metal 校准测量奥氏体和双铁素奥氏体不锈钢焊接金属的 δ 铁酸盐含量磁性测量仪的标准程序	金相组织结构检验
48	ce59	ASTMA800 /A800M	Standard Practice for Steel Casting, Austenitic Alloy, Estimating Ferrite Content Thereof 奥氏体合金钢铸件中铁素体含量估算的标准实施规程	金相组织结构检验

（续表）

序号	代码	标准编号	标准名称	分类
49	ce60	ASTM E45	Standard Test Methods for Determining the Inclusion Content of Steel 钢中夹杂物含量测定的标准试验方法	金相组织结构检验
50	ce61	ASTM E1077	Standard Test Methods for Estimating the Depth of Decarburization of Steel Specimens 钢样本脱碳深度估算的标准试验方法	金相组织结构检验
51	ce62	ASTM E4	Standard Practices for Force Verification of Testing Machines 试验机力验证的标准实施规程	实验室或仪器检测标准
52	ce63	ASTME83	Standard Practice for Verification and Classification of Extensometer Systems 引伸计的校验和分级方法标准实施规程	实验室或仪器检测标准
53	ce64	ASTM A880	Standard Practice for Criteria for Use in Evaluation of Testing Laboratories and Organizations for Examination and Inspection of Steel, Stainless Steel, and Related Alloys 对进行钢、不锈钢和相关合金检验的试验室和机构进行评价准则的标准实施规程	实验室或仪器检测标准
54	ce65	ASTM E1595	Standard Practice for Evaluating the Performance of Mechanical Testing Laboratories 机械试验实验室性能评价的标准实施规程	实验室或仪器检测标准

核电材料的理化性能检验主要有化学成分分析、力学性能检验、工艺性能检验和金相组织结构检验。其中各类性能检验中又分别包含多项具体性能的检验方法，一般一项性能都会有一项或多项检验和验收方法标准。下面对每类标准进行分别分析。

（1）化学成分检测标准分析

化学成分分析检测方法包括取样方法、设备与实验室评定、分析检测方法等 3 个方面，其中最主要的是分析检测方法。由于目前核电厂所用结构材料含有的元素不少于 20 种，同时根据不同的材料类型和元素之间的干扰，所以不同的情况，同种元素的检测方法也会有差异。所以材料成分分析检测方法繁多。

美国无专门的法规文件对材料化学成分分析检测方法进行规定。美国核电核岛机械设备制造和材料的成分分析检验主要是依照 ASME SA751 并结合 ASTM 的具体的材料检验方法标准。同时根据成分分析类型和方法，对成分分析标准分为取样、湿法分析、气体元素法分析、XRF、镍基合金成分分析和直读光谱分析六大类。美国核电成分分析标准体系见图 3–27。

（2）力学测试性能标准分析

材料力学性能试验是结构材料最重要的性能检测试验，主要包括拉伸试验、冲击试验、断裂韧性试验、硬度试验、工艺性能试验、疲劳试验、持久蠕变试验。

在核电厂对力学性能检验时主要是参照 ASME SA370（ASTM A370）标准，此项标准是对钢制品力学性能检测进行了总领性的规定，在参照 ASTM 各分项标准的同时根据钢制品的特点对试验样品的选取、试验参数的设置和试验过程的控制进行了一些特定的选取或加入一些特有的规定。核电厂材料力学性能检测试验标准标准体系见图 3–28。

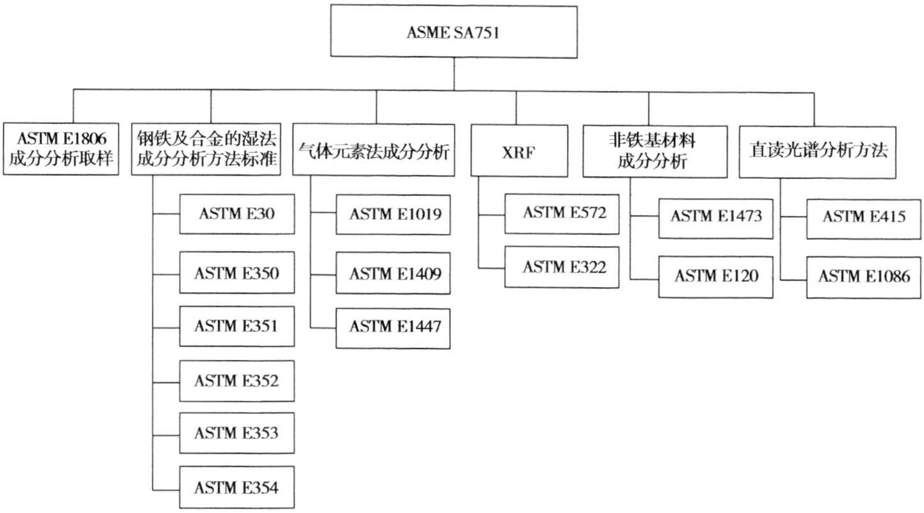

图 3–27 美国核电成分分析标准体系

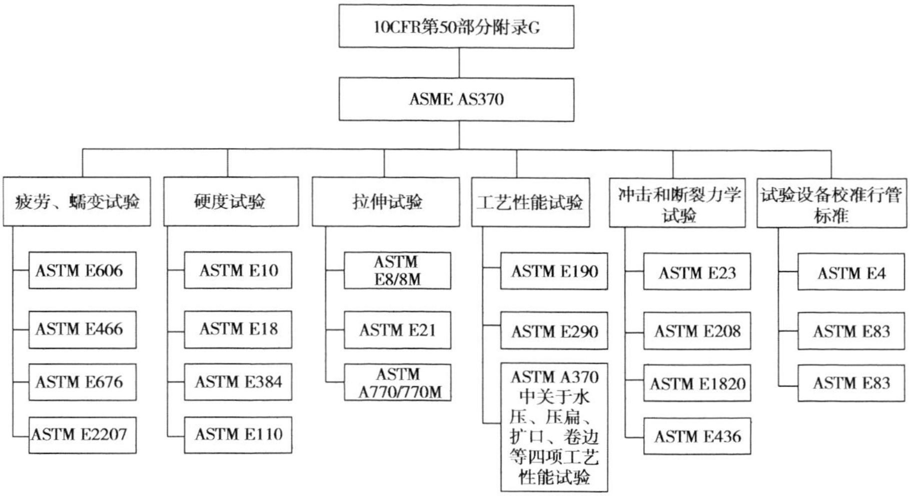

图 3–28 美国核电材料力学性能检测试验标准标准体系

（3）金相组织结构检验标准分析

金相组织结构检验主要是对材料的微观组织和缺陷进行显像和分析。金相组织检验标准主要包括晶间腐蚀试验标准、低倍组织检测标准、铁素体含量测定标准、夹杂物评级标准、晶粒度评定标准和脱碳层厚度测定标准。

美国 NRC 有 NUREG/CR-6964 和 NUREG/CR-6965 两项关于材料的腐蚀和金相检验的技术文件。

核电厂材料金相检验依据的具体标准基本上都是参照 ASTM 中的各分项标准。美国核电厂金相组织结构检验标准体系见图 3–29。

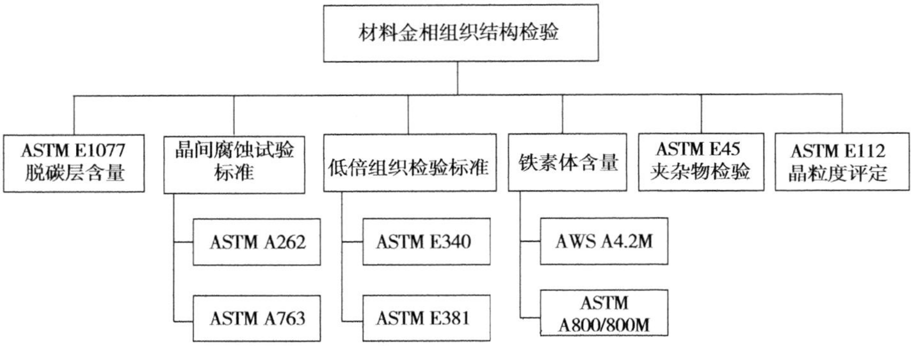

图 3–29　美国核电金相组织结构检验标准体系

（4）工艺性能检验

材料的工艺性能是对材料（主要是管件）的加工和使用性能的一种检验，此类性能试验更接近于材料的真实使用情况。目前，核电厂中材料的工艺性能试验一般包括弯曲试验、水压试验、压扁试验、扩口试验和卷边试验。其中弯曲试验、水压试验、压扁试验是最为重要也是在核电设备部件设计制造中要考察的。

美国核电厂材料弯曲试验标准主要是参考 ASTM E190 和 ASTM E290 两项标准，对于水压试验、压扁试验、扩口试验和卷边试验没有专门的标准，此 4 项试验在 ASME SA370（ASTM A370）和材料的一些通用要求中进行了规定。

3.6 核电建造

核电厂建造范围从在核电厂建筑施工许可开始，直到全部部件安装完成后调试前的阶段，主要包括建筑管理、建筑材料、土建设计与施工、安装工程，其中建筑管理包括施工管理及建造质量保证要求，建筑材料包括混凝土材料、结构用钢材及其他材料，建筑设计与施工包括预应力混凝土安全壳、核安全相关的混凝土结构设计与施工、核安全相关的钢结构设计与施工及非安全相关的混凝土与钢结构设计与施工，安装工程包括压力容器及支撑件、压力管道及支撑件、仪控电设备及非安全相关的设备。核电建造标准体系框图见图 3–30。

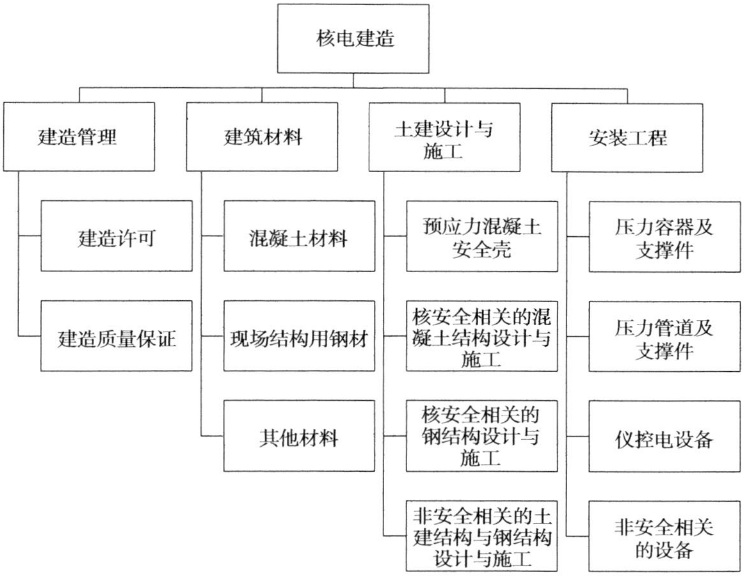

图 3–30　核电建造标准体系框架图

3.6.1 建造管理

建造管理主要包括建造许可和建造的质量保证。

1）建造许可

美国核管会对建造许可规定了详细的程序，即建造许可涉及的文件有 10CFR Part50 附录 C、10CFR Part50 附录 N 及 10CFR Part52 附录 N 等，其中 10CFR Part50 规定了财政资格方面的信息、10CFR Part50 附录 N 及 10CFR Part52 附录 N 规定了核电厂反应堆的建设许可制度。

2）建造质量保证

建造的质量保证要求有 RG 系列（含 3 项要求）、NUREG 系列（含 3 项要求）、ASME NQA-1、ASME QME 及 ASME N45 系列，而 ASME N45 系列逐渐被 ASME NQA-1 所取代。为了达到建造质量保证的要求，建造过程中有很多检验、试验的标准，这些将在后几个板块汇总列出，本板块未列出。

建造管理标准体系框架图见图 3—31，建造标准管理标准系列表见表 3—33。

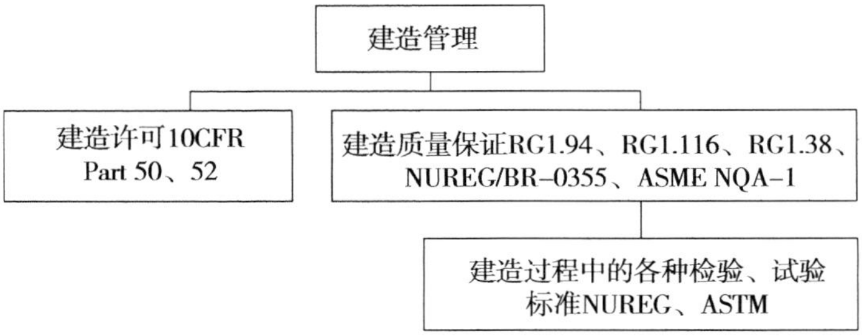

图 3—31　建造管理标准体系框架图

表 3—33　建造管理标准体系列表

序号	代号	标准编号	Title	标准名称
1	daa	10CFR Part 50 附录 C	Appendix C to Part 50—A Guide for the Financial Data and Related Information Required To Establish Financial Qualifications for Construction Permits and Combined Licenses	Part 50 附录 C—核设施建造许可和联合许可申请者为财务审定所需的财务数据和相关资料导则
2	daa	10CFR Part 50 附录 N	Appendix N to Part 50—Standardization of Nuclear Power Plant Designs: Permits To Construct and Licenses To Operate Nuclear Power Reactors of Identical Design at Multiple Sites	Part 50 附录 N 核电厂标准化设计：多厂址同一性设计的核电厂反应堆建设许可和运行许可
3	daa	10CFR Part 52 附录 N	Appendix N to Part 52—Standardization of Nuclear Power Plant Designs: Combined Licenses to Construct and Operate Nuclear Power Reactors of Identical Design at Multiple Sites	Part 52 附录 N 核电厂设计标准化：多厂址同一性设计的核电厂反应堆建造和运行的联合许可
4	dab	RG 1.94	Quality Assurance Requirements for Installation, Inspection, and Testing of Structural Concrete and Structural Steel During the Construction Phase of Nuclear Power Plants	核电厂建造阶段结构性混凝土和结构钢的安装、检查和试验的质量保证要求
5	dab	RG 1.116	Quality Assurance Requirements for Installation, Inspection, and Testing of Mechanical Equipment and Systems	机械设备和系统的安装、检查和试验的质量保证要求

（续表）

序号	代号	标准编号	Title	标准名称
6	dab	RG 1.38	Quality Assurance Requirements for Packaging, Shipping, Receiving, Storage, and Handling of Items for Water–Cooled Nuclear Power Plants	水冷核电厂物项的包装、运输、接收、贮存和装卸的质量保证要求
7	dab	NUREG/BR–0355	United States Nuclear Regulatory Commission's Construction Inspection Program	美国核管理委员会建造检查大纲
8	dab	NUREG–1789	Construction Inspection Program Framework Document	建造检验大纲框架文件
9	dab	NUREG–1055	Improving Quality and the Assurance of Quality in the Design and Construction of Nuclear Power Plants: A Report to Congress	核电厂设计和建造的质量改进和质量保证：提交国会的报告
10	dab	ASME NQA–1–1994	Quality Assurance Program Requirements for Nuclear Facilities/with Addenda	核设施质量保证大纲要求（带附件）
11	dab	ANSI/ASME QME–1–2002	Qualification of Active Mechanical Equipment for Nuclear Power Plants	核电厂能动机械设备的鉴定

3.6.2 建造材料

建筑材料主要包括混凝土材料、结构用钢材及其他材料。建筑材料的标准没有特别为核电厂而专门设置，而是通用的工业建筑材料，但是在材料的试验、分析方法有一些规定。其中最顶层标准有 RG1.84，其中包括设计、建造、材料规范案例适用性作了一个规定。相关材料的标准在 ASME、ACI、ANSI 系列标准中给出。

1）混凝土材料

混凝土材料为通用的工业建筑材料，其主要成分包括水泥、集料、水及外加剂。根据这几种材料不同的配合比进行设计，可以组合不同性能的混凝土结构，美国的混凝土材料主要涉及的标准有 ASTM C 系列和 ACI 200 系列，这两个系列中的不仅包括混凝土组成材料的本身性能的要求，还包括混凝土材料及混凝土构件的各种分析及测试的方法。其中 NRC 引用了其中部门关键的混凝土试验及测试方法的一些要求，标准明细见表 3–34。

2）现场结构材料

现场结构用材料主要包括现场施工中临时使用的或者临时结构用的及其他

建筑材料，主要包括现场焊接材料，有 ASTM、AISI、UBC、IBC 等。

建造材料标准体系框图见图 3–32。

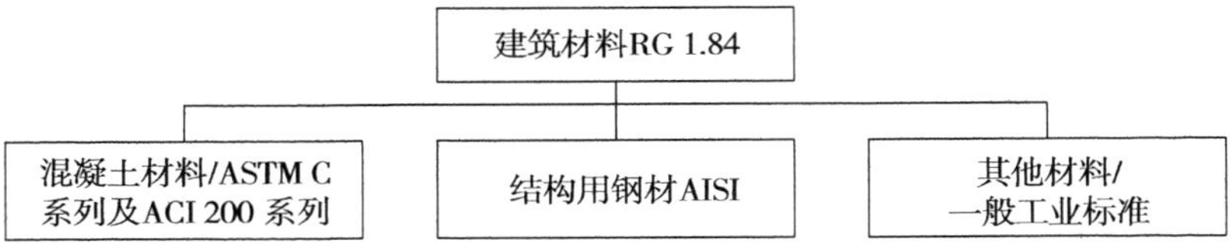

图 3–32　建筑材料

表 3–34　建筑材料标准

序号	代号	标准编号	Title	标准名称
1	dba	RG 1.84	Design, Fabrication, and Materials Code Case Acceptability, ASME Section Ⅲ ASME	ASME 规范第Ⅲ卷——设计、制造及材料规范案例适用性
2	dba	ACl 212.1R	Admixtures for Concrete	混凝土外加剂
3	dba	ACl 212.2R	Guide for Use of Admixtures in Concrete	混凝土外加剂使用指南
4	dba	ACl 212.3R	Chemical Admixtures for Concrete	混凝土化学外加剂
5	dba	ACl 214	Recommended Practice for Evaluation of Strength Test Results of Concrete	混凝土强度试验结果评定的推荐实施规程
6	dba	ACl 221	Guide for Use of Normal Weight Aggregates in Concrete	混凝土中正常重量骨料使用指南
7	dba	ASTM C29	Standard Test Method for Unit Weight and Voids in Aggregate	集料体密度（单位重量）和空隙度的标准试验方法
8	dba	ASTM C31	Standard Practice for Making and Curing Concrete Test Specimens in the Field	现场制作和养护混凝土试样的标准操作规程
9	dba	ASTM C39	Standard Test Method for Compressive Strength of Cylindrical Concrete Specimens	圆柱形混凝土试件抗压强度的标准试验方法
10	dba	ASTM C40	Standard Test Method for Organic Impurities in Fine Aggregates forConcrete	混凝土用细集料中有机杂质含量的标准试验方法
11	dba	ASTM C78	Standard Test Method for Flexural Strength of Concrete (UsingSimple Beam with Third–Point)	混凝土弯曲强度标准试验方法（使用三点负荷简支梁法）
12	dba	ASTM C88	Standard Test Method for Soundness of Aggregates by Use of Sodium Sulfate or MagnesiumSulfate	用硫酸钠或硫酸镁作集料的坚固性的标准试验方法
13	dba	ASTM C109	Standard Test Method for Compressive Strength of Hydraulic Cement Mortars (Using2–in, or 50 mm Cube Specimens)	水硬性水泥灰浆抗压强度的标准试验方法（使用 2in 或 50mm 管试样）
14	dba	ASTM C114	Standard Test Methods for Chemical Analysis of Hydraulic Cement	水硬性水泥化学分析的标准试验方法
15	dba	ASTM C115	Standard Test Method for Fineness of Portland Cement by the Turbidimeter	用浊度计测定硅酸盐水泥细度的标准试验方法

（续表）

序号	代号	标准编号	Title	标准名称
16	dba	ASTM C117	Standard Test Method for Materials Finer Than 75−Micrometer (No. 200) Sieve in Mineral Aggregates by Washing	用冲洗法测定矿物集料中细于200号筛孔（75μm）的材料量的试验方法
17	dba	ASTM C123	Standard Test Method for Lightweight Pieces in Aggregate (AASHTO No. T113)	集料中轻质粒子的标准试验方法
18	dba	ASTM C127	Standard Test Method for Specific Gravity and Absorption of Coarse Aggregate	粗集料的密度、比重和吸收性的标准试验方法
19	dba	ASTM C128	Standard Test Method for Specific Gravity and Absorption of Fine Aggregate	细集料的密度、比重和吸收性的标准试验方法
20	dba	ASTM C131	Standard Test Method for Resistance to Degradation of Small− Size Coarse Aggregate by Abrasion and Impact in the Los Angeles Machine	用洛杉矶磨耗试验机测定小规格粗集料的抗磨性与抗冲击性的标准试验方法
21	dba	ASTM C136	Standard Test Method for Sieve Analysis of Fine and Coarse Aggregates	细集料及粗集料筛分的标准试验方法
22	dba	ASTM C138	Standard Test Method for Unit Weight, Yield, and Air Content (Gravirnietric) of Concrete (AASHTO No. T 121)	混凝土的单位重量、屈服点及空气含量测定（重量计算）的标准试验方法
23	dba	ASTM C142	Standard Test Method for Clay Lumps and Friable Particles in Aggregates (AASHTO No. T112)	集料中粘土块和易碎粒料的标准试验方法
24	dba	ASTM C143	Standard Test Method for Slump of Hydraulic Cement Concrete	水硬性水泥混凝土坍落度的标准试验方法
25	dba	ASTM C157	Standard Test Method for Length Change of Hardened Hydraulic−Cement Mortar and Concrete	硬化水泥灰浆和混凝土长度变化的标准试验方法
26	dba	ASTM C172	Standard Practice for Sampling Freshly Mixed Concrete	新搅拌混凝土取样的标准操作规程
27	dba	ASTM C173	Standard Test Method for Air Content of Freshly Mixed Concrete by the Volumetric Method	容量法测定新拌混凝土的含气量的标准试验方法
28	dba	ASTM C191	Standard Test Method for Time of Setting of Hydraulic Cement by Vicat Needle	用维卡针测定水硬水泥凝固时间的标准试验方法
29	dba	ASTM C192	Standard Practice for Making and Curing Concrete Test Specimens in the Laboratory	实验室中混凝土试样制备和养护的标准操作规程
30	dba	ASTM C204	Standard Test Method for Fineness of Hydraulic Cement by Air Permeability Apparatus (AASHTO No. T1 53)	用空气渗透仪测定水硬水泥细度的标准试验方法
31	dba	ASTM C231	Standard Test Method for Air Content of Freshly Mixed Concrete by the Pressure Method	用压力法测定新拌混凝土中空气含量的标准试验方法
32	dba	ASTM C260	Standard Specifications for Air Entraining Admixtures for Concrete	混凝土引气剂的标准规范
33	dba	ASTM C266	Standard Test Method for Time of Setting of Hydraulic−Cement Paste by Gillmore Needles	用吉尔穆针法测定水硬性水泥浆凝固时间的标准试验方法

（续表）

序号	代号	标准编号	Title	标准名称
34	dba	ASTM C289	Standard Test Method for Potential Alkali–Silica Reactivity of Aggregates (Chemical Method)	集料的潜在碱－硅石反应性的测定用标准试验方法（化学方法）
35	dba	ASTM C311	Standard Test Methods for Sampling and Testing Fly Ash or Natural Pozzolans for Use as a Mineral Admixture in Portland–Cement Concrete	硅酸盐水泥混凝土中用作矿物掺合料的飞灰或天然火山灰取样和试验的标准试验方法
36	dba	ASTM C430	Standard Test Method for Fineness of Hydraulic Cement by the 45–Micrometer (No. 325) Sieve	用 45 μ m(325 号）筛测定水硬性水泥细度的标准试验方法
37	dba	ASTM C441	Standard Test Method for Effectiveness of Mineral Admixtures or Ground Blast–Furnace Slag in Preventing Excessive Expansion of Concrete Due to the Alkali–Silica Reaction	在防止因碱硅石集料反应引起混凝土过度膨胀中矿物掺和料或磨碎高炉渣效能的标准试验方法
38	dba	ASTM C469	Standard Test Method for Static Modulus of Elasticity and Poisson's Ratio of Concrete in Compression	混凝土在压缩中静态弹性模量及泊松比的标准测试方法
39	dba	ASTM C496	Standard Test Method for Splitting Tensile Strength of Cylindrical Concrete Specimens	圆柱形混凝土试样抗开裂拉力强度的试验方法
40	dba	ASTM C512	Standard Test Method for Creep of Concrete in Compression	混凝土压缩蠕变的标准试验方法
41	dba	ASTM C535	Standard Test Method for Resistance to Degradation of Large– Size Coarse Aggregate by Abrasion and Impact in the Los Angeles Machine	用洛杉矶磨耗试验机测定大规格粗集料抗磨性和抗冲击性的标准试验方法
42	dba	ASTM C566	Standard Test Method for Total Moisture Content of Aggregate by Drying	用干燥法测定集料总含水量的试验方法
43	dba	ASTM C597	Standard Test Method for Pulse Velocity Through Concrete	通过混凝土的脉冲速度的试验方法
44	dba	ASTM C642	Standard Test Method for Specific Gravity, Absorption, and Voids in Hardened Concrete	硬化混凝土的比重、吸收性及空隙度的试验方法
45	dba	ASTM C692	Standard Test Method for Evaluating the Influence of Thermal Insulations on the External Stress Corrosion Cracking Tendency of Austenitic Stainless Steel	评定热绝缘材料对奥氏体不锈钢外部应力腐蚀开裂趋势影响的标准试验方法
46	dba	ASTM C884	Standard Test Method for Effective Shrinkage of Epoxy–Resin Systems Used With Concrete	混凝土和环氧树脂涂层间热容性的标准试验方法
47	dba	ASTM D4259–88(2012)	Standard Test Method for Thermal Compatibility Between Concrete and an Epoxy–Resin Overlay	混凝土和环氧树脂覆盖层之间热相容性的标准试验方法
48	dba	ASTM D4260–05(2012)	Standard Practice for Liquid and Gelled Acid Etching of Concrete	混凝土液态和加胶酸浸蚀的标准实施规程
49	dba	ASTM D4263–83(2012)	Standard Test Method for Indicating Moisture in Concrete by the Plastic Sheet Method	用塑料薄板法测定混凝土中水分的标准试验方法

（续表）

序号	代号	标准编号	Title	标准名称
50	dbb	ASTM	C 系列相关	混凝土结构材料
51	dbb	ANSI		钢结构材料
52	dbc	UBC	Uniform Building Code	美国统一建筑规范（其他建筑材料）
53	dbc	IBC	International Building Code	国际统一建筑规范（其他建筑材料）

3.6.3 土建设计与施工

土建设计与施工主要包括预应力混凝土安全壳、核安全相关的混凝土结构设计与施工、核安全相关的钢结构设计与施工及非安全相关的混凝土和钢结构设计与施工。具体内容包括结构设计、施工及养护等。顶层标准有 RG 系列的，其主要设计到混凝土结构和钢结构的施工质量检查，设计与施工的标准主要为 ASME、ACI、ANSI 等协会的标准。其土建设计与施工标准体系框架见图 3–33，标准清单见表 3–35。

1. 预应力混凝土安全壳的设计与施工

预应力混凝土安全壳的设计与施工主要是 ASME BVPC Ⅲ devision 2。该部分主要分为 CB 分卷和 CC 分卷。CB 分卷—混凝土反应堆容器（本卷确定混凝土反应堆容器设备包括以下几个部分：结构混凝土承压的壳体和壳体部件；壳体的金属衬里；混凝土反应堆容器衬里通过周围壳体混凝土而延伸的贯穿件衬里。）CC 分卷—混凝土安全壳（所涉及的安全壳包括下以几个部分内容：结构混凝土承压的壳体和壳体部件；壳体的金属衬里；安全壳衬里通过周围壳体混凝土而延伸的贯穿件衬里。）

2. 核安全相关的混凝土结构设计与施工

与核安全相关的混凝土结构设计与施工主要是 ACI349M-06。

3. 核安全相关的钢结构设计与施工

与核安全相关的钢结构设计与施工技术规范主要是 AISC-N690。

4. 非安全相关的混凝土结构设计与施工

非安全相关的建筑设计与施工主要为 ASCE、ACI301、ACI318、UBC、IBC。

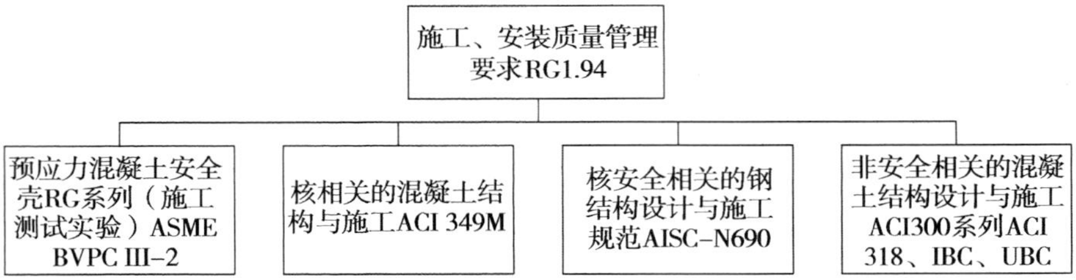

图 3-33　土建设计与施工

表 3-35　土建设计与施工标准

序号	代号	标准编号	Title	标准名称
1	dca	RG 1.10	Mechanical (Cadweld) Splices in Reinforcing Bars of Category I Concrete Structures	抗震 I 类混凝土结构中钢筋机械接头（放热焊接）
2	dca	RG 1.15	Testing of Reinforcing Bars for Category I Concrete Structures	抗震 I 类混凝土结构中钢筋的测试
3	dca	RG 1.18	Structural Acceptance Test for Concrete Primary Reactor	反应堆混凝土结构验收试验
4	dca	RG 1.35	Inservice Inspection of Ungrouted Tendons in Prestressed Concrete Containments	预应力混凝土安全壳中非灌浆钢筋的在役检查
5	dca	RG 1.35.1	Determining Prestressing Forces for Inspection of Prestressed Concrete Containments	预应力混凝土安全壳中预应力的确定
6	dca	RG 1.55	Concrete Placement in Category I Structures	抗震 I 类结构混凝土浇注
7	dca	RG 1.63	Electric Penetration Assemblies in Containment Structures for Nuclear Power Plants	核电厂安全壳构筑物内的电气贯穿件
8	dca	RG 1.69	Concrete Radiation Shields and Generic Shield Testing for Nuclear Power Plants	核电厂混凝土辐射屏蔽及生物屏障测试
9	dca	RG 1.103	Post-tensioned Prestressing Systems for Concrete Reactor and Containment	混凝土反应堆容器与安全壳后张预应力系统
10	dca	RG 1.107	Qualifications for Cement Grouting for Prestressing Tendons in Containment Structures	安全壳结构中预应力钢筋束水泥灌浆的鉴定
11	dca	RG 1.136	Design Limits, Loading Combinations, Materials, Construction, and Testing of Concrete Containments	混凝土安全壳的设计限值、载荷组合、取材、建造和试验
12	dca	RG 1.163	Performance-Based Containment Leak-Test Program	基于性能的安全壳泄漏试验大纲
13	dca	ASME BVPC Ⅲ -2	BPVC Section Ⅲ -Rules for Construction of Nuclear Facility Components-Division 2-Code for Concrete Containments	BPVC 第Ⅲ卷 - 核设施部件建造规则 - 第 2 册 - 混凝土安全壳规范
14	dca	ASTM STP-NU-069 - 2014	Analysis of Selected Nondestructive Examination (NDE) Methodologies for the Assessment of Cracking in Concrete Containments	混凝土安全壳裂纹评估中无损检验方法分析

（续表）

序号	代号	标准编号	Title	标准名称
15	dca	NUREG/CR−6424	Report on Aging of Nuclear Power Plant Reinforced Concrete Structures	核电站钢筋混凝土结构老化报告
16	dca	NUREG/CR−6678	Pretest Round Robin Analysis of a Prestressed Concrete Containment Vessel Model	预应力混凝土安全壳容器模型的预测循环对照分析
17	dca	NUREG/CR−6685	Pretest Analysis of a 1:4−Scale Prestressed Concrete Containment Vessel Model	1 ：4 预应力钢筋混凝土安全壳容器模型的实验前分析
18	dcb	RG 1.142	Safety−Related Concrete Structures for Nuclear Power Plants (Other than Reactor Vessels and Containments)	核电厂安全相关的混凝土构筑物（反应堆容器和安全壳除外）
19	dcb	RG 1.143	Design Guidance for Radioactive Waste Management Systems, Structures, and Components Installed in Light−Water−Cooled Nuclear Power Plants	轻水冷却核电厂放射性废物管理系统、构筑物和设备的设计指南
20	dcb	RG 3.9	Concrete Radiation Shields	混凝土辐射屏蔽
21	dcb	ANS−6.4−2006	Nuclear Analysis and Design of Concrete Radiation Shielding for Nuclear Power Plants (Approved 9/29/2006)	核电厂用混凝土辐射屏蔽的核分析和设计（2006 年 9 月 29 日批准）
22	dcb	ACl 349	Code Requirements for Nuclear Safety Related Concrete Structures	核安全相关的混凝土结构规范要求
23	dcb	ACl 349.1R−07	Reinforced Concrete Design for Thermal Effects on Nuclear Power Plant Structures	核电厂构筑物热效应的钢筋混凝土设计
24	dcb	ACl 349.2R−07	Guide to the Concrete Capacity Design (CCD) Method – Embedment Design Exam ples	混凝土容量设计方法指南：埋置设计示例
25	dcb	ACl 349.3R−02	Evaluation of Existing Nuclear Safety Related Concrete Structures	既有核安全相关混凝土结构的评估
26	dcb	ACl 349−13	Code Requirements for Nuclear Safety−Related Concrete Structures and Commentary	核安全相关混凝土结构规范要求和注释
27	dcb	ACl 349M−06	Code Requirements for Nuclear Safety−Related Concrete Structures & Commentary (Metric)	核安全相关混凝土构筑物规范要求和注释（公制）
28	dcc	ASCE N−725	guideline for design and analysis of nuclear safety related earth structures	核安全相关土工构筑物设计和分析指南
29	dcc	AISC−N690	Design, Fabrication, and Erection of Steel Safety Related Structures for Nuclear Facilities	核设施用安全相关的钢结构设计、施工和建造规范
30	dcc	ASCE 8	Specification for the Design of Cold Formed Stainless Steel Structural Members	冷成型不锈钢构件设计规范
31	dcc	AISC	AISC Specification for Structural Steel Buildings, Allowable Stress Design and Plastic Design, June, 1989	钢结构建筑物 AISC 技术规范－许用应力设计和塑性设计，1989 年 6 月
32	dcc	AISC	Load and Resistance Factor Design Specification for Structural Steel Buildings, Proposed for Trial Use Only, September 1, 1983	钢结构建筑物载荷和阻抗因子设计技术规范，仅为试用，1983 年 9 月 1 日

（续表）

序号	代号	标准编号	Title	标准名称
33	dcc	AISC	Specification for the Design of Cold-Formed Steel Structural Members, Parts 1 and 2, 1977	冷成型钢结构构件设计技术规范，1977 年第一、第二部分
34	dcd	ASTM WK46050	New Guide for the Inspection of Bond Critical FRP Applications for Concrete Structures in Power Generation Facilities	发电设施混凝土结构中使用的黏结韧性纤维增强聚合物（FRP）检查的最新指南
35	dcd	ACI 301	Specifications for Structural Concrete for Buildings	建筑物结构混凝土技术规范
36	dcd	ACl 304	Guide for Measuring, Mixing, Transporting, and Placing Concrete	混凝土测量、搅拌、运输和浇筑指南
37	dcd	ACl 305	Hot Weather Concreting	夏季混凝土施工
38	dcd	ACl 306	Cold Weather Concreting	冬季混凝土施工
39	dcd	ACl 308	Standard Practice for Curing Concrete	混凝土养护标准实施规程
40	dcd	ACI 318	Building Code Requirements for StructuralConcrete	结构混凝土建筑规范要求
41	dcd	ACI SP-130	Anchors in Concrete-Design and Behavior	混凝土锚固件 – 设计与性能
42	dcd	ACI 355.2	Qualification of Post-Installed Mechanical Anchors in Concrete	混凝土后锚固机械锚栓鉴定
43	dcd	ASCE 7	Minimum Design Loads for Buildings and Other Structures	建筑物和其他构筑物的最小设计荷载
44	dcd	UBC	Uniform Building Code	美国统一建筑规范
45	dcd	IBC	International Building Code	国际统一建筑规范

3.6.4 设备安装

安装工程主要包括压力容器及支撑件、压力管道及支撑件、仪控电设备及非安全相关的设备的安装。美国核电厂安装的标准比较少，一般只在设备的建造过程中有提及，安装工程体系框架见图 3–34。

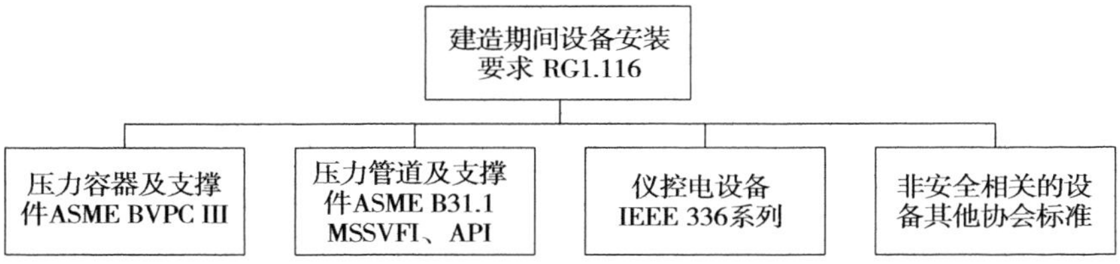

图 3–34 安装工程标准体系框架图

1. 电气设备

核电厂安全重要电气设备的正确安装是保证其安全功能能力的重要环节。

美国有关电气设备安装的标准主要为IEEE及ISA的相关标准：IEEE 336《核设施1E级电源、仪器仪表和控制设备的安装、检验、试验推荐规程》为核电厂安全重要仪表、控制和电源系统设备安装规定了高层要求；IEEE 628《核电厂1E级电路的电缆管道系统的设计、安装和鉴定准则》规定了安全级仪表、控制和动力电缆通道的安装要求；ISA 67.02.01《核电厂安全重要仪表管线和核取样管线的设计和安装》规定了过程测量信号管线的安装要求，RG1.151对此作了背书；IEEE 1050《电气设备接地导则》为电气设备的安全接地和信号接地提供指导，RG1.180对此作了背书；ISA 67.01.01《核安全传感器和变送器的安装》规定了过程仪表现场安装要求。核电电气设备安装标准清单见表3–36。

表3–36 美国核电电气设备安装标准清单

序号	代码	标准编号	Title	标准名称
1	dd	IEEE 336 –2010	Recommended Practice for Installation, Inspection, and Testing for Class 1E Power, Instrumentation, and Control Equipment at Nuclear Facilities	核设施1E级电源、仪表和控制设备的安装、检查和试验推荐实施规程
2	dd	IEEE 628 –2011	Standard Criteria for the Design, Installation, and Qualification of Raceway Systems for Class 1E Circuits for Nuclear Power Generating Stations	核电厂1E级电路电缆通道系统设计、安装和鉴定标准准则
3	dd	IEEE 1050 –2004	Instrumentation and Control Equipment Grounding inGenerating Stations	发电站仪表和控制设备的接地指南
4	dd	ISA 67.02.01 –2014	Nuclear Safety–Related Instrument– Sensing Line Piping and Tubing Standard for Use in Nuclear Power Plants	核电厂用有关核安全仪表的传感管路标准
5	dd	ISA 67.01.01 –2002	Transducer and Transmitter Installation for Nuclear Safety Applications	核安全传感器和变送器的安装
6	ddb	ASME B 31.1 –1998	Power piping	动力管道
7	ddb	ASME B 31.1a Addenda –2002	Power piping;Addenda	动力管道.附录
8	ddb	ASME B 31.1b Addenda –2000	Power piping – Addenda to ASME B 31.1–1998 Edition	动力管道.ASME B 31.1–1998版本的附录
9	ddb	ASME B 31.1c Addenda	Power piping; Addenda	动力管道.附录
10	ddc	RG1.11	Instrument Lines Penetrating Primary Reactor Containment (Safety Guide 11)	贯穿一回路反应堆安全壳的仪表管线（安全导则11）
11	ddc	RG 1.63	Electric Penetration Assemblies in Containment Structures for Nuclear Power Plants	核电厂安全壳构筑物内的电气贯穿件

2. 其他设备安装

压力容器及支撑件主要是 ASME BVPC III 第一分册，共有 NB 分卷（核一级设备）、NC 分卷（核二级设备）、ND 分卷（设备支撑结构）、NE 分卷（MC 级设备）、NF 分卷（支撑件）、NG 分卷（堆芯支撑结构）。压力管道与支撑件安装主要包括 ASME B31.1，非安全相关的设备执行其他标准，相关标准清单见表 3−37。

表 3−37　其他设备安装工程标准列表

序号	代号	标准编号	Title	标准名称
1	dda	RG 1.116	Quality Assurance Requirements for Installation, Inspection, and Testing of Mechanical Equipment and Systems	机械设备和系统的安装、检查和试验的质量保证要求
2	dda	RG 1.67	Installation of Overpressure Protection Devices	超压保护装置的安装
3	dda	ASME BVPC Ⅲ−2	BPVC Section Ⅲ −Rules for Construction of Nuclear Facility Components−Division 2−Code for Concrete Containments	BPVC 第三卷 − 核设施部件建造规则 − 第 2 册 − 混凝土安全壳规范
4	ddc	RG 1.128	Installation Design and Installation of Vented Lead−Acid Storage Batteries for Nuclear Power Plants	核电厂透气式铅酸蓄电池的安装设计和安装
5	ddd	RG 1.104	Overhead Crane Handling Systems for Nuclear Power Plants	核电厂吊车装卸系统
6	ddd	ASTM STP−NU−015 − 2008	A Guide to American Crane Standards for Electric Overhead Traveling Cranes, Hoists, and Related Equipment for Nuclear Facilities	核设施用电气高架移动式起重机、小型起重机和相关设备的美国起重机标准指南

3.7 核电运营

3.7.1 调试

美国针对核电厂调试相关的文件并不多，其中《水冷核电厂初始试验大纲》（RG1.068-2013）作为整个水冷压水堆核电厂调试启动的纲领性文件，给出了 NRC 针对调试进行审查的总体范围和步骤，规定了预运行试验、装料、初始临界、低功率以及功率提升试验等的试验准备和试验内容，起到了提纲挈领的作用；除此之外，NRC 针对核电厂调试关键试验和重要内容，也适当发布了一些管理导则如：RG1.068.3 仪控空气系统的运行前试验 1982、RG1.163 基于性能的安全壳泄漏试验大纲 1995、RG1.041 冗余在场电力系统的运行前试验等；另外，美国各标准化协会、团体也会发布少量的调试专用标准，如：ANS-56.8-1994 安全壳系统泄漏试验要求等，针对系统、部件和设备的大部分调试内容主要集中在 ASME 相关卷册中。

综上所述，美国核电调试相关标准有如下特点（示意图见图 3–35，具体标准清单见表 3–38）：

——顶层文件 RG1.068 给出了核电厂调试的总体要求；

——部分调试重点和难点内容制定少量标准；

——核电厂系统、部件和设备调试相关要求主要分散在 ASME 相关卷册中体现，其他标准化组织如 IEEE、IEC 等也会发布少量标准。

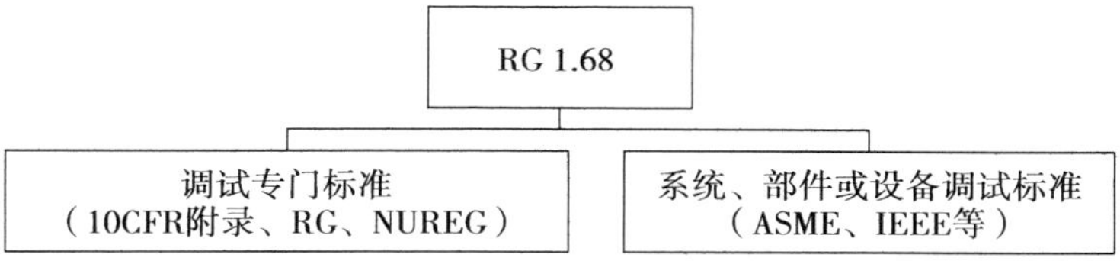

图 3–35　美国核电调试领域标准关系简图

表 3–38　美国核电调试领域标准

序号	代码	标准编号	Title	标准名称
1	ea	RG1.68	Initial Test Programs for Water–Cooled Nuclear Power Plants	水冷堆核电厂初始试验大纲
2	ea	RG1.68.1	Initial Test Program of Condensate and Feedwater Systems for Light–Water Reactors	轻水堆核电厂凝给水系统初始试验大纲
3	ea	RG1.68.2	Initial Startup Test Program To Demonstrate Remote Shutdown Capability for Water–Cooled Nuclear Power Plants	水冷堆核电厂验证远程停堆能力的初始启动试验大纲
4	ea	RG1.68.3	Preoperational Testing of Instrument and Control Air Systems	仪器和控制用气系统预运行测试
5	ea	RG1.73	Qualification Tests for Safety–Related Actuators in Nuclear Power Plants	核电厂安全相关电动阀控制器鉴定试验
6	ea	RG1.80	Preoperational Testing of Instrument Air Systems	仪表用气系统预运行测试
7	ea	RG1.163	Performance–Based Containment Leak–Test Program	基于性能的安全壳泄漏试验大纲
8	ea	RG1.196	Control Room Habitability at Light–Water Nuclear Power Reactors	轻水核反应堆控制室的可居留性
9	ea	RG1.197	Demonstrating Control Room Envelope Integrity at Nuclear Power Reactors	核电站控制室密闭完整性证明

（续表）

序号	代码	标准编号	Title	标准名称
10	ea	RG1.9	Application and Testing of Safety–Related Diesel Generators in Nuclear Power Plants	核电厂安全相关的柴油发电机的应用和试验
11	ea	10CFR50	Appendix J to Part 50—Primary Reactor Containment Leakage Testing for Water–Cooled Power Reactors	Part50 附录 J 水冷堆电站一回路安全壳泄漏试验
12	ea	RG 1.20	Comprehensive Vibration Assessment Program for Reactor Internals During Preoperational and Initial Startup Testing	预运行和初始启动试验期间的堆内构件综合振动评估计划
13	ea	RG 1.41	Preoperational Testing of Redundant On–Site Electric Power Systems To Verify Proper Load Group Assignments	用于验证合适载荷组分配的冗余现场电力系统运行前测试
14	ea	RG1.79	Preoperational Testing of Emergency Core Cooling Systems for Pressurized Water Reactors	压水反应堆应急堆芯冷却系统预运行测试
15	ea	RG1.79.1	Initial Test Program of Emergency Core Cooling Systems for New Boiling–Water Reactors	新建沸水堆核电厂应急堆芯冷却系统初始试验大纲
16	ea	RG1.171	Software Unit Testing for Digital Computer Software Used in Safety Systems of Nuclear Power Plants	用于核电厂安全系统的数字计算机软件的软件单元试验
17	ea	ASME Ⅲ	BPVC Section Ⅲ –Rules for Construction of Nuclear Facility Components	BPVC 第三卷 – 核设施部件的建造规则
18	ea	IEEE415–1986	IEEE Guide for Planning of Preoperational Testing Programs for Class 1E Power Systems for Nuclear Power Generating Stations	核电厂 1E 级电力系统预运行试验大纲编制指南

3.7.2 运行管理

美国与核电厂运行管理相关内容主要包括两部分内容：一是核电厂执照和操作人员资质管理（含执照更新），主要由美国核管会负责；二是核电厂运行绩效评估和改善方面内容，相关组织机构主要是 INPO。运行管理相关标准关系及相关的标准文件见下表 3–39。

表 3–39　美国核电运行管理标准

序号	代码	标准编号	Title	标准名称
1	eb	10CFR 50	Domestic licensing of production and utilization facilities	生产和应用设施的国内许可
2	eb	10CFR52	Licenses, certifications, and approvals for nuclear power plants	核电厂许可证、资质证书和批准
3	eb	10CFR 55	Operator's licenses	操纵员执照许可

（续表）

序号	代码	标准编号	Title	标准名称
4	eb	RG1.016	Reporting of Operating Information– Appendix A Technical Specifications (for Comment)	运行信息报告–附录 A 技术规格书（征求意见稿）
5	eb	RG1.033	Quality Assurance Program Requirements (Operation)	运行质量保证大纲要求
6	eb	RG1.114	Guidance to Operators at the Controls and to Senior Operators in the Control Room of a Nuclear Power Unit	核电机组控制室在职操纵员和高级操纵员指南
7	eb	RG1.086	Termination of Operating Licenses for Nuclear Reactors	运行许可证的终止
8	eb	RG1.134	Medical Assessment of Licensed Operators or Applicants for Operator Licenses at Nuclear Power Plants	核电厂内持照操纵员或取照操纵员医疗评估
9	eb	RG1.149	Nuclear Power Plant Simulation Facilities for Use in Operator Training,and License Examinations, and Applicant Experience Requirements	操纵员培训和取照考试中使用的核电厂模拟设施及申请经验要求
10	eb	RG1.179	Standard Format and Content of License Termination Plans for Nuclear Power Reactors	核电厂许可证终止计划的标准格式和内容 1999
11	eb	INPOAP –9031997	Performance Improvement Process Description	绩效改进过程描述；
12	eb	INPO AP–905	Configuration Change Process Description	配置变更过程描述
13	eb	INPO AP–906	Design Change Process Description	设计变更过程描述
14	eb	INPO–AP –913–2001	Equipment Reliability Process Description	设备可靠性过程描述
15	eb	INPO–AP –928–2003	Work Management Process Description	工作管理过程描述
16	eb	INPO–AP –929–2005	Configuration Management Process Description	配置管理过程描述
17	eb	人员绩效理论基础		
18	eb	WANO 评估考核指标	Performance Indicators	

注：不包含执照更新相关内容

3.7.3 运行维护

在核电厂运行维护方面，主要包括核电厂在役检查、设备监测和试验、维修、可靠性等多个方面内容。其中在役检查方面开展工作的主要有 NRC、ASME 和 EPRI，NRC 主要针对在役检查发布了一些 RG 管理导则，并且在技术上对 ASME XI 进行审查和认可，在监管过程中对其进行使用；ASME 发布的 ASME

XI 系统给出了一整套核电厂设备、材料和焊缝等无损检验的方法、周期、验收标准，ASME O&M 更侧重对具体设备运行期间的检查、监测和试验，两者相互配合，共同构成了一个完整的核电厂在役检查标准体系，除此之外 EPRI 也在无损检测和在役检查方面开展了相应研究工作，发布了一些研究报告。

在维修、可靠性、设备监测和试验方面开展工作较多的有 NRC 和 EPRI，各自发布了一定数量的文件，但总体不多。

图 3–36 给出了运行维护方面的标准关系框图，相关标准清单见表 3–40。

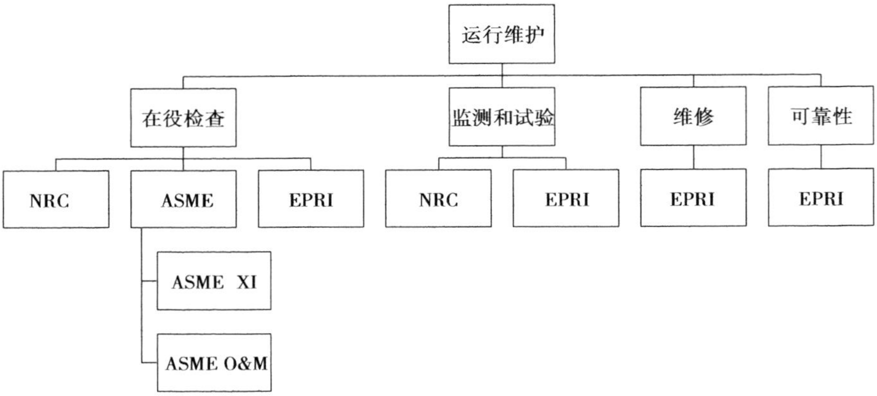

图 3–36　运行维护领域标准框图

表 3–40　运行维护领域标准

序号	代码	标准编号	Title	标准名称
1	ec	RG1.035	Inservice Inspection of Ungrouted Tendons in Prestressed Concrete Containments	预应力混凝土安全壳非灌浆拉筋的在役检查
2	ec	RG1.040	Qualification of Continuous Duty Safety–Related Motors for Nuclear Power Plants	核电厂连续运行的安全相关电动机资格鉴定
3	ec	RG1.045	Guidance on Monitoring and Responding to Reactor Coolant System Leakage	反应堆冷却剂系统泄漏监测及应对导则
4	ec	RG1.083	Inservice Inspection of Pressurized Water Reactor Steam Generator Tubes	压水堆蒸汽发生器传热管的在役检查
5	ec	RG1.090	Inservice Inspection of Prestressed Concrete Containment Structures with Grouted Tendons	含灌浆钢筋束的预应力混凝土安全壳构筑物的在役检查
6	ec	RG1.118	Periodic Testing of Electric Power and Protection Systems	电力及其保护系统的定期试验
7	ec	RG1.124	Service Limits and Loading Combinations for Class 1 Linear–Type Supports	1 级线性型支撑件的使用寿命和复合载荷

（续表）

序号	代码	标准编号	Title	标准名称
8	ec	RG1.045	Guidance on Monitoring and Responding to Reactor Coolant System Leakage	反应堆冷却剂系统泄漏监测及应对导则
9	ec	RG1.129	Maintenance, Testing, and Replacement of Vented Lead–Acid Storage Batteries for Nuclear Power Plants	核电厂透气铅酸蓄电池的维护、试验和更换
10	ec	RG1.147	Inservice Inspection Code Case Acceptability, ASME Section Ⅺ, Division 1	在役检查规范的案例适用性—ASME 第Ⅺ卷第 1 册
11	ec	RG1.130	Service Limits and Loading Combinations for Class 1 Plate–and–Shell–Type Component Supports	一级板壳式部件支撑的服务寿命和复合载荷
12	ec	RG1.196	Control Room Habitability at Light–Water Nuclear Power Reactors	轻水核反应堆控制室可居留性
13	ec	RG1.160	Monitoring the Effectiveness of Maintenance at Nuclear Power Plants	核电厂维修有效性的监测
14	ec	RG1.167	Restart of a Nuclear Power Plant Shut Down by a Seismic Event	地震事件停机核电厂的重启
15	ec	RG1.182	Assessing and Managing Risk Before Maintenance Activities at Nuclear Power Plants	核电厂维修活动前的风险评估和管理
16	ec	RG1.175	An Approach for Plant–Specific, Risk–Informed Decisionmaking: Inservice Testing	特定电厂风险指引决策方法：在役试验
17	ec	RG1.176	An Approach for Plant–Specific, Risk–Informed Decisionmaking: Graded Quality Assurance	特定电厂风险指引决策方法：分级质量保证
18	ec	RG1.177	An Approach for Plant–Specific, Risk–Informed Decisionmaking: Technical Specifications	特定电厂风险指引决策方法：技术规格书
19	ec	RG1.178	An Approach for Plant–Specific Risk–Informed Decisionmaking for Inservice Inspection of Piping	特定电厂风险指引决策方法：管道在役检查
20	ec	ASME Ⅺ	ASME BPV Code, Section Ⅺ : In–service Inspection of Nuclear Power Plant Components	ASME BPV 规范第Ⅺ卷：核电厂设备在役检查
21	ec	ASME O&M	Operation and Maintenance of NuclearPower Plants	核电厂的运行与维护
22	ec	EPRI 文件（待收集）		

3.7.4 许可证更新

核电厂老化与寿命管理工作与核电厂执照更新相关法规程序和准则是密不可分的，因为这些法规程序和准则是核电厂制定老化管理方案的基础。美国和电厂申请延长运行执照应依据 10CFR54（Title 10 of the Code of Federal Regulations, Part 54）提出的执照更新评估报告（LRA），并提供足够的信息供 NRC 审查。核电厂执照更新相关的主要法规、导则、程序和标准主要包括：

1）10CFR part 54 核电厂许可证更新要求，Requirements for Renewal of Operating Licenses for Nuclear Power Plants；

2）R.G 1.188 核电厂运行许可证更新申请标准格式和内容，Standard Format and Content for Applications To Renew Nuclear Power Plant Operating Licenses；

3）NUREG-1800 核电厂许可证更新申请标准审查大纲，Standard Review Plan for Review of License Renewal Applications for Nuclear Power Plants；

4）NUREG-1801 通用老化经验反馈 (GALL) 报告，Generic Aging Lessons Learned (GALL) Report；

5）工作人员执照更新临时指南，License Renewal Interim Staff Guidance(L-RISG)；

6）NUREG-1437 核电厂许可证更新通用环境影响报告，Generic Environmental Impact Statement for License Renewal of Nuclear Plants；

7）NUREG-1832 修订版许可证更新导则文件的公众评论分析，Analysis of Public Comments on the Revised License Renewal Guidance Documents；

8）NUREG-1833 许可证更新导则文件修订的技术依据，Technical Bases for Revision to the License Renewal Guidance Documents；

9）NUREG-1850 核反应堆许可证更新中的常见问题，Frequently Asked Questions on License Renewal of Nuclear Power Reactors；

10）NUREG-1611 许可证更新中核电厂安全壳的老化管理，Aging Management of Nuclear Power Plant Containments for License Renewal。

其他标准化组织或机构在许可证更新方面发布的文件包括：

1）NEI 95-10 许可证更新原则，The License Renewal Rule；

2）EPRI1003057/1013475 许可证更新电气手册（仪控电类），License Renewal Electrical Handbook；

3）EPRI 1003056/1010639 机械操作指南与机械工具（机械类），Mechanical Implementation Guideline and mechanical tools；

4）EPRI 1002950/1015078 结构与结构部件的老化效应（土木结构类），Aging Effects for Structures and Structural Components。

3.7.5 老化与寿命管理

美国发布 10CFR54、RG1.188 以及 NUREG1800 和 1801 等一系列核电厂执照更新相关要求，为核电厂老化和寿命管理工作指明了方向，相关机构在老化和寿命管理方面也开展了大量的工作，如 NRC、EPRI、NEI、ASME、DOE 等，国际标准化组织如 IAEA、IEEE 也在这方面做了大量工作。按照组织机构简单归结为图 3–37 所示关系。

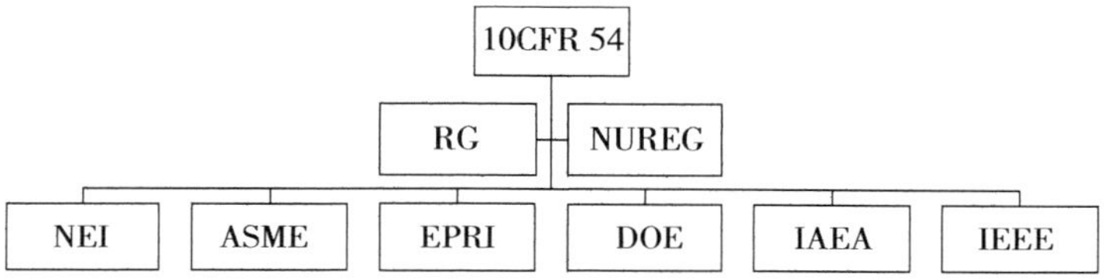

图 3–37 美国核电厂老化和寿命管理标准文件体系

NRC 针对核电厂老化和寿命管理开展了大量研究，并发布了一些列 NUREG 文件，如：

1）NUREG-1760 核电厂低、中压用安全相关保险丝老化评估，Aging Assessment of Safety-Related Fuses Used in Low- & Medium-Voltage Applications in Nuclear Power Plants;

2）NUREG-1801 通用老化经验反馈 (GALL) 报告，Generic Aging Lessons Learned (GALL) Report;

3）NUREG/CP-0179 关于电缆系统老化国际会议的会议纪要，Proceedings of the International Conference on Wire System Aging;

4）NUREG/CR-2868 老化效应对核电厂有机材料中阻燃添加剂的影响，Aging Effects on Fire-Retardant Additives in Organic Materials for Nuclear Plant Applications;

5）NUREG/CR-3629 热老化和辐照老化模拟程序对聚合物性能的影响，The Effect of Thermal and Irradiation Aging Simulation Procedures on Polymer Properties;

6）NUREG/CR-4513 轻水堆系统中铸造不锈钢热老化的断裂韧性评估，Estimation of Fracture Toughness of Cast Stainless Steels During Thermal Aging in LWR Systems;

7）NUREG/CR-5546 关于热老化对电缆易损性影响的调查，An Investigation of the Effects of Thermal Aging on the Fire Damageability of Electric Cables；

8）NUREG/CR-5619 热老化对电缆可燃性的影响，The Impact of Thermal Aging on the Flammability of Electric Cables；

9）NUREG/CR-5632 将老化效应纳入概率风险评价——运用可靠性物理模型的可行性分析，Incorporating Aging Effects into Probabilistic Risk Assessment — A Feasibility Study Utilizing Reliability Physics Models；

10）NUREG/CR-6095 破损电缆的老化、失去冷却剂事故和耐压试验，Aging, Loss-of-Coolant Accident (LOCA), and High Potential Testing of Damaged Cables；

11）NUREG/CR-6424 关于核电站钢筋混凝土结构老化的报告，Report on Aging of Nuclear Power Plant Reinforced Concrete Structures；

12）NUREG/CR-6428 热老化对不锈钢管焊缝断裂韧性和冲击强度的影响，Effects of Thermal Aging on Fracture Toughness and Charpy-Impact Strength of Stainless Steel Pipe Welds；

13）NUREG/CR-6628343℃ 343℃下热老化对 308 型号不锈钢焊接件的微观结构与机械性能的影响，The Effects of Aging at 343℃ on the Microstructure and Mechanical Properties of Type 308 Stainless Steel Weldments；

14）NUREG/CR-6763 核电厂中低压装置所用安全相关熔丝的老化评估，Aging Assessment of Safety-Related Fuses Used in Low- and Medium- Voltage Applications in Nuclear Power Plants；

15）NUREG/CR-6788 核电厂电缆接头老化与鉴定操作的评估，Evaluation of Aging and Qualification Practices for Cable Splices Used in Nuclear Plants；

16）NUREG/CR-6794 核电厂电缆老化与环境鉴定操作的评估，Evaluation of Aging and Environmental Qualification Practices for Power Cables Used in Nuclear Power Plants；

17）NUREG/CR-6806 电动阀 (MOV) 阀杆润滑剂老化研究，MOV Stem Lubricant Aging Research；

18）NUREG/CR-6807 美国核管理委员会赞助的司太立 6 号合金老化与摩擦测试的结果，Results of NRC-Sponsored Stellite 6 Aging & Friction Testing；

19）NUREG/CR-6869 电缆绝缘材料老化的可靠性物理模型，A Reliability Physics Model for Aging of Cable Insulation Materials；

20）NUREG/CR-7111 反应堆乏燃料池、换料水池、圆环面和安全相关混凝土结构的老化效应和老化管理综述，A Summary of Aging Effects and Their Management in Reactor Spent Fuel Pools, Refueling Cavities, Tori, and Safety-Related Concrete Structures；

21）NUREG/CR-7116 乏燃料延期储存和运输的材料老化问题及老化管理，Materials Aging Issues and Aging Management for Extended Storage and Transportation of Spent Nuclear Fuel。

EPRI 在对执照更新开展研究工作的同时，针对核电厂老化和寿命管理也进行了大量的研究，并发布了相应的研究报告，如：

1）美国电力研究院 EPRI 开展的寿期管理（LCM）研究与实践在美国核电厂执照更新申请中占据了重要地位。LCM 整合了重要 SSCs 的老化评估和经济性评价，是 IPA（核电厂综合评估）报告的基础，对核电厂业主方的 IPA 结论的决策起了重要作用。20 世纪 90 年代 EPRI 发布了 Life Cycle Management 实施导则、指南、技术报告，共包括 16 个资料集，主要对寿命管理典型设备的 LCM 分析流程、业界统计的数据信息、分析结果及 LCM 方案示例，供电厂使用。LCM 寿期管理涉及的关键技术包括：SSCs 筛选和分级、设备和部件老化评估技术、过时问题评估技术、可靠性评估技术、设备部件寿命预测技术、设备维修优化技术、全寿期内设备的经济性评价技术等。EPRI 设备寿命管理主要从设备和系统的角度进行分类，设备主要为核电厂一回路及其他重要设备。可以将 EPRI 寿命管理的对象分为机械设备、电气设备、仪控设备和构筑物等。

2）EPRI 还开展了核电厂 long-term operation 研究工作。

NEI 主要制定了 NEI-95-10，该文件是核电企业进行执照更新申请的指导性文件，为核电企业提供了可行的方案来满足 NRC 的许可证更新条例的要求。这个文件是动态的，持续进行更新，其更新的依据来源于 NEI 对核电企业在许可证更新过程中的经验做的总结。NEI 一直是核电工业组织和 NRC 合作的焦点，当新的延寿或老化管理事件出现时，NEI 总是充当核电工业界的发言人。

ASME 近年来也十分关注核电厂老化和寿命管理工作，ASME XI 卷在役检查分委员会下属目前已发展到共 21 个工作组，其规模与 ASME 第Ⅲ卷的《核动力分委员会》的规模相当。其中《风险检验实施工作组》（Working Group on Implementation of Risk-Based Examination）和《核电厂延寿专门工作组》（Special Working Group on Plant Life Extension）是近期成立的，其目的是充分挖掘潜力，确保安全前提下使核电厂延寿。

DOE 负责国家的长期能源计划，DOE 制定了很多 EPRI 计划并参与其中，包括机械、电力及结构设备退化老化方面的内容。DOE 所做的工作还包括制定主要系统、结构和部件的老化管理研究工作。

1）IEEE 针对核电厂电气设备也发布了部分老化管理标准如：

2）IEEE 1205:2000 核电厂 1E 级设备的评定、监测及老化效应缓解指南，Guide for Assessing, Monitoring, and Mitigating Aging Effects on Electrical Equipment Used in Nuclear Power Generating Stations and Other Nuclear Facilities;

3）IEEE 934:1997 核电厂 1E 级设备更换件的标准要求，Standard Requirements for Replacement Parts for Class 1E Equipment in Nuclear Power Generating Stations;

4）IEEE383:2003 核电厂 1E 级电缆和现场接头的质量鉴定，Qualifying Class 1E Electric Cables and Field Splices for Nuclear Power Generating Stations。

3.8 核电退役

就广泛的核设施退役来说，与核设施退役相关的法规标准较多，主要包括 NRC 法规和管理导则，DOE 的部门命令和标准，ANS 的燃料、废物和退役协调委员会，ASTM 的核技术及应用技术委员会（E10.03 核设施和部件去污和退役的辐射防护）等标准化组织制定的标准，范围包括核电厂、研究堆、非反应堆核设施、设备、混凝土的退役及相关的活动。其法规标准体系结构如图 3–38 所示。

适用于核电厂退役的法规和标准主要包括 NRC 的 10CFR 和核反应堆系列导则、ASTM 的辐射防护和退役技术标准以及 ANS 的 1 个标准，涉及核电退役资金的保证、核电厂退役、退役行动报告、退役成本预算的标准格式与内容、退役计划标准格式和内容、运行期间的退役计划等。核电适用的法规标准体系结构示意如图 3–39 所示。法规和标准明细见表 3–41，标准备注“参考”的表示可供核电退役参考。

在其他核设施退役方面，DOE 的相关出版物较多，也相对比较完善，NRC 曾针对 DOE 的去污和退役技术开发计划做过专门汇总，图 3–40 也简略梳理了 DOE 的核设施退役法规标准体系结构。（注：DOE 常用过剩核设施处理来泛指退役，包括监督和维护、减活、退役和长期监护）

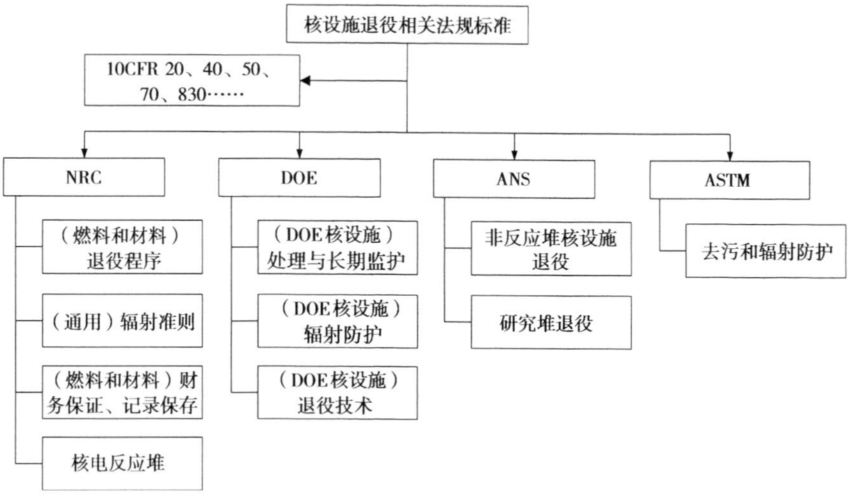

图 3–38　美国核设施退役相关的法规标准体系结构

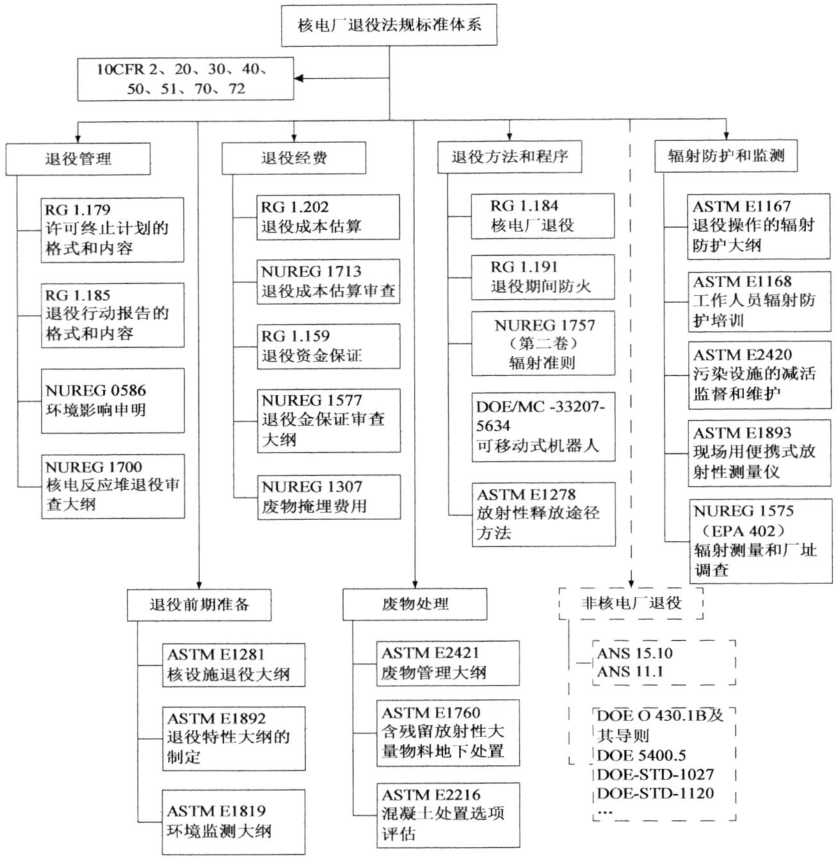

图 3-39　美国核电厂退役法规标准体系结构

表 3-41　美国核设施退役相关的法规标准明细

序号	标准编号	Title	标准名称	备注
1	10CFR Parts 2、50 和 51	Decommissioning of Nuclear Power Reactors	核电厂 1E 级电缆和现场接头的质量鉴定	
2	10CFR Parts 2、20 和 50	Releasing Part of Power Reactor a Facility or Site for Unrestricted Use Before the NRC Approves the License Termination Plan	核电厂 1E 级电缆和现场接头的质量鉴定	
3	10CFR Parts 20、30、40、50、51、70 和 72	Radiological Criteria for License Termination	核电厂 1E 级电缆和现场接头的质量鉴定	
4	RG 1.159	Assuring the Availability of Funds for Decommissioning Nuclear Reactors	核电厂 1E 级电缆和现场接头的质量鉴定	
5	RG 1.179	Standard Format and Content of License Termination Plans for Nuclear Power Reactors	核电厂 1E 级电缆和现场接头的质量鉴定	

（续表）

序号	标准编号	Title	标准名称	备注
6	RG 1.184	Decommissioning of Nuclear Power Reactors	核电厂 1E 级电缆和现场接头的质量鉴定	
7	RG 1.185	Standard Format and Content Guide for Post-Shutdown Decommissioning Activities Report	核电厂 1E 级电缆和现场接头的质量鉴定	
8	RG 1.202	Standard Format and Content of Decommissioning Cost Estimates for Nuclear Power Reactors	核电厂 1E 级电缆和现场接头的质量鉴定	
9	NUREG 0586	Final Generic Environmental Impact Statement on Decommissioning of Nuclear Facilities	核电厂 1E 级电缆和现场接头的质量鉴定	
10	NUREG 1307	Report on Waste Burial Charges	核电厂 1E 级电缆和现场接头的质量鉴定	
11	NUREG 1700	Standard Review Plan for Evaluating Nuclear Power Reactor License Termination Plans	核电厂 1E 级电缆和现场接头的质量鉴定	
12	NUREG 1713	Standard Review Plan for Decommissioning Cost Estimates for Nuclear Power Reactors	核电厂 1E 级电缆和现场接头的质量鉴定	
13	NUREG 1757	Consolidated Decommissioning Guidance	核电厂 1E 级电缆和现场接头的质量鉴定	仅第二卷适用
14	RG 1.191	Fire Protection Program for Nuclear Power Plants During Decommissioning and Permanent Shutdown	核电厂 1E 级电缆和现场接头的质量鉴定	
15	RG 3.65	Standard Format and Content of Decommissioning Plans for Materials Licensees	核电厂 1E 级电缆和现场接头的质量鉴定	参考
16	RG 3.66	Standard Format and Content of Financial Assurance Mechanisms	核电厂 1E 级电缆和现场接头的质量鉴定	参考
17	RG 4.22	Decommissioning Planning During Operations	核电厂 1E 级电缆和现场接头的质量鉴定	参考
18	NUREG 1501	Background as a Residual Radioactivity Criterion for Decommissioning: Appendix A to the Draft Generic Environmental Impact Statement in Support of Rulemaking on Radiological Criteria for Decommissioning of NRC-Licensed Nuclear Facilities	核电厂 1E 级电缆和现场接头的质量鉴定	参考
19	NUREG 1505	A Nonparametric Statistical Methodology for the Design and Analysis of Final Status Decommissioning Surveys	核电厂 1E 级电缆和现场接头的质量鉴定	参考
20	NUREG 1575（EPA 402）	Radiation Survey and Site Investigation Manual	核电厂 1E 级电缆和现场接头的质量鉴定	参考
21	NUREG 1577	Standard Review Plan on Power Reactor Licensee Financial Qualifications and Decommissioning Funding Assurance	核电厂 1E 级电缆和现场接头的质量鉴定	
22	NUREG 1628	Staff Responses to Frequently Asked Questions Concerning Decommissioning of Nuclear Power Reactors	核电厂 1E 级电缆和现场接头的质量鉴定	参考
23	NUREG 1727	NMSS Decommissioning Standard Review Plan	核电厂 1E 级电缆和现场接头的质量鉴定	参考

（续表）

序号	标准编号	Title	标准名称	备注
24	NUREG 1738	Technical Study of Spent Fuel Pool Accident Risk at Decommissioning Nuclear Power Plants	核电厂 1E 级电缆和现场接头的质量鉴定	参考
25	NUREG 1814	Status of the Decommissioning Program	核电厂 1E 级电缆和现场接头的质量鉴定	参考
26	10CFR 830	Nuclear Safety Management	核电厂 1E 级电缆和现场接头的质量鉴定	
27	DOE O 430.1B	Real Property and Asset Management	核电厂 1E 级电缆和现场接头的质量鉴定	
28	DOE 5400.5	Radiation Protection of the Public and the Environment	核电厂 1E 级电缆和现场接头的质量鉴定	
29	DOE G 430.1−2	Implementation Guide for Surveillance and Maintenance during Facility Transition and Disposition	核电厂 1E 级电缆和现场接头的质量鉴定	
30	DOE G 430.1−3	Deactivation Implementation Guide	核电厂 1E 级电缆和现场接头的质量鉴定	
31	DOE G 430.1−4	Decommissioning Implementation Guide	核电厂 1E 级电缆和现场接头的质量鉴定	
32	DOE G 430.1−5	Transition Implementation Guide	核电厂 1E 级电缆和现场接头的质量鉴定	
33	DOE−STD−1027	Hazard Categorization and Accident Analysis Techniques for Compliance with DOE Order 5480.23, Nuclear Safety Analysis Reports	核电厂 1E 级电缆和现场接头的质量鉴定	
34	DOE−STD−1120	Integration of Safety and Health Into Facility Disposition Activities	核电厂 1E 级电缆和现场接头的质量鉴定	已不在 DOE 有效标准清单之内
35	DOE/SR −5000 −513		核电厂 1E 级电缆和现场接头的质量鉴定	
36	DOE/MC −33207−5634		核电厂 1E 级电缆和现场接头的质量鉴定	
37	ANS 15.10	Decommissioning of Research Reactors	核电厂 1E 级电缆和现场接头的质量鉴定	参考
38	ANS 11.1	General Criteria for Design, Construction, Operation, Maintenance, and Decommissioning for Radioactive Materials Handling Facilities	核电厂 1E 级电缆和现场接头的质量鉴定	
39	ASTM E1167	Standard Guide for Radiation Protection Program for Decommissioning Operations	核电厂 1E 级电缆和现场接头的质量鉴定	
40	ASTM E1168	Standard Guide for Radiological Protection Training for Nuclear Facility Workers	核电厂 1E 级电缆和现场接头的质量鉴定	
41	ASTM E1278	Standard Guide for Radioactive Pathway Methodology for Release of Sites Following Decommissioning	核电厂 1E 级电缆和现场接头的质量鉴定	

（续表）

序号	标准编号	Title	标准名称	备注
42	ASTM E1281	Standard Guide for Nuclear Facility Decommissioning Plans	核电厂 1E 级电缆和现场接头的质量鉴定	
43	ASTM E1760	Standard Guide for Unrestricted Disposition of Bulk Materials Containing Residual Amounts of Radioactivity	核电厂 1E 级电缆和现场接头的质量鉴定	
44	ASTM E1819	Standard Guide for Environmental Monitoring Plans for Decommissioning of Nuclear Facilities	核电厂 1E 级电缆和现场接头的质量鉴定	
45	ASTM E1892	Standard Guide for Preparing Characterization Plans for Decommissioning Nuclear Facilities	核电厂 1E 级电缆和现场接头的质量鉴定	
46	ASTM E1893	Standard Guide for Selection and Use of Portable Radiological Survey Instruments for Performing In Situ Radiological Assessments to Support Unrestricted Release from Further Regulatory Controls	核电厂 1E 级电缆和现场接头的质量鉴定	
47	ASTM E2216	Standard Guide for Evaluating Disposal Options for Concrete from Nuclear Facility Decommissioning	核电厂 1E 级电缆和现场接头的质量鉴定	
48	ASTM E2420	Standard Guide for Post–Deactivation Surveillance and Maintenance of Radiologically Contaminated Facilities	核电厂 1E 级电缆和现场接头的质量鉴定	
49	ASTM E2421	Standard Guide for Preparing Waste Management Plans for Decommissioning Nuclear Facilities	核电厂 1E 级电缆和现场接头的质量鉴定	
50	ASME		核电厂 1E 级电缆和现场接头的质量鉴定	参考

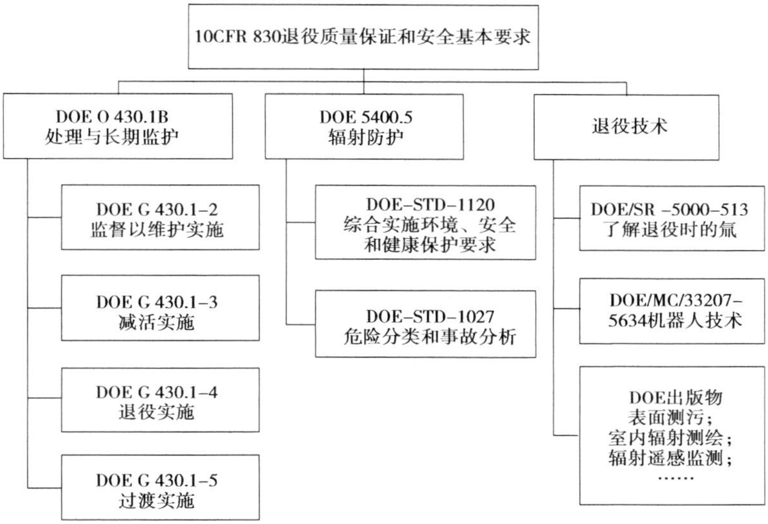

图 3–40 美国能源部退役法规标准体系结构

附表 1 10CFR 的第 0—199 部分

Part	Title	名称
Part 1	Statement of Organization and General Information	组织和一般信息的声明
Part 2	Agency Rules of Practice and Procedure	机构惯例和程序的规则
Part 4	Nondiscrimination in Federally Assisted Programs or Activities Receiving Federal Financial Assistance From the Commission	联邦资助项目和接受联邦财政资助的活动中的非歧视原则
Part 5	Nondiscrimination on the Basis of Sex in Education Programs or Activities Receiving Federal Financial Assistance	教育计划和接受联邦财政资助活动中的非性别歧视原则
Part 7	Advisory Committees	咨询委员会
Part 8	[Reserved]	保留
Part 9	Public Records	公众记录
Part 10	Criteria and Procedures for Determining Eligibility for Access to Restricted Data or National Security Information or an Employment Clearance	确定受限数据、国家安全信息或员工离职信息访问权限的准则和程序
Part 11	Criteria and Procedures for Determining Eigibility for Access to or Control Over Special Nuclear Material	确定接近或控制核材料资格的准则和程序
Part 12	Implementation of the Equal Access to Justice Act in Agency Proceedings	在机构诉讼中执行《司法公平法案》
Part 13	Program Fraud Civil Remedies	民事欺诈补偿方案
Part 14	Administrative Claims Under Federal Tort Claims Act	根据联邦侵权索赔法案提出的的行政索赔
Part 15	Debt Collection Procedures	追债程序
Part 16	Salary Offset Procedures for Collecting Debts Owed by Federal Employees to the Federal Government	用于追索联邦雇员所欠联邦政府债务的工资补偿程序
Part 19	Notices, Instructions and Reports to Workers: Inspection and Investigations	对工作人员的通知、指示和报告:检查和调查
Part 20	Standards for Protection Against Radiation	辐射防护标准
Part 21	Reporting of Defects and Noncompliance	缺陷和不符合项报告
Part 25	Access Authorization	访问授权
Part 26	Fitness for Duty Rrograms	员工适职程序
Part 30	Rules of General Applicability to Domestic Licensing of Byproduct Material	副产品材料国内许可的规则和适用性
Part 31	General Domestic Licenses for Byproduct Material	副产品材料的一般国内许可证
Part 32	Specific Domestic Licenses to Manufacture or Transfer Oertain Items Containing Byproduct Material	关于制造或运输某些含副产品材料的物项的特殊国内许可证
Part 33	Specific Domestic Licenses of Broad Scope for Byproduct Material	广义范围的副产品材料的特殊国内许可证
Part 34	Licenses for Industrial Radiography and Radiation Safety Requirements for Industrial Radiographic Operations	工业射线照相的许可和工业射线照相作业的辐射安全要求
Part 35	Medical Use of Byproduct Material	副产品材料的医疗应用
Part 36	Licenses and Radiation Safety Requirements for Irradiators	辐照装置的许可和辐射安全要求

（续表）

Part	Title	名称
Part 37	Physical Protection of Category 1 and Category 2 Quantities of Radioactive Material	1 类和 2 类大量放射性材料的实体防护
Part 39	Licenses and Radiation Safety Requirements for Well Logging	测井许可证和辐射安全要求
Part 40	Domestic Licensing of Source Material	源材料的国内许可
Part 50	Domestic Licensing of Production and Utilization Facilities	生产和应用设施的国内许可
Part 51	Environmental Protection Regulations for Domestic Licensing and Related Regulatory Functions	国内许可和相关监管职能的环境保护规章
Part 52	Licenses, Certifications, and Approvals for Nuclear Power Plants	核电厂许可证、资质证书和批准
Part 53	[Reserved]	保留
Part 54	Requirements for Renewal of Operating Licenses for Nuclear Power Plants	核电厂运行许可证更新要求
Part 55	Operator’ s Licenses	操纵员执照许可
Part 60	Disposal of High–Level Radioactive Wastes in Geologic Repositories	地质处置场的高放废物处置
Part 61	Licensing Requirements for Land Disposal of Radioactive Waste	放射性废物陆地处置的许可要求
Part 62	Criteria and Procedures for Emergency Access to Non–federal and Regional Low–Level Waste Disposal Facilities	紧急进入非联邦和区域性低放废物处置设施的准则和程序
Part 63	Disposal of High–Level Radioactive Wastes in a Geologic Repository at Yucca Mountain, Nevada	内华达州尤卡山地质处置场的高放废物处置
Part 70	Domestic Licensing of Special Nuclear Material	特殊核材料的国内许可
Part 71	Packaging and Transportation of Radioactive Material	放射性材料的包装和运输
Part 72	Licensing Requirements for the Independent Storage of Spent Nuclear Fuel and High–Level Radioactive Waste, and Reactor– Related Greater Than Class C Waste	乏燃料、高放废物和高于 C 级的反应堆相关废物独立贮存的许可要求
Part 73	Physical Protection of Plants and Materials	核电厂和材料的实物保护
Part 74	Material Control and Accounting of Special Nuclear Material	特殊核材料的控制和核算
Part 75	Safeguards on Nuclear Material–Implementation of US/IAEA Agreement	核材料安保—US/IAEA 协定的执行
Part 76	Certification of Gaseous Diffusion Plants	气体扩散工厂的认证
Part 81	Standard Specifications for the Granting of Patent Licenses	专利许可证批准的标准规范
Part 95	Facility Security Clearance and Safeguarding of National Security Information and Restricted Data	国家安全信息和受限数据的设施安全许可和安保
Part 100	Reactor Site Criteria	反应堆选址准则
Part 110	Export and Import of Nuclear Equipment and Material	核设备和材料的进出口
Part 140	Financial Protection Requirements and Indemnity Agreements	财政保护要求和损失赔偿协议
Part 150	Exemptions and Continued Regulatory Authority in Agreement States and in Offshore Waters Under Section 274	根据第 274 节规定的协议州和近海水域的豁免和持续监管

（续表）

Part	Title	名称
Part 160	Trespassing on Commission Property	非法侵占委员会财产
Part 170	Fees for Facilities, Materials, Import and Export Licenses, and Other Regulatory Services Under the Atomic Energy Act of 1954, as Amended	原子能法（1954 年修正案）规定的有关设施、材料、进出口许可证和其他监管服务的费用
Part 171	Annual Fees for Reactor Licenses and Fuel Cycle Licenses and Materials Licenses, Including Holders of Certificates of Compliance, Registrations, and Quality Assurance Program Approvals and Government Agencies Licensed by the NRC	反应堆许可证、燃料循环许可证和材料许可证的年费（包括合格证持有者、注册、质量保证大纲批准、NRC 认可的政府机构）
Parts 172−199	[Reserved]	保留

注 1：下列部分（Part）与核电厂有关：Part 2、Part 20、Part 21、Part 26、Part 40、Part 50、Part 51、Part 52、Part 54、Part 55、Part 60、Part 61、Part 63、Part 70、Part 71、Part 73、Part 76、Part 100。

注 2：10CFR50 附录 A 的相关设计准则（GDC）包括如下部分：

1） GDC1 criterion 1−quality standards and records. comp
2） GDC2 criterion 2−design bases for protection against natural phenomena. comp
3） GDC3 criterion 3−fire protection. comp
4） GDC4 criterion 4−environmental and dynamic effects design bases. comp
5） GDC5 criterion 5−sharing of structures, systems, and components. comp
6） GDC10 criterion 10−reactor design. comp
7） GDC11 criterion 11−reactor inherent protection. comp
8） GDC12 criterion 12−suppression of reactor power oscillations. comp
9） GDC13 criterion 13−instrumentation and control. comp
10） GDC14 criterion 14−reactor coolant pressure boundary. comp
11） GDC15 criterion 15−reactor coolant system design. comp
12） GDC16 criterion 16−containment design. comp
13） GDC17 criterion 17−electric power systems. comp/int
14） GDC18 criterion 18−inspection and testing of electric power systems. comp/int
15） GDC19 criterion 19−control room. comp
16） GDC20 criterion 20−protection system functions. comp
17） GDC21 criterion 21−protection system reliability and testability. comp
18） GDC22 criterion 22−protection system independence. comp
19） GDC23 criterion 23−protection system failure modes. comp
20） GDC24 criterion 24−separation of protection and control systems. comp
21） GDC25 criterion 25−protection system requirements for reactivity control malfunctions.comp
22） GDC26 criterion 26−reactivity control system redundancy and capability. comp
23） GDC27 criterion 27−combined reactivity control systems capability. comp
24） GDC28 criterion 28−reactivity limits. comp
25） GDC29 criterion 29−protection against anticipated operational occurrences. comp
26） GDC30 criterion 30−quality of reactor coolant pressure boundary. comp
27） GDC31 criterion 31−fracture prevention of reactor coolant pressure boundary. comp
28） GDC32 criterion 32−inspection of reactor coolant pressure boundary. comp
29） GDC33 criterion 33−reactor coolant makeup. comp
30） GDC34 criterion 34−residual heat removal. comp/int
31） GDC35 criterion 35−emergency core cooling. comp/int
32） GDC36 criterion 36−inspection of emergency core cooling system. comp
33） GDC37 criterion 37−testing of emergency core cooling system. comp
34） GDC38 criterion 38−containment heat removal. comp/int
35） GDC39 criterion 39−inspection of containment heat removal system. comp
36） GDC40 criterion 40−testing of containment heat removal system. comp
37） GDC41 criterion 41−containment atmosphere cleanup. comp
38） GDC42 criterion 42−inspection of containment atmosphere cleanup systems. comp
39） GDC43 criterion 43−testing of containment atmosphere cleanup systems.comp
40） GDC44 criterion 44−cooling water. comp/int

（续表）

Part		Title	名称
41）	GDC45	criterion 45–inspection of cooling water system. comp	
42）	GDC46	criterion 46–testing of cooling water system. comp	
43）	GDC50	criterion 50–containment design basis. comp	
44）	GDC51	criterion 51–fracture prevention of containment pressure boundary. comp	
45）	GDC52	criterion 52–capability for containment leakage rate testing. comp	
46）	GDC53	criterion 53–provisions for containment testing and inspection. comp	
47）	GDC54	criterion 54–systems penetrating containment. comp	
48）	GDC55	criterion 55–reactor coolant pressure boundary penetrating containment. comp	
49）	GDC56	criterion 56–primary containment isolation. comp	
50）	GDC57	criterion 57–closed systems isolation valves. comp	
51）	GDC60	criterion 60–control of releases of radioactive materials to the environment.comp	
52）	GDC61	criterion 61–fuel storage and handling and radioactivity control. comp/int	
53）	GDC62	criterion 62–prevention of criticality in fuel storage and handling. comp	
54）	GDC63	criterion 63–monitoring fuel and waste storage. comp	
55）	GDC64	criterion 64–monitoring radioactivity releases . comp	

(comp– 遵守 (comply)；comp/int– 遵守但可采用不同的方法（comply with intent）；opt– 可采用另外的准则进行优化（optimization subject））

附表 2 10CFR 中与核电厂有关的附录（摘录）

序号	Appendix	附录
1	Appendix A to Part 50–General Design Criteria for Nuclear Power Plants	Part 50 附录 A– 核电厂总体设计准则
2	Appendix B to Part 50–Quality Assurance Criteria for Nuclear Power Plants and Fuel Reprocessing Plants	Part 50 附录 B– 核电厂和燃料后处理厂质量保证准则
3	Appendix C to Part 50–A Guide for the Financial Data and Related Information Required To Establish Financial Qualifications for Construction Permits and Combined Licenses	Part 50 附录 C– 核设施建造许可和联合许可申请者为财务审定所需的财务数据和相关资料导则
4	Appendix D to Part 50 [Reserved]	Part 50 附录 D—保留
5	Appendix E to Part 50–Emergency Planning and Preparedness for Production and Utilization Facilities	Part 50 附录 E– 生产和应用设施的应急计划和准备
6	Appendix F to Part 50—Policy Relating to the Siting of Fuel Reprocessing Plants and Related Waste Management Facilities	Part 50 附录 F– 燃料后处理厂和有关废物管理设施的选址政策
7	Appendix G to Part 50–Fracture Toughness Requirements	Part 50 附录 G– 断裂韧性要求
8	Appendix H to Part 50–Reactor Vessel Material Surveillance Program Requirements	Part 50 附录 H– 反应堆压力容器材料监督大纲
9	Appendix I to Part 50–Numerical Guides for Design Objectives and Limiting Conditions for Operation to Meet the Criterion “As Low as is Reasonably Achievable” for Radioactive Material in Light–Water–Cooled Nuclear Power Reactor Effluents	Part 50 附录 I– 为满足轻水冷却核电厂反应堆流出物放射性物质“合理可行尽量低”原则的运行设计目标和限值工况的数值导则
10	Appendix J to Part 50–Primary Reactor Containment Leakage Testing for Water–Cooled Power Reactors	Part 50 附录 J– 水冷动力堆内层安全壳的泄漏试验
11	Appendix K to Part 50–ECCS Evaluation Models	Part 50 附录 K—应急堆芯冷却系统评价模型
12	Appendix L to Part 50 [Reserved]	Part 50 附录 L– 保留
13	Appendix M to Part 50 [Reserved]	Part 50 附录 M– 保留
14	Appendix N to Part 50—Standardization of Nuclear Power Plant Designs: Permits To Construct and Licenses To Operate Nuclear Power Reactors of Identical Design at Multiple Sites	Part 50 附录 N—核电厂标准化设计：多厂址同一性设计的核电厂反应堆建设许可和运行许可
15	Appendix O to Part 50 [Reserved]	Part 50 附录 O– 保留
16	Appendix P to Part 50 [Reserved]	Part 50 附录 P– 保留
17	Appendix Q to Part 50–Pre–application Early Review of Site Suitability Issues	Part 50 附录 Q– 关于厂址合适性问题预申请的早期审查
18	Appendix R to Part 50–Fire Protection Program for Nuclear Power Facilities Operating Prior to January 1, 1979	Part 50 附录 R– 早于 1979 年 1 月 1 日运行的核动力设施的防火大纲
19	Appendix S to Part 50–Earthquake Engineering Criteria for Nuclear Power Plants	Part 50 附录 S– 核电厂地震工程学准则
20	Appendix A to Part 52–Design Certification Rule for the U.S. Advanced Boiling Water Reactor	Part 52 附录 A– 美国先进沸水反应堆设计认证规则
21	Appendix B to Part 52–Design Certification Rule for the System 80+ Design	Part 52 附录 B–System 80+ 核电厂设计认证规则
22	Appendix C to Part 52–Design Certification Rule for the AP600 Design	Part 52 附录 C–AP600 设计认证规则
23	Appendix D to Part 52–Design Certification Rule for the AP1000 Design	Part 52 附录 D–AP1000 设计认证规则

（续表）

序号	Appendix	附录
24	Appendix E to Part 52–Design Certification Rule for the ESBWR Design	Part 52 附录 E—经济简化型沸水堆（ESBWR）设计认证规则
25	Appendixes F Through M to Part 52 [Reserved]	Part 52 附录 F–M– 保留
26	Appendix N to Part 52–Standardization of Nuclear Power Plant Designs: Combined Licenses to Construct and Operate Nuclear Power Reactors of Identical Design at Multiple Sites	Part 52 附录 N—核电厂设计标准化：多厂址同一性设计的核电厂反应堆建造和运行联合许可
27	Appendix A to Part 73–U.S. Nuclear Regulatory Commission Offices and Classified Mailing Addresses	Part 73 附录 A– 美国核管理委员会办公室和分区邮寄地址
28	Appendix B to Part 73–General Criteria for Security Personnel	Part 73 附录 B– 安保人员的一般准则
29	Appendix C to Part 73–Nuclear Power Plant Safeguards Contingency Plans	Part 73 附录 C– 核电厂安保应急计划
30	Appendix D to Part 73–Physical Protection of Irradiated Reactor Fuel in Transit, Training Program Subject Schedule	Part 73 附录 D– 辐照核燃料在运输中的人体防护和培训计划科目表
31	Appendix E to Part 73–Levels of Physical Protection To Be Applied in International Transport of Nuclear Material	Part 73 附录 E– 核材料国际运输实物保护等级的应用
32	Appendix F to Part 73–Nations That Are Parties to the Convention on the Physical Protection of Nuclear Material	Part 73 附录 F– 核材料实物保护缔约国（IAEA 批准的仪器交存日期）
33	Appendix G to Part 73–Reportable Safeguards Events	Part 73 附录 G– 可报告的安保事件
34	Appendix H to Part 73–Weapons Qualification Criteria	Part 73 附录 H– 武器鉴定准则（与核无关）
35	Appendix I to Part 73–Category 1 and 2 Radioactive Materials	Part 73 附录 I–1 类和 2 类放射性材料（根据放射性核素的活度阈值来确定）
36	Appendix J to Part 100–Seismic and Geologic Siting Criteria for Nuclear Power Plants	Part 100 附录 A– 核电厂地震和地质选址准则

附表 3 NRC 发布的管理导则（RG）清单

（W=Withdrawn，OUO–SRI =Official Use Only – Security–Related Information）

序号	RG	Title	标准名称	版本
1	1.1	Net Positive Suction Head for Emergency Core Cooling and Containment Heat Removal System Pumps (Safety Guide 1)	应急堆芯冷却和安全壳排热系统泵的净正吸入压头（安全导则 1）	W
2	1.2	Thermal Shock to Reactor Pressure Vessels(Safety Guide 2)	反应堆压力容器承压热冲击(安全导则 2)	W
3	1.3	Assumptions Used for Evaluating the Potential Radiological Consequences of a Loss of Coolant Accident for Boiling Water Reactors	用于评价沸水堆失水事故潜在放射性后果的假定	W
4	1.4	Assumptions Used for Evaluating the Potential Radiological Consequences of a Loss of Coolant Accident for Pressurized Water Reactors	用于评价压水堆失水事故潜在放射性后果的假定	W
5	1.5	Assumptions Used for Evaluating the Potential Radiological Consequences of a Steam Line Break Accident for Boiling Water Reactors (Safety Guide 5)	用于评价沸水堆蒸汽管道破裂事故潜在辐射后果的假定（安全导则 5）	W
6	1.6	Independence Between Redundant Standby (Onsite) Power Sources and Between Their Distribution Systems (Safety Guide 6)	冗余备用场内电源之间及其配电系统之间的独立性（安全导则 6）	0
7	1.7	Control of Combustible Gas Concentrations in Containment	安全壳内可燃气体浓度控制	3
8	1.8	Qualification and Training of Personnel for Nuclear Power Plants	核电厂人员的资格鉴定和培训	4
9	1.9	Application and Testing of Safety–Related Diesel Generators in Nuclear Power Plants	核电厂安全相关的柴油发电机的应用和试验	4
10	1.10	Mechanical (Cadweld) Splices in Reinforcing Bars of Category I Concrete Structures	抗震 I 类混凝土结构中钢筋机械接头（放热焊接）	W
11	1.11	Instrument Lines Penetrating Primary Reactor Containment	贯穿内层安全壳的仪表管线	1
12	1.12	Nuclear Power Plant Instrumentation for Earthquakes	核电厂地震监测仪表	3
13	1.13	Spent Fuel Storage Facility Design Basis	乏燃料贮存设施的设计基准	2
14	1.14	Reactor Coolant Pump Flywheel Integrity	反应堆冷却剂泵飞轮的完整性	1
15	1.15	Testing of Reinforcing Bars for Category I Concrete Structures	抗震 I 类混凝土结构中钢筋的测试	W
16	1.16	Reporting of Operating Information – Appendix A Technical Specifications (for Comment)	运行信息报告——附录 A– 技术规范	W
17	1.17	Protection of Nuclear Power Plants Against Industrial Sabotage	保护核电厂免受工业破坏	W
18	1.18	Structural Acceptance Test for Concrete Primary Reactor	反应堆混凝土结构验收试验	W
19	1.19	Nondestructive Examination of Primary Containment Liner Welds	内层安全壳衬垫焊接点的无损探伤	W
20	1.20	Comprehensive Vibration Assessment Program for Reactor Internals During Preoperational and Initial Startup Testing	预运行和初始启动试验期间的堆内构件综合振动评估计划	4

（续表）

序号	RG	Title	标准名称	版本
21	1.21	Measuring, Evaluating, and Reporting Radioactive Material in Liquid and Gaseous Effluents and Solid Waste	测量、估算和报告固体废物、液体与气体排出物释放的放射性物质	2
22	1.22	Periodic Testing of Protection System Actuation Functions (Safety Guide 22)	安全系统驱动功能的定期测试（安全导则 22）	–
23	1.23	Meteorological Monitoring Programs for Nuclear Power Plants	核电厂气象监测大纲	1
24	1.24	Assumptions Used for Evaluating the Potential Radiological Consequences of a Pressurized Water Reactor Radioactive Gas Storage Tank Failure (Safety Guide 24)	用于评价压水反应堆放射性气体贮存罐故障潜在放射性后果的假定（安全导则 24）	–
25	1.25	Assumptions Used for Evaluating the Potential Radiological Consequences of a Fuel Handling Accident in the Fuel Handling and Storage Facility for Boiling and Pressurized Water Reactors(Safety Guide 25)	用于评价沸水堆和压水堆燃料装卸和贮存设施发生燃料操作事故潜在放射性后果的假定（安全导则 25）	W
26	1.26	Quality Group Classifications and Standards for Water–, Steam–, and Radioactive–Waste–Containing Components of Nuclear Power Plants	核电厂包容水 – 蒸汽和放射性废物的部件的质量分组及标准	5
27	1.27	Ultimate Heat Sink for Nuclear Power Plants	核电厂最终热阱	3
28	1.28	Quality Assurance Program Criteria (Design and Construction)	质量保证大纲标准（设计和建造）	5
29	1.29	Seismic Design Classification	抗震设计分类	5
30	1.30	Quality Assurance Requirements for the Installation, Inspection, and Testing of Instrumentation and Electric Equipment (Safety Guide 30)	仪表和电气设备的安装、检查和试验的质保要求（安全导则 30）	–
31	1.31	Control of Ferrite Content in Stainless Steel Weld Metal	不锈钢焊缝金属中铁素体含量的控制	4
32	1.32	Criteria for Power Systems for Nuclear Power Plants	核电厂电力系统准则	3
33	1.33	Quality Assurance Program Requirements (Operation)	质量保证大纲要求（运行）	3
34	1.34	Control of Electroslag Weld Properties	电渣焊性能的控制	1
35	1.35	Inservice Inspection of Ungrouted Tendons in Prestressed Concrete Containments	预应力混凝土安全壳中非灌浆钢筋的在役检查	W
36	1.35.1	Determining Prestressing Forces for Inspection of Prestressed Concrete Containments	预应力混凝土安全壳中预应力的确定	–
37	1.36	Nonmetallic Thermal Insulation for Austenitic Stainless Steel	奥氏体不锈钢的非金属保温材料	1
38	1.37	Quality Assurance Requirements for Cleaning of Fluid Systems and Associated Components of Water–Cooled Nuclear Power Plants	水冷核电厂流体系统及相关部件的清洗质量保证要求	W
39	1.38	Quality Assurance Requirements for Packaging, Shipping, Receiving, Storage, and Handling of Items for Water–Cooled Nuclear Power Plants	水冷核电厂物项的包装、运输、接收、贮存和装卸的质量保证要求	W
40	1.39	Housekeeping Requirements for Water–Cooled Nuclear Power Plants	水冷核电厂的文明施工要求	W

（续表）

序号	RG	Title	标准名称	版本
41	1.40	Qualification of Continuous Duty Safety-Related Motors for Nuclear Power Plants	核电厂连续运行的安全相关电动机资格鉴定	1
42	1.41	Preoperational Testing of Redundant On-Site Electric Power Systems To Verify Proper Load Group Assignments	用于验证合适载荷组分配的冗余现场电力系统预运行测试	-
43	1.42	Interim Licensing policy on as low as Practicable for Gaseous Radiodine Releases from Light-Water-Cooled Nuclear Power Reactors	轻水冷却核反应堆气态放射性碘释放合理可行尽量低的临时许可政策	W
44	1.43	Control of Stainless Steel Weld Cladding of Low-Alloy Steel Components	低合金钢部件不锈钢堆焊层的控制	1
45	1.44	Control of the Processing and Use of Stainless Steel	不锈钢材料加工和使用的控制	1
46	1.45	Guidance on Monitoring and Responding to Reactor Coolant System Leakage	反应堆冷却剂系统泄漏监测及应对导则	1
47	1.46	Protection Against Pipe Whip Inside Containment	安全壳内管扰动防护	W
48	1.47	Bypassed and Inoperable Status Indication for Nuclear Power Plant Safety Systems	核电厂安全系统的旁通及不可操作状态指示	1
49	1.48	Design Limit and Loading Combinations for Seismic Category I Fluid System Components	抗震I类流体系统组件设计限值和载荷组合	W
50	1.49	Power Levels of Nuclear Power Plants	核电厂功率水平	W
51	1.50	Control of Preheat Temperature for Welding of Low-Alloy Steel	低合金钢焊接预热温度控制	1
52	1.51	Inservice Inspection of ASME Code Class 2 and 3 Nuclear Power Plants Components	ASME 规范安全 2 级和 3 级核电厂部件在役检查	W
53	1.52	Design, Inspection, and Testing Criteria for Air Filtration and Adsorption Units of Post-Accident Engineered-Safety-Feature Atmosphere Cleanup Systems in Light-Water-Cooled Nuclear Power Plants	轻水堆核电厂事故后专设安全设施空气净化系统空气过滤和吸附装置的设计、试验与维护准则	4
54	1.53	Application of the Single-Failure Criterion to Safety Systems	单一故障准则在安全系统中的应用	2
55	1.54	Service Level Ⅰ, Ⅱ, and Ⅲ Protective Coatings Applied to Nuclear Power Plants	核电厂核Ⅰ、Ⅱ和Ⅲ级防护涂层的应用	3
56	1.55	Concrete Placement in Category I Structures	抗震I类结构混凝土浇注	W
57	1.56	Maintenance of Water Purity in Boiling Water Reactors (for Comment)	沸水堆中水净化维持	W
58	1.57	Design Limits and Loading Combinations for Metal Primary Reactor Containment System Components	反应堆内层金属安全壳系统组件设计限值和载荷组合	2
59	1.58	Qualification of Nuclear Power Plant Inspection, Examination and Testing Personnel	核电厂检查、检验及测试人员的资格鉴定	W
60	1.59	Design Basis Floods for Nuclear Power Plants	核电厂设计基准洪水	2
61	1.60	Design Response Spectra for Seismic Design of Nuclear Power Plants	核电厂抗震设计的设计响应谱	2
62	1.61	Damping Values for Seismic Design of Nuclear Power Plants	核电厂抗震设计阻尼值	1
63	1.62	Manual Initiation of Protective Actions	保护措施的手动启动	1

（续表）

序号	RG	Title	标准名称	版本
64	1.63	Electric Penetration Assemblies in Containment Structures for Nuclear Power Plants	核电厂安全壳构筑物内的电气贯穿件	3
65	1.64	Quality Assurance Requirements for the Design of Nuclear Power plants	核电厂设计质量保证要求	W
66	1.65	Materials and Inspections for Reactor Vessel Closure Studs	反应堆压力容器主螺栓的材料及检验	1
67	1.66	Nondestructive Examination of Tubular Products	管道无损检验	W
68	1.67	Installation of Overpressure Protection Devices	超压保护装置的布置	W
69	1.68	Initial Test Programs for Water–Cooled Nuclear Power Plants	水冷堆核电厂初始试验大纲	4
70	1.68.1	Initial Test Program of Condensate and Feedwater Systems for Light–Water Reactors	轻水堆核电厂凝给水系统初始试验大纲	2
71	1.68.2	Initial Startup Test Program To Demonstrate Remote Shutdown Capability for Water–Cooled Nuclear Power Plants	水冷堆核电厂验证远程停堆能力的初始启动试验大纲	2
72	1.68.3	Preoperational Testing of Instrument and Control Air Systems	仪器和控制用气系统预运行测试	1
73	1.69	Concrete Radiation Shields and Generic Shield Testing for Nuclear Power Plants	核电厂混凝土辐射屏蔽及生物屏障测试	1
74	1.70	Standard Format and Content of Safety Analysis Reports for Nuclear Power Plants (LWR Edition)	核电厂安全分析报告标准格式及内容（轻水堆版本）	3
75	1.71	Welder Qualification for Areas of Limited Accessibility	进入限制性区域焊工的资格鉴定	1
76	1.72	Spray Pond Piping Made from Fiberglass–Reinforced Thermosetting Resin	由经玻璃纤维强化的热固树脂制造的喷淋池管道系统	2
77	1.73	Qualification Tests for Safety–Related Actuators in Nuclear Power Plants	核电厂安全相关电动阀控制器鉴定测试	1
78	1.74	Quality Assurance Terms and Definitions	质量保证术语及定义	W
79	1.75	Physical Independence of Electric Systems	电气系统的实体独立性	3
80	1.76	Design–Basis Tornado and Tornado Missiles for Nuclear Power Plants	核电厂设计基准龙卷风及龙卷风飞射物	1
81	1.77	Assumptions Used for Evaluating a Control Rod Ejection Accident for Pressurized Water Reactors	用于评价压水反应堆控制棒弹棒事故的假定	–
82	1.78	Evaluating the Habitability of a Nuclear Power Plant Control Room During a Postulated Hazardous Chemical Release	核电厂在假想的有害化学物释放时控制室可居留性评价	1
83	1.79	Preoperational Testing of Emergency Core Cooling Systems for Pressurized Water Reactors	压水反应堆应急堆芯冷却系统运行前测试	2
84	1.79.1	Initial Test Program of Emergency Core Cooling Systems for New Boiling–Water Reactors	新建沸水堆应急堆芯冷却系统初始试验大纲	–
85	1.80	Preoperational Testing of Instrument Air Systems	仪表用气系统预运行测试	W
86	1.81	Shared Emergency and Shutdown Electric Systems for Multi–Unit Nuclear Power Plants	多机组核电厂共用的应急停堆电力系统	1
87	1.82	Water Sources for Long–Term Recirculation Cooling Following a Loss–of–Coolant Accident	冷却剂丧失事故后长期再循环冷却水源	4

（续表）

序号	RG	Title	标准名称	版本
88	1.83	Inservice Inspection of Pressurized Water Reactor Steam Generator Tubes	压水堆蒸汽发生器传热管的在役检查	W
89	1.84	Design, Fabrication, and Materials Code Case Acceptability, ASME Section Ⅲ	ASME 规范第Ⅲ卷——设计、制造及材料规范案例适用性	37
90	1.85	Materials Code Case Acceptability–ASME Section Ⅲ, Division 1	ASME 规范Ⅲ卷 . 第 1 册——材料规范案例适用性	W
91	1.86	Termination of Operating Licenses for Nuclear Reactors	核反应堆运行许可证的终止	W
92	1.87	Guidance for Construction of Class 1 Components in Elevated–Temperature Reactors	高温反应堆中安全 1 级部件建造指导	0
93	1.88	Collection, Storage, and Maintenance of Nuclear Power Plant Quality Assurance Records	核电厂质保记录的收集、贮存和维护	W
94	1.89	Environmental Qualification of Certain Electric Equipment Important to Safety for Nuclear Power Plants	核电厂特定安全重要电气设备的环境鉴定	1
95	1.90	Inservice Inspection of Prestressed Concrete Containment Structures with Grouted Tendons	含灌浆钢筋束的预应力混凝土安全壳构筑物的役检查	2
96	1.91	Evaluations of Explosions Postulated To Occur on Transportation Routes Near Nuclear Power Plants	核电厂附近道路发生假想爆炸事件的评价	2
97	1.92	Combining Modal Responses and Spatial Components in Seismic Response Analysis	地震响应分析中组合模型响应和空间分量	3
98	1.93	Availability of Electric Power Sources	电源可利用性	1
99	1.94	Quality Assurance Requirements for Installation, Inspection, and Testing of Structural Concrete and Structural Steel During the Construction Phase of Nuclear Power Plants	核电厂建造阶段结构性混凝土和结构钢的安装、检查和试验的质量保证要求	W
100	1.95	Protection of Nuclear Power Plant Control Room Operators Against an Accidental Chlorine Release	意外氯气泄露情况下核电厂控制室操作员的防护	W
101	1.96	Design of Main Steam Isolation Valve Leakage Control Systems for Boiling Water Reactor Nuclear Power Plants	沸水反应堆核电厂主蒸汽隔离阀泄露控制系统设计	1
102	1.97	Criteria for Accident Monitoring Instrumentation for Nuclear Power Plants	核电厂事故监测仪表标准	5
103	1.98	Assumptions Used for Evaluating the Potential Radiological Consequences of a Radioactive Offgas System Failure in a Boiling Water Reactor (for Comment)	评价沸水堆放射性废气处理系统失效潜在放射性后果的假定	0
104	1.99	Radiation Embrittlement of Reactor Vessel Materials	反应堆压力容器材料的辐照脆变	2
105	1.100	Seismic Qualification of Electric and Mechanical Equipment for Nuclear Power Plants	核电厂电气和机械设备抗震鉴定	3
106	1.101	Emergency Planning and Preparedness for Nuclear Power Reactors	核电反应堆应急计划与准备	5
107	1.102	Flood Protection for Nuclear Power Plants	核电厂防洪	1
108	1.103	Post–tensioned Prestressing Systems for Concrete Reactor and Containment	混凝土反应堆容器与安全壳后张预应力系统	W

（续表）

序号	RG	Title	标准名称	版本
109	1.104	Overhead Crane Handling Systems for Nuclear Power Plants	核电厂吊车装卸系统	W
110	1.105	Setpoints for Safety–Related Instrumentation	安全相关仪表的整定值	3
111	1.106	Thermal Overload Protection for Electric Motors on Motor–Operated Valves	电动驱动阀电机的过热载保护	2
112	1.107	Qualifications for Cement Grouting for Prestressing Tendons in Containment Structures	安全壳结构中预应力钢筋束水泥灌浆的鉴定	2
113	1.108	Periodic Testing of Diesel Generator Units Used as Onsite Electric Power Systems at Nuclear Power Plants	核电厂现场电力系统柴油发电机的定期试验	W
114	1.109	Calculation of Annual Doses to Man from Routine Releases of Reactor Effluents for the Purpose of Evaluating Compliance with 10 CFR Part 50, Appendix I	为评估对 10 CFR 50 附录 I 的遵守情况对反应堆流出物常规排放所致年剂量的计算	1
115	1.110	Cost–Benefit Analysis for Radwaste Systems for Light–Water–Cooled Nuclear Power Reactors	轻水冷却核反应堆放射性废物处理系统成本效益分析	1
116	1.111	Methods for Estimating Atmospheric Transport and Dispersion of Gaseous Effluents in Routine Releases from Light–Water–Cooled Reactors	轻水冷却反应堆常规排放的废气在大气中迁移和弥散的估算方法	1
117	1.112	Calculation of Releases of Radioactive Materials in Gaseous and Liquid Effluents from Light–Water–Cooled Power Reactors	轻水冷却反应堆气体和液体排出物中放射性物质释放量的计算	1
118	1.113	Estimating Aquatic Dispersion of Effluents from Accidental and Routine Reactor Releases for the Purpose of Implementing Appendix I	为实施附录 I 的要求对反应堆事故排放和常规释放排出物的水系扩散的估算	1
119	1.114	Guidance to Operators at the Controls and to Senior Operators in the Control Room of a Nuclear Power Unit	核电机组控制室在职操纵员及高级操纵员指南	3
120	1.115	Protection Against Turbine Missiles	汽轮机飞射物的防护	2
121	1.116	Quality Assurance Requirements for Installation, Inspection, and Testing of Mechanical Equipment and Systems	机械设备和系统的安装、检查和试验的质量保证要求	W
122	1.117	Protection Against Extreme Wind Events and Missiles for Nuclear Power Plants	核电厂极端风灾事件和飞射物防护	2
123	1.118	Periodic Testing of Electric Power and Protection Systems	电力系统和保护系统的定期试验	3
124	1.119	Surveillance Program for New Fuel Assembly Designs	新燃料组件设计监督大纲	W
125	1.120	Fire Protection Guidelines for Nuclear Power Plants	核电厂防火导则	W
126	1.121	Bases for Plugging Degraded PWR Steam Generator Tubes (for Comment)	压水堆蒸汽发生器降级传热管的堵管基准（征求意见）	0
127	1.122	Development of Floor Design Response Spectra for Seismic Design of Floor–Supported Equipment or Components	楼板支撑设备或部件的抗震设计所制定的楼板设计响应谱	1
128	1.123	Quality Assurance Requirements for Control of Procurement of Items and Service for Nuclear Power Plants	核电厂物项和服务采购控制质量保证要求	W

（续表）

序号	RG	Title	标准名称	版本
129	1.124	Service Limits and Loading Combinations for Class 1 Linear–Type Supports	Ⅰ级线型支撑件的服务寿命和复合载荷	3
130	1.125	Physical Models for Design and Operation of Hydraulic Structures and Systems for Nuclear Power Plants	核电厂水力构筑物和系统的设计和运行的物理模型	2
131	1.126	An Acceptable Model and Related Statistical Methods for the Analysis of Fuel Densification	燃料密实度分析的一种可接受的模型及相关统计方法	2
132	1.127	Inspection of Water–Control Structures Associated with Nuclear Power Plants	核电厂相关的水控结构的检查	2
133	1.128	Installation Design and Installation of Vented Lead–Acid Storage Batteries for Nuclear Power Plants	核电厂透气式铅酸蓄电池的安装设计和安装	2
134	1.129	Maintenance, Testing, and Replacement of Vented Lead–Acid Storage Batteries for Nuclear Power Plants	核电厂透气式铅酸蓄电池的维护、试验及更换	3
135	1.130	Service Limits and Loading Combinations for Class 1 Plate–and–Shell–Type Component Supports	Ⅰ级板壳式设备支撑的服务寿命和复合载荷	3
136	1.131	Qualification Tests of Electric Cables, Field Splices, and Connections for Light–Water–Cooled Nuclear Power Plants (for Comment)	轻水冷却核电厂电缆、现场接头和连接件的鉴定试验（征求意见）	W
137	1.132	Site Investigations for Foundations of Nuclear Power Plants	核电厂地基的厂址调查	2
138	1.133	Loose–Part Detection Program for the Primary System of Light–Water–Cooled Reactors	轻水冷却反应堆主系统的松动部件检测大纲	1
139	1.134	Medical Assessment of Licensed Operators or Applicants for Operator Licenses at Nuclear Power Plants	核电厂内持照操纵员或取照操纵员医疗评估	4
140	1.135	Normal Water Level and Discharge at Nuclear Power Plants (for Comment)	核电厂正常水位和排水（征求意见）	W
141	1.136	Design Limits, Loading Combinations, Materials, Construction, and Testing of Concrete Containments	混凝土安全壳的设计限值、复合载荷、材料、建造和试验	3
142	1.137	Fuel–Oil Systems for Standby Diesel Generators	备用柴油发电机的燃油系统	2
143	1.138	Laboratory Investigations of Soils and Rocks for Engineering Analysis and Design of Nuclear Power Plants	核电厂工程分析和设计中土壤和岩石的实验室调查	3
144	1.139	Guidance for Residual Heat Removal (for Comment)	余热排出导则（征求意见）	W
145	1.140	Design, Inspection, and Testing Criteria for Air Filtration and Adsorption Units of Normal Atmosphere Cleanup Systems in Light–Water–Cooled Nuclear Power Plants	轻水冷却核电厂正常空气净化系统空气过滤和吸附装置的设计、检查及试验准则	3
146	1.141	Containment Isolation Provisions for Fluid Systems	流体系统的安全壳隔离规定	1
147	1.142	Safety–Related Concrete Structures for Nuclear Power Plants (Other than Reactor Vessels and Containments)	核电厂安全相关的混凝土构筑物(反应堆容器和安全壳除外)	2
148	1.143	Design Guidance for Radioactive Waste Management Systems, Structures, and Components Installed in Light–Water–Cooled Nuclear Power Plants	轻水冷却核电厂放射性废物管理系统、构筑物和部件的设计指南	2

（续表）

序号	RG	Title	标准名称	版本
149	1.144	Auditing of Quality Assurance Programs for Nuclear Power Plants	核电厂质量保证大纲监查	W
150	1.145	Atmospheric Dispersion Models for Potential Accident Consequence Assessments at Nuclear Power Plants	核电厂潜在事故后果评价大气弥散模型	1
151	1.146	Qualification of Quality Assurance Program Audit Personnel for Nuclear Power Plants	核电厂质量保证大纲监查人员的资格鉴定	W
152	1.147	Inservice Inspection Code Case Acceptability, ASME Section Ⅺ , Division 1	在役检查规范案例可接受性—ASME 第Ⅺ卷第 1 部分	18
153	1.148	Functional Specification for Active Valve Assemblies in Systems Important to Safety in Nuclear Power Plants	核电厂安全重要系统能动阀门组件的功能要求	W
154	1.149	Nuclear Power Plant Simulation Facilities for Use in Operator Training,License Examinations, andApplicant Experience Requirements	用于核电厂操纵员培训、执照考试及申请人经验要求的模拟设施	4
155	1.150	Ultrasonic Testing of Reactor Vessel Welds During Preservice and Inservice Examinations	役前和在役检查期间对反应堆压力容器焊缝的超声波试验	W
156	1.151	Instrument Sensing Lines	仪表传感管线	1
157	1.152	Criteria for Use of Computers in Safety Systems of Nuclear Power Plants	核电厂安全系统数字计算机软件使用的准则	3
158	1.153	Criteria for Safety Systems (12/85)	安全系统准则	1
159	1.154	Format and Content of Plant–Specific Pressurized Thermal Shock Safety Analysis Reports for Pressurized Water Reactors	压水堆电厂承压热冲击安全分析报告的格式和内容	W
160	1.155	Station Blackout	全厂断电	0
161	1.156	Qualification of Connection Assemblies for Nuclear Power Plants	核电厂连接组件的鉴定	1
162	1.157	Best–Estimate Calculations of Emergency Core Cooling System Performance	应急堆芯冷却系统性能的最佳估算	0
163	1.158	Qualification of Safety–Related Lead Storage Batteries for Nuclear Power Plants	核电厂安全相关铅蓄电池的鉴定	1
164	1.159	Assuring the Availability of Funds for Decommissioning Nuclear Reactors	保证核反应堆退役资金的可利用性	2
165	1.160	Monitoring the Effectiveness of Maintenance at Nuclear Power Plants	核电厂维修有效性的监测	4
166	1.161	Evaluation of Reactor Pressure Vessels with Charpy Upper–Shelf Energy Less Than 50 Ft–Lb	用小于 50Ft–Lb 的夏比上平台能量评估反应堆压力容器	0
167	1.162	Format and Content of Report for Thermal Annealing of Reactor Pressure Vessels	反应堆压力容器热退火报告的格式和内容	0
168	1.163	Performance–Based Containment Leak–Test Program	基于性能的安全壳泄漏试验大纲	0
169	1.164	Dedication of Commercial–Grade Items for Use in Nuclear Power Plants	核电厂商品级物项转换	0
170	1.165	Identification and Characterization of Seismic Sources and Determination of Safe Shutdown Earthquake Ground Motion	震源的鉴定和特性描述以及安全停堆地震动的确定	W

（续表）

序号	RG	Title	标准名称	版本
171	1.166	Pre–Earthquake Planning and Immediate Nuclear Power Plant Operator Postearthquake Actions	震前计划和震后核电厂操纵员快速响应	0
172	1.167	Restart of a Nuclear Power Plant Shut Down by a Seismic Event	由于地震事件而停堆的核电厂的再启动	0
173	1.168	Verification, Validation, Reviews, and Audits for Digital Computer Software Used in Safety Systems of Nuclear Power Plants	用于核电厂安全系统的数字计算机软件的验证、确认、评审和核查	2
174	1.169	Configuration Management Plans for Digital Computer Software Used in Safety Systems of Nuclear Power Plants	用于核电厂安全系统的数字计算机软件的配置管理计划	1
175	1.170	Test Documentation for Digital Computer Software Used in Safety Systems of Nuclear Power Plants	用于核电厂安全系统的数字计算机软件的软件试验文件	1
176	1.171	Software Unit Testing for Digital Computer Software Used in Safety Systems of Nuclear Power Plants	用于核电厂安全系统的数字计算机软件的软件单元试验	1
177	1.172	Software Requirement Specifications for Digital Computer Software and Complex Electronics Used in Safety Systems of Nuclear Power Plants	用于核电厂安全系统的数字计算机软件的软件需求规格书	1
178	1.173	Developing Software Life Cycle Processes for Digital Computer Software Used in Safety Systems of Nuclear Power Plants	用于核电厂安全系统的数字计算机软件的软件开发生命周期进程	1
179	1.174	An Approach for Using Probabilistic Risk Assessment in Risk–Informed Decisions on Plant–Specific Changes to the Licensing Basis	在特定电厂许可依据变更的风险指引决策中使用概率风险评价的方法	3
180	1.175	An Approach for Plant–Specific, Risk–Informed Decisionmaking: Inservice Testing	特定电厂风险指引决策方法：在役试验	0
181	1.176	An Approach for Plant–Specific, Risk–Informed Decisionmaking: Graded Quality Assurance	特定电厂风险指引决策方法：分级质量保证	W
182	1.177	An Approach for Plant–Specific, Risk–Informed Decisionmaking: Technical Specifications	特定电厂风险指引决策方法：技术规范	1
183	1.178	An Approach for Plant–Specific Risk–Informed Decisionmaking for Inservice Inspection of Piping	特定电厂风险指引决策方法：管道在役检查	1
184	1.179	Standard Format and Content of License Termination Plans for Nuclear Power Reactors	核电厂运行许可证终止计划的标准格式和内容	2
185	1.180	Guidelines for Evaluating Electromagnetic and Radio–Frequency Interference in Safety–Related Instrumentation and Control Systems	安全相关仪控系统的电磁和射频干扰的评价导则	2
186	1.181	Content of the Updated Final Safety Analysis Report in Accordance with 10 CFR 50.71(e)	根据 10 CFR 50.71(e) 升版的最终安全分析报告的内容	–
187	1.182	Assessing and Managing Risk Before Maintenance Activities at Nuclear Power Plants	核电厂维修活动前的风险评估和管理	W
188	1.183	Alternative Radiological Source Terms for Evaluating Design Basis Accidents at Nuclear Power Reactors	用于评估核反应堆设计基准事故的替代放射性源项	–
189	1.184	Decommissioning of Nuclear Power Reactors	核反应堆退役	1
190	1.185	Standard Format and Content for Post–Shutdown Decommissioning Activities Report	停堆后退役活动报告的标准格式和内容	1
191	1.186	Guidance and Examples for Identifying 10 CFR 50.2 Design Bases	确定 10 CFR 50.2 中设计基准的导则和例子	–

（续表）

序号	RG	Title	标准名称	版本
192	1.187	Guidance for Implementation of 10 CFR 50.59, Changes, Tests, and Experiments	10 CFR 50.59 的实施指南 – 变更、试验和实验	1
193	1.188	Standard Format and Content for Applications To Renew Nuclear Power Plant Operating Licenses	核电厂运行许可证更新申请标准格式及内容	1
194	1.189	Fire Protection for Nuclear Power Plants	核电厂火灾防护	3
195	1.190	Calculational and Dosimetry Methods for Determining Pressure Vessel Neutron Fluence	压力容器中子通量的计算和测定方法	–
196	1.191	Fire Protection Program for Nuclear Power Plants During Decommissioning and Permanent Shutdown	核电厂退役和永久停堆期间的防火大纲	–
197	1.192	Operation and Maintenance Code Case Acceptability, ASME OM Code	ASME OM 规范的运行和维修规范的案例可接受性	2
198	1.193	ASME Code Cases Not Approved for Use	未批准使用的 ASME 规范案例	5
199	1.194	Atmospheric Relative Concentrations for Control Room Radiological Habitability Assessments at Nuclear Power Plants	核电厂控制室放射性可居留性评价所需的大气相对浓度	–
200	1.195	Methods and Assumptions for Evaluating Radiological Consequences of Design Basis Accidents at Light–Water Nuclear Power Reactors	轻水核反应堆设计基准事故的放射性后果评价的方法和假设	–
201	1.196	Control Room Habitability at Light–Water Nuclear Power Reactors	轻水核反应堆控制室的可居留性	1
202	1.197	Demonstrating Control Room Envelope Integrity at Nuclear Power Reactors	核电站控制室密闭完整性证明	–
203	1.198	Procedures and Criteria for Assessing Seismic Soil Liquefaction at Nuclear Power Plant Sites	评价核电厂厂址地震土壤液化的程序和准则	–
204	1.199	Anchoring Components and Structural Supports in Concrete	混凝土中的锚固件和结构支撑	–
205	1.200	An Approach for Determining the Technical Adequacy of Probabilistic Risk Assessment Results for Risk–Informed Activities	确定风险指引活动概率风险评价结果的技术适用性的方法	2
206	1.201	Guidelines for Categorizing Structures, Systems, and Components in Nuclear Power Plants According to Their Safety Significance	核电厂依据结构、系统和部件的安全重要性对其进行分类的导则	1
207	1.202	Standard Format and Content of Decommissioning Cost Estimates for Nuclear Power Reactors	核反应堆退役费用预算的标准格式及内容	0
208	1.203	Transient and Accident Analysis Methods	瞬态及事故分析方法	0
209	1.204	Guidelines for Lightning Protection of Nuclear Power Plants	核电厂避雷防护导则	0
210	1.205	Risk–Informed, Performance–Based Fire Protection for Existing Light–Water Nuclear Power Plants	现存轻水堆核电厂风险指引的基于性能的火灾防护	1
211	1.206	Applications for Nuclear Power Plants	核电厂申请	1
212	1.207	Guidelines for Evaluating Fatigue Analyses Incorporating the Life Reduction of Metal Components Due to the Effects of the Light–Water Reactor Environment for New Reactors	新反应堆受轻水堆环境影响的金属部件寿期缩短疲劳分析评价导则	1
213	1.208	A Performance–Based Approach to Define the Site–Specific Earthquake Ground Motion	明确特定厂址地震动的基于性能的方法	0

（续表）

序号	RG	Title	标准名称	版本
214	1.209	Guidelines for Environmental Qualification of Safety–Related Computer–Based Instrumentation and Control Systems in Nuclear Power Plants	核电厂安全相关的基于计算机的仪控系统的环境鉴定导则	0
215	1.210	Qualification of Safety–Related Battery Chargers and Inverters for Nuclear Power Plants	核电厂安全相关的蓄电池充电器和变频器资格鉴定	0
216	1.211	Qualification of Safety–Related Cables and Field Splices for Nuclear Power Plants	核电厂安全相关电缆和现场接头的资格鉴定	0
217	1.212	Sizing of Large Lead–Acid Storage Batteries	大型铅酸蓄电池标准	1
218	1.213	Qualification of Safety–Related Motor Control Centers for Nuclear Power Plants	核电厂安全相关电机控制中心资格鉴定	0
219	1.214	Response Strategies for Potential Aircraft Threats (OUO–SRI)	潜在的飞机撞击应对策略	1
220	1.215	Guidance for ITAAC Closure Under 10 CFR Part 52.	10 CFR 第 52 部分中检查、试验、分析和验收准则终止的导则	2
221	1.216	Containment Structural Integrity Evaluation for Internal Pressure Loadings Above Design–Basis Pressure	安全壳在超过设计基准压力的内部压力载荷下的结构完整性评价	0
222	1.217	Guidance for the Assessment of Beyond–Design–Basis Aircraft Impacts	超设计基准飞机撞击的评估导则	0
223	1.218	Condition Monitoring Techniques for Electric Cables Used in Nuclear Power Plants	核电厂用电缆状态监测技术	0
224	1.219	Guidance on Making Changes to Emergency Plans for Nuclear Power Reactors	核电厂应急计划变更导则	1
225	1.220	(Not Issued)	未发布	–
226	1.221	Design–Basis Hurricane and Hurricane Missiles for Nuclear Power Plants	核电厂设计基准飓风和飓风飞射物	–
227	1.222	(Not Issued)	未发布	–
228	1.223	(Not Issued)	未发布	–
229	1.224	(Not Issued)	未发布	–
230	1.225	(Not Issued)	未发布	–
231	1.226	Flexible Mitigation Strategies for Beyond–Design–Basis Events	超设计基准事件的灵活缓解策略	–
232	1.227	Wide–Range Spent Fuel Pool Level Instrumentation	宽量程乏燃料池液位仪表	–
233	1.228	(Not Issued)	未发布	–
234	1.229	(Not Issued)	未发布	–
235	1.230	Regulatory Guidance on the Alternate Pressurized Thermal Shock Rule	交替加压热冲击规则的监管指南	–
236	1.231	Acceptance of Commercial–Grade Design and Analysis Computer Programs Used in Safety–Related Applications for Nuclear Power Plants	核电厂安全相关应用中使用商品级设计和分析计算机程序的验收	–
237	1.232	Developing Principal Design Criteria for Non–Light Water Reactors	制定非轻水反应堆的主要设计标准	–
238	1.233	(Not Issued)	未发布	–

（续表）

序号	RG	Title	标准名称	版本
239	1.234	Evaluating Deviations and Reporting Defects and Noncompliance Under 10 CFR Part 21	根据 10 CFR Part 21 评估偏差并报告缺陷和不符合项	–
240	2.1	Shield Test Program for Evaluation of Installed Biological Shielding in Research and Training Reactors	用于评价研究堆和培训堆所设置生物屏障的屏蔽试验大纲	W
241	2.2	Development of Technical Specifications for Experiments in Research Reactors	研究堆实验技术规范的制定	0
242	2.3	Quality Verification for Plate–Type Uranium–Aluminum Fuel Elements for Use in Research Reactors	用于研究堆的板型铀铝燃料元件质量验证	2
243	2.4	Review of Experiments for Research Reactors	研究堆实验审查	W
244	2.5	Quality Assurance Program Requirements for Research and Test Reactors	研究和试验堆质保大纲要求	1
245	2.6	Emergency Planning for Research and Test Reactors	研究和试验堆应急计划	2
246	3.1	Use of Borosilicate–Glass Raschig Rings as a Neutron Absorber in Solutions of Fissile Material	硼硅酸盐玻璃拉希环作为中子吸收剂在易裂变材料溶液中的使用	W
247	3.2	Efficiency Testing of Air–Cleaning Systems Containing Devices for Removal of Particles	空气净化系统包容装置微粒去除的效率测试	W
248	3.3	Quality Assurance Program Requirements for Fuel Reprocessing Plants and for Plutonium Processing and Fuel Fabrication Plants	燃料后处理厂、钚处理和燃料加工厂的质量保证大纲要求	1
249	3.4	Nuclear Criticality Safety in Operations with Fissionable Materials at Fuels and Materials Facilities	在核燃料和材料设施中操作可裂变材料时的核临界安全	W
250	3.5	Standard Format and Content of License Applications for Uranium Mills (for Comment)	铀矿执照申请标准格式和内容	1
251	3.6	Content of Technical Specifications for Fuel Reprocessing Plants	核燃料后处理厂技术规范内容	–
252	3.7	Monitoring of Combustible Gases and Vapors in Plutonium Processing and Fuel Fabrication Plants	钚处理和燃料加工厂内可燃气体和蒸汽监测	–
253	3.8	Preparation of Environmental Reports for Uranium Mills	铀矿环境报告的编制	2
254	3.9	Concrete Radiation Shields	混凝土辐射屏蔽	W
255	3.10	Liquid Waste Treatment System Design Guide for Plutonium Processing and Fuel Fabrication Plants	钚处理和燃料加工厂放射性废液处理系统设计导则	–
256	3.11	Design, Construction, and Inspection of Embankment Retention Systems at Uranium Recovery Facilities	铀回收设施堆积坝贮留系统的设计、建造和检查	3
257	3.11.1	Operational Inspection and Surveillance of Embankment Retention Systems for Uranium Mill Tailings	铀水冶厂尾矿堆积坝贮留系统的运行检查和监测	W
258	3.12	General Design Guide for Ventilation Systems of Plutonium Processing and Fuel Fabrication Plants	钚处理和燃料加工厂通风系统总体设计导则	1
259	3.13	Design, Construction, and Inspection of Embankment Retention Systems at Fuel Cycle Facilities	燃料循环设施堆积坝贮留系统的设计、建造和检查	1
260	3.14	Seismic Design Classification for Plutonium Processing and Fuel Fabrication Plants	钚处理和燃料加工厂抗震设计分级	–

（续表）

序号	RG	Title	标准名称	版本
261	3.15	Standard Format and Content of License Applications for Storage Only of Unirradiated Power Reactor Fuel and Associated Radioactive Material	只对未经辐照动力堆燃料和相关放射性物质进行存储的执照申请标准格式和内容	1
262	3.16	General Fire Protection Guide for Plutonium Processing and Fuel Fabrication Plants	钚处理和燃料加工厂总体防火导则	1
263	3.17	Earthquake Instrumentation for Fuel Reprocessing Plants	燃料后处理厂地震监测仪表	–
264	3.18	Confinement Barriers and Systems for Fuel Reprocessing Plants	燃料后处理厂限制屏障和系统	–
265	3.19	Reporting of Operating Information for Fuel Reprocessing Plants	燃料后处理厂运行信息报告	–
266	3.20	Process Offgas Systems for Fuel Reprocessing Plants	燃料后处理厂废气处理系统	–
267	3.21	Quality Assurance Requirements for Protective Coatings Applied to Fuel Reprocessing and to Plutonium Processing and Fuel Fabrication Plants	燃料后处理厂、钚处理和燃料加工厂的防护涂层的质量保证要求	0
268	3.22	Periodic Testing of Fuel Reprocessing Plant Protection System Actuation Functions	燃料后处理厂保护系统驱动功能的定期试验	0
269	3.23	Stabilization of Uranium–Thorium Milling Waste Retention Systems	铀钍矿石加工废物贮存系统的稳定性	W
270	3.24	Guidance on the License Application, Siting, Design and Plant Protection for an Independent Spent Fuel Storage Installation	独立乏燃料贮存装置许可证申请、选址、设计和防护导则	W
271	3.25	Standard Format and Content of Safety Analysis Reports for Uranium Enrichment Facilities	铀浓缩设施安全分析报告标准格式和内容	1
272	3.26	Standard Format and Content of Safety Analysis Reports for Fuel Reprocessing Plants	燃料后处理厂安全分析报告标准格式和内容	0
273	3.27	Nondestructive Examination of Welds in the Liners of Concrete Barriers in Fuel Reprocessing Plants	燃料后处理厂混凝土屏障衬层焊缝的无损检验	1
274	3.28	Welder Qualification for Welding in Areas of Limited Accessibility in Fuel Reprocessing Plants and in Plutonium Processing and Fuel Fabrication Plants	进入燃料后处理厂、钚处理和燃料加工厂限制性区域的焊工资格鉴定	W
275	3.29	Preheat and Interpass Temperature Control for the Welding of Low–Alloy Steel for Use in Fuel Reprocessing Plants and in Plutonium Processing and Fuel Fabrication Plants	燃料后处理厂、钚处理和燃料加工厂使用的低合金钢焊接预热和层间温度控制	W
276	3.30	Selection, Application, and Inspection of Protective Coatings (Paints) for Fuel Reprocessing Plants	燃料后处理厂防护性涂层的选择、应用和检查	O–R
277	3.31	Emergency Water Supply Systems for Fuel Reprocessing Plants	燃料后处理厂应急供水系统	O–R
278	3.32	General Design Guide for Ventilation Systems for Fuel Reprocessing Plants (for Comment)	燃料后处理厂通风系统总体设计导则	0
279	3.33	Assumptions Used for Evaluating the Potential Radiological Consequences of Accidental Nuclear Criticality in a Fuel Reprocessing Plant	用于评估燃料后处理厂事故核临界潜在放射性后果的假定	W
280	3.34	Assumptions Used for Evaluating the Potential Radiological Consequences of Accidental Nuclear Criticality in a Uranium Fuel Fabrication Plant	用于评估铀核燃料加工厂事故核临界潜在放射性后果的假定	W

（续表）

序号	RG	Title	标准名称	版本
281	3.35	Assumptions Used for Evaluating the Potential Radiological Consequences of Accidental Nuclear Criticality in a Plutonium Processing and Fuel Fabrication Plant	用于评估钚处理和燃料加工厂事故核临界潜在放射性后果的假定	W
282	3.36	Nondestructive Examination of Tubular Products for Use in Fuel Reprocessing Plants and in Plutonium Plants	燃料后处理厂与钚处理厂使用的管状产品无损检验	W
283	3.37	Guidance for Avoiding Intergranular Corrosion and Stress Corrosion in Austenitic Stainless Steel Components of Fuel Reprocessing Plants (for Comment)	避免燃料后处理厂奥氏体不锈钢组件晶间腐蚀和压力腐蚀的导则（征求意见）	0
284	3.38	General Fire Protection Guide for Fuel Reprocessing Plants (for Comment)	燃料后处理厂总体防火导则(征求意见)	W
285	3.39	Standard Format and Content of License Applications for Plutonium Processing and Fuel Fabrication Plants	钚处理和燃料加工厂许可证申请标准格式及内容	1
286	3.40	Design Basis Floods for Fuel Reprocessing Plants and for Plutonium Processing and Fuel Fabrication Plants	燃料后处理厂、钚处理和燃料加工厂设计基准洪水	1
287	3.41	Nuclear Criticality in Operations with Fissionable Materials at Fuels and Materials Facilities	在核燃料和材料设施中操作可裂变材料时的核临界安全	W
288	3.42	Emergency Planning for Fuel Cycle Facilities and Plants Licensed Under 10 CFR Parts 50 and 70	遵循 10 CFR 50 和 70 获批准的燃料循环设施和工厂的应急计划	W
289	3.43	Nuclear Criticality Safety in the Storage of Fissile Materials	易裂变材料贮存的核临界安全	W
290	3.44	Standard Format and Content for the Safety Analysis Report for an Independent Spent Fuel Storage Installation (Water–Basin Type)	独立乏燃料贮存设施安全分析报告标准格式和内容	W
291	3.45	Nuclear Criticality Safety for the Steel–Pipe Intersections Containing Aqueous Solutions of Fissile Materials	容纳易裂变材料的水溶液的钢管交接处的核临界安全	W
292	3.46	Standard Format and Content of License Applications, Including Environmental Reports, for In Situ Uranium Solution Mining	原地浸出采铀（包括环境报告）执照申请标准格式和内容	0
293	3.47	Nuclear Criticality Control and Safety of Homogeneous Plutonium–Uranium Fuel Mixtures Outside Reactors	堆外均匀钚铀燃料混合物的核临界控制与安全	W
294	3.48	Standard Format and Content for the Safety Analysis Report for an Independent Spent Fuel Storage Installation or Monitored Retrievable Storage Installation (Dry Storage)	独立乏燃料贮存设施或监测型可回收贮存设施（干法贮存）安全分析报告标准格式和内容	1
295	3.49	Design of an Independent Spent Fuel Storage Installation (Water–Basin Type)	独立乏燃料贮存设施(水池型)设计	W
296	3.50	Standard Format and Content for a Specific License Application for An Independent Spent Fuel Storage Installation or Monitored Retrievable Storage Facility	独立乏燃料贮存装置和监测型回收贮存设施执照申请的标准格式和内容	2
297	3.51	Calculational Models for Estimating Radiation Doses to Man from Airborne Radioactive Materials Resulting from Uranium Milling Operations	铀矿加工操作过程中人员受气载放射性物质辐照剂量估算的计算模型	0

（续表）

序号	RG	Title	标准名称	版本
298	3.52	Standard Format and Content for the Health and Safety Sections of License Renewal Applications for Uranium Processing and Fuel Fabrication	铀处理和燃料加工执照更新申请中健康和安全部分的标准格式和内容	2
299	3.53	Applicability of Existing Regulatory Guides to the Design and Operation of an Independent Spent Fuel Storage Installation	现有监管导则对独立乏燃料贮存设施设计和运行的适用性	W
300	3.54	Spent Fuel Heat Generation in an Independent Spent Fuel Storage Installation	独立乏燃料贮存设施内乏燃料的产热	2
301	3.55	Standard Format and Content for the Health and Safety Sections of License Renewal Applications for Uranium Hexafluoride Production	六氟化铀生产许可证更新申请中健康和安全部分的标准格式和内容	0
302	3.56	General Guidance for Designing, Testing, Operating, and Maintaining Emission Control Devices at Uranium Mills	铀加工厂减排设备设计、试验、运行和维护总体导则	0
303	3.57	Administrative Practices for Nuclear Criticality Safety at Fuels and Materials Facilities	燃料和材料设施核临界安全的管理实践	W
304	3.58	Criticality Safety for Handling, Storing, and Transporting LWR Fuel at Fuels and Materials Facilities	燃料和材料设施中轻水堆燃料装卸、贮存和运输的临界安全	W
305	3.59	Methods for Estimating Radioactive and Toxic Airborne Source Terms for Uranium Milling Operations	铀矿加工操作过程中放射性与有毒气载源项评估方法	0
306	3.60	Design of an Independent Spent Fuel Storage Installation (Dry Storage)	独立乏燃料贮存设施（干法贮存）的设计	0
307	3.61	Standard Format and Content for a Topical Safety Analysis Report for a Spent Fuel Dry Storage Cask	乏燃料干法贮存罐专题安全报告的标准格式和内容	0
308	3.62	Standard Format and Content for the Safety Analysis Report for Onsite Storage of Spent Fuel Storage Casks	乏燃料贮存罐现场贮存安全分析报告的标准格式和内容	0
309	3.63	Onsite Meteorological Measurement Program for Uranium Recovery Facilities – Data Acquisition and Reporting	铀回收设施现场气象测量大纲——数据采集和报告	0
310	3.64	Calculation of Radon Flux Attenuation by Earthen Uranium Mill Tailings Covers	陶土铀加工尾矿覆盖面氡通量衰减计算	0
311	3.65	Standard Format and Content of Decommissioning Plans for Materials Licensees	材料处理设施持照者设施退役计划标准格式和内容	1
312	3.66	Standard Format and Content of Financial Assurance Mechanisms	财务保证机制的标准格式和内容	1
313	3.67	Standard Format and Content for Emergency Plans for Fuel Cycle and Materials Facilities	燃料循环及材料设施应急计划的标准格式和内容	1
314	3.68	Nuclear Criticality Safety Training	核临界安全培训	W
315	3.69	Topical Guidelines for the Licensing Support Network	执照申请支持网络的专题指南	1
316	3.70	Use of Fixed Neutron Absorbers at Fuels and Materials Facilities	燃料及材料设施固定中子吸收剂的使用	W
317	3.71	Nuclear Criticality Safety Standards for Nuclear Materials Outside Reactor Cores	反应堆堆芯外核材料核临界安全标准	3

（续表）

序号	RG	Title	标准名称	版本
318	3.72	Guidance for Implementation of 10 CFR 72.48, Changes, Tests, and Experiments	10 CFR 72.48 中变更、试验和实验的实施导则	0
319	3.73	Site Evaluations and Design Earthquake Ground Motion for Dry Cask Independent Spent Fuel Storage and Monitored Retrievable Storage Installations	干罐独立乏燃料贮存和监控型可回收贮存设施的厂址评估和设计地震动	0
320	3.74	Guidance for Fuel Cycle Facility Change Processes	燃料循环设施变更程序导则	0
321	3.75	Corrective Action Programs for Fuel Cycle Facilities	燃料循环设施的纠正行动大纲	0
322	4.1	Radiological Environmental Monitoring for Nuclear Power Plants	核电厂辐射环境监测	2
323	4.2	Preparation of Environmental Reports for Nuclear Power Stations	核电厂环境报告的编制	3
324	4.2S1	Supplement 1 to Regulatory Guide 4.2,Preparation of Environmental Reports for Nuclear Power Plant License Renewal Applications	RG 4.2 增补 1：用于核电厂许可证更新申请的环境报告的编制	1
325	4.3	Measurements of Radionuclides in the Environment, Analysis of I−131 in Milk	环境放射性核素测量及牛奶中碘 −131 分析	W
326	4.4	Reporting Procedure for Mathematical Models Selected To Predict Heated Effluent Dispersion in Natural Water Bodies	天然水体中加热污水扩散预测选用数学模型的报告规程	W
327	4.5	Measurements of Radionuclides in the Environment−Sampling and Analysis of Plutonium in Soil	环境放射性核素测量——土壤中钚采样和分析	W
328	4.6	Measurements of Radionuclides in the Environment−Strontium−89 and Strontium−90 Analyses	环境放射性核素测量——锶 89 和锶 90 测量	W
329	4.7	General Site Suitability Criteria for Nuclear Power Stations	核电厂一般厂址适用性准则	3
330	4.8	Environmental Technical Specifications for Nuclear Power Plants	核电厂环境技术规范	W
331	4.9	Preparation of Environmental Reports for Commercial Uranium Enrichment Facilities	商业铀浓缩设施环境报告的编制	1
332	4.10	Irreversible and Irretrievable Commitment of Material Resources	不可逆不可恢复的燃料源供应承诺	W
333	4.11	Terrestrial Environmental Studies for Nuclear Power Stations	核电厂陆地环境研究	2
334	4.12	(Not published)	未发布	–
335	4.13	Performance, Testing, and Procedural Specifications for Thermoluminescence Dosimetry: Environmental Applications	热释光剂量测量特性、试验和操作规范：环境应用	2
336	4.14	Radiological Effluent and Environmental Monitoring at Uranium Mills	铀矿加工厂放射性排出物和环境监测	1
337	4.15	Quality Assurance for Radiological Monitoring Programs (Inception through Normal Operations to License Termination) – Effluent Streams and the Environment	辐射监测大纲的质量保证（从正常运行到许可证终止）——排出物和环境	2

（续表）

序号	RG	Title	标准名称	版本
338	4.16	Monitoring and Reporting Radioactivity in Releases of Radioactive Materials in Liquid and Gaseous Effluents from Nuclear Fuel Processing and Fabrication Plants and Uranium Hexafluoride Production Plants	从核燃料处理加工厂及六氟化铀生产厂排放的气体和液体中放射性物质的放射性的监测和报告	2
339	4.17	Standard Format and Content of Site Characterization Plans for High–Level–Waste Geologic Repositories	高放废物地质处置库厂址特性表征计划标准格式和内容	1
340	4.18	Standard Format and Content of Environmental Reports for Near–Surface Disposal of Radioactive Waste	放射性废料近地表处置环境报告标准格式和内容	0
341	4.19	Guidance for Selecting Sites for Near–Surface Disposal of Low–Level Radioactive Waste	低放射性废物近地表处置选址导则	0
342	4.20	Constraint on Releases of Airborne Radioactive Materials to the Environment for Licensees other than Power Reactors	非动力堆持照单位气载放射性物质环境释放的限值	1
343	4.21	Minimization of Contamination and Radioactive Waste Generation:Life–Cycle Planning	污染物和放射性废物产生量的最小化：全寿期规划	0
344	4.22	Decommissioning Planning During Operations	运行期间的退役计划	0
345	4.23	(Not Issued)	未发布	0
346	4.24	Aquatic Environmental Studies for Nuclear Power Stations	核电厂水生环境研究	0
347	4.25	Assessment of Abnormal Radionuclide Discharges in Ground Water to the Unrestricted Area at Nuclear Power Plant Sites	地下水中放射性核素异常排放至核电厂内非限制性区域的评估	0
348	5.1	Serial Numbering of Fuel Assembles for Light–Water–Cooled Nuclear Power Reactors	轻水冷却堆核燃料组件序号编码	W
349	5.2	Classification of Unirradiated Plutonium and Uranium Scrap	未经辐照的钚铀切屑的分类	W
350	5.3	Statistical Terminology and Notation for Special Nuclear Materials Control and Accountability	特殊核材料控制和责任统计术语及符号	W
351	5.4	Standard Analytical Methods for the Measurement of Uranium Tetrafluoride (UF4) and Uranium Hexafluoride (UF6)	四氟化铀和六氟化铀测量的标准分析方法	0
352	5.5	Standard Methods for Chemical, Mass Spectrometric, and Spectrochemical Analysis of Nuclear–Grade Uranium Dioxide Powders and Pellets	核级二氧化铀粉末和芯块化学分析、质谱分析和光谱化学标准方法	0
353	5.6	Standard Methods for Chemical, Mass Spectrometric, and Spectrochemical Analysis of Nuclear–Grade Plutonium Dioxide Powerders and Pellets and Nuclear–Grade Mixed Oxides	核级二氧化钚粉末和芯块以及核级混合氧化物化学分析、质谱分析和光谱化学分析标准方法	W
354	5.7	Entry/Exit Control for Protected Areas, Vital Areas, and Material Access Areas	保护区、要害区和物料进出区进出控制	1
355	5.8	Design Considerations for Minimizing Residual Holdup of Special Nuclear Material in Drying and Fluidized Bed Operations	特殊核材料干燥与流化床操作中残余裂变物质量最小化的设计考虑	1
356	5.9	Guidelines for Germanium Spectroscopy Systems for Measurement of Special Nuclear Material	用于特殊核材料测量的锗能谱系统的指南	2

（续表）

序号	RG	Title	标准名称	版本
357	5.10	Selection and Use of Pressure-Sensitive Seals on Containers for Onsite Storage of Special Nuclear Material	特殊核材料现场贮存容器压敏密封垫的选择和使用	W
358	5.11	Nondestructive Assay of Special Nuclear Material Contained in Scrap and Waste	废料和废物中特殊核材料的无损分析	1
359	5.12	General Use of Locks in the Protection and Control of Facilities and Special Nuclear Materials, Classified Matter, and Safeguards Information	在设施和特殊核材料保护和控制、机密事项和保障信息中锁的普遍使用	1
360	5.13	Conduct of Nuclear Material Physical Inventories	核材料实物存量的管理	W
361	5.14	Use of Observation (Visual Surveillance) Techniques in Material Access Areas	物料进出区域的观察技术方法（视觉监视）的使用	W
362	5.15	Tamper-Indicating Seals for the Protection and Control of Special Nuclear Material	用于特殊核材料保护和控制的干扰指示密封	W
363	5.16	Standard Methods for Chemical, Mass Spectrometric, Spectrochemical Nuclear and Radiochemical Analysis of Nuclear-Grade Plutonium Nitrate Solutions and Plutonium Metal	核级钚硝酸盐溶液和钚金属化学分析、质谱分析、光谱化学和放化分析标准方法	W
364	5.17	Truck Identification Markings	卡车识别标记	W
365	5.18	Limit of Error Concepts and Principles of Calculation in Nuclear Materials Control	核材料控制的极限误差概念和计算原理	W
366	5.19	Methods for the Accountability of Plutonium Nitrate Solutions	钚硝酸溶液管理责任制方法	W
367	5.20	Training, Equipping, and Qualifying of Guards and Watchmen	警卫和看守人员的培训、配备和资格审定	0
368	5.21	Nondestructive Uranium-235 Enrichment Assay by Gamma Ray Spectrometry	使用伽马射线能谱测量对铀235 富集度的无损分析	1
369	5.22	Assessment of the Assumption of Normality (Employing Individual Observed Values)	正态性假定的评估（采用个人观察值）	W
370	5.23	In Situ Assay of Plutonium Residual Holdup	钚残余量现场分析	1
371	5.24	Analysis and Use of Process Data for the Protection of Special Nuclear Material	特殊核材料保护处理数据的分析和使用	W
372	5.25	Design Considerations for Minimizing Residual Holdup of Special Nuclear Material in Equipment for Wet Process Operations	特殊核材料湿法操作中设备内残留量最小化的设计考虑	0
373	5.26	Selection of Material Balance Areas and Item Control Areas	物料平衡区域和物项控制区域的选择	1
374	5.27	Special Nuclear Material Doorway Monitors	特殊核材料通道监测器	1
375	5.28	Evaluation of Shipper-Receiver Differences in the Transfer of Special Nuclear Materials	特殊核材料转移过程中发方－收方剂量差评估	W
376	5.29	Nuclear Material Control systems for Nuclear Power Plants	核电厂核材料控制系统	2
377	5.30	Materials Protection Contingency Measures for Uranium and Plutonium Fuel Manufacturing Plants	铀和钚燃料加工厂核燃料保护应急措施	W
378	5.31	Specially Designed Vehicle with Armed Guards for Road Shipment of Special Nuclear Material	用于特殊核材料公路运输的配备武装警卫的特殊设计车辆	1

（续表）

序号	RG	Title	标准名称	版本
379	5.32	Communication with Transport Vehicles	运输车辆间的通信	W
380	5.33	Statistical Evaluation of Material Unaccounted For	下落不明核材料的统计评估	W
381	5.34	Nondestructive Assay for Plutonium in Scrap Material by Spontaneous Fission Detection	利用自发裂变检测进行废料中钚的无损分析	1
382	5.35	Calorimetric Assay of Plutonium	钚热分析	W
383	5.36	Recommended Practice for Dealing with Outlying Observations	外围观察推荐操作规程	W
384	5.37	In Situ Assay of Enriched Uranium Residual Holdup	浓缩铀残余量现场分析	1
385	5.38	Nondestructive Assay of High–Enrichment Uranium Fuel Plates by Gamma Ray Spectrometry	使用伽马射线能谱测量方法对高浓缩铀燃料板进行的无损分析	1
386	5.39	General Methods for the Analysis of Uranyl Nitrate Solutions for Assay, Isotopic Distribution, and Impurity Determinations	硝酸铀酰溶液分析、同位素分析和杂质测定的通用方法	0
387	5.40	Methods for the Accountability of Plutonium Dioxide Powder	二氧化钚粉末管理责任制	W
388	5.41	Shipping, Receiving, and Internal Transfer of Special Nuclear Material At Fuel Cycle Facilities	燃料循环设施中特殊核材料的运输、接收和内部转移	–
389	5.42	Design Considerations for Minimizing Residual Holdup of Special Nuclear Material in Equipment for Dry Process Operations	特殊核材料干法操作中设备内残留量最小化的设计考虑	–
390	5.43	Plant Security Force Duties	核电厂安保部职责	–
391	5.44	Perimeter Intrusion Alarm Systems	入侵报警系统	3
392	5.45	Standard Form and Content for the Special Nuclear Material Control and Accounting Section of a Special Nuclear Material License Application (including That for a Uranium Enrichment Facility)	特殊核材料许可证申请的控制和解释部分的标准格式和内容（包括铀浓缩设施）	W
393	5.46	(Not issued)	未发布	–
394	5.47	Control and Accountability of Plutonium in Waste Material	核废料中钚的控制和问责	W
395	5.48	Design Considerations–Systems for Measuring the Mass of Liquids	液体质量测量系统的设计考虑	–
396	5.49	Internal Transfers of Special Nuclear Material	特殊核材料的内部转运	W
397	5.50	(Not issued)	未发布	–
398	5.51	Management Review of Nuclear Material Control and Accounting Systems (for Comment)	核材料控制和核算系统管理评审	1
399	5.52	Standard Format and Content of a Licensee Physical Protection Plan for Strategic Special Nuclear Material at Fixed Sites (Other than Nuclear Power Plants)	在固定地点（除核电厂之外）战略性特殊核材料持证人的物理防护计划标准格式和内容	3
400	5.53	Qualification, Calibration, and Error Estimation Methods for Nondestructive Assay	无损分析鉴定、校准和误差估算方法	1
401	5.54	Standard Format and Content of Safeguards Contingency Plans for Nuclear Power Plants (SGI)	核电厂保障应急计划标准格式和内容（SGI）	1

（续表）

序号	RG	Title	标准名称	版本
402	5.55	Standard Format and Content of Safeguards Contingency Plans for Fuel Cycle Facilities (for Comment)	燃料循环设施应急保障计划标准格式和内容（征求意见稿）	–
403	5.56	Standard Format and Content of Safeguards Contingency Plans for Transportation (for Comment)	运输保障应急计划标准格式和内容（征求意见稿）	–
404	5.57	Shipping and Receiving Control of Strategic Special Nuclear Material	战略性特殊核材料发运和接收控制	W
405	5.58	Considerations for Establishing Traceability of Special Nuclear Material Accounting Measurements	建立特殊核材料核算计量追踪机制的考虑	1
406	5.59	Standard Format and Content for a Licensee Physical Security Plan for the Protection of Special Nuclear Material of Moderate or Low Strategic Significance	持证单位特殊核材料（中等或低战略重要意义）实体安全保护计划的标准格式和内容	1
407	5.60	Standard Format and Content of a Licensee Physical Protection Plan for Strategic Special Nuclear Material in Transit	持证单位战略性特殊核材料运输过程实物保护计划的标准格式和内容	–
408	5.61	Intent and Scope of the Physical Protection Upgrade Rule Requirements for Fixed Sites	固定厂址实体保护升级规则要求的目的与范围	–
409	5.62	Reporting of Safeguards Events	安全保障事件的报告	1
410	5.63	Physical Protection for Transient Shipments	短暂运输中货物的实物保护	–
411	5.64	(Not issued)	未发布	–
412	5.65	Vital Area Access Controls, Protection of Physical Security Equipment, and Key and Lock Controls	重要区域进出控制、实体安全设备保护及钥匙与锁的控制	W
413	5.66	Access Authorization Program for Nuclear Power Plants	核电厂出入授权程序	2
414	5.67	Material Control and Accounting for Uranium Enrichment Facilities Authorized To Produce Special Nuclear Material of Low Strategic Significance	授权生产低战略重要性特殊核材料的铀富集设施的物料控制和核算	W
415	5.68	Protection Against Malevolent Use of Vehicles at Nuclear Power Plants	防止在核电厂恶意使用车辆	W
416	5.69	Guidance for the Application of Radiological Sabotage Design–Basis Threat in the Design, Development and Implementation of a Physical Security Program that Meets 10 CFR 73.55 Requirements” (SGI)	实体安全大纲（满足 10CFR 73.55 要求）设计、制定和执行中应用放射破坏设计基准威胁导则（SGI）	–
417	5.70	Guidance for the Application of the Theft and Diversion Design–Basis Treat in the Design Development, and Implementation of a Physical Security Program that Meets CFR 73.45 and 73.46 (Classified)	实体安全大纲（满足 10CFR 73.55 和 73.46 要求）设计、制定和执行中应用盗窃和转移设计基准威胁导则（机密文件））	1
418	5.71	Cyber Security Programs for Nuclear Facilities	核设施网络安全计划	–
419	5.72	(Not issued)	未发布	–
420	5.73	Fatigue Management for Nuclear Power Plant Personnel	核电厂工作人员的防疲劳管理	–
421	5.74	Managing the Safety/Security Interface	安全、安保接口管理	1
422	5.75	Training and Qualification of Security Personnel at Nuclear Power Reactor Facilities	核动力堆设施安保人员的培训和资格鉴定	–

（续表）

序号	RG	Title	标准名称	版本
423	5.76	Physical Protection Programs at Nuclear Power Reactors (SGI)	核动力堆实体保护大纲（SGI）	–
424	5.77	Insider Mitigation Program	内部缓解大纲	–
425	5.78	Physical Protection of Mixed Oxide Fuels in Nuclear Power Plants (SGI)	核电厂 MOX 燃料实体保护（SGI）	
426	5.79	Protection of Safeguards Information	保障信息保护	–
427	5.80	Pressure–Sensitive and Tamper–Indicating Device Seals for Material Control and Accounting of Special Nuclear Material	用于特殊核材料控制和核算的压敏和篡改显示装置密封件	–
428	5.81	Target Set Identification and Development for Nuclear Power Reactors (OUO–SRI)	核动力反应堆目标集的识别和开发 (OUO–SRI)	1
429	5.82	(Not Issued)	未发布	–
430	5.83	Cyber Security Event Notifications	网络安全事件通知	–
431	5.84	Fitness–For–Duty for New Nuclear Power Plant Construction Sites	新核电厂建设厂址的职责适配性	–
432	5.85	Physical Inventories and Material Balances at Fuel Cycle Facilities	燃料循环设施的实物盘存和物料衡算	–
433	6.1	Leak Testing Radioactive Brachytherapy Sources	近距放射治疗源的检漏试验	2
434	6.2	Integrity and Test Specifications for Selected Brachytherapy Sources	选用的近距放射治疗源的完整性及试验规程	2
435	6.3	Design, Construction, and Use of Radioisotopic Power Generators for Certain Land and Sea Applications	用于陆地和海洋的放射性同位素发电机的设计、建造和使用	W
436	6.4	Verification of Containment Properties of Sealed Radioactive Sources	密封放射源密封性能验证	3
437	6.5	General Safety Standard for Installations Using Nonmedical Sealed Gamma–Ray Sources	使用非医疗用密封 γ 源的装置的通用安全标准	1
438	6.6	Acceptance Sampling Procedures for Exempted and Generally Licensed Items Containing Byproduct Material	豁免和一般许可的含副产物物项的验收抽样程序	W
439	6.7	Preparation of an Environmental Report To Support a Rule Making Petition Seeking an Exemption for a Radionuclide–Containing Product	支持放射性核素产品豁免规则制定申请的环境报告编制	2
440	6.8	Identification Plaque for Irretrievable Well–Logging Sources	不可恢复的测井源的标识牌	W
441	6.9	Establishing Quality Assurance Programs for the Manufacture and Distribution of Sealed Sources and Devices Containing Byproduct Material	制定包含副产物的密封源与装置的生产和配送的质保大纲	1
442	7.1	Administrative Guide for Packaging and Transporting Radioactive Material	包装和运输放射性材料的管理导则	W
443	7.2	Packaging and Transportation of Radioactively Contaminated Biological Materials	被放射性污染的生物材料的包装和运输	W
444	7.3	Procedures for Picking Up and Receiving Packages of Radioactive Material	放射性材料包装的领取和接收程序	W

（续表）

序号	RG	Title	标准名称	版本
445	7.4	Leakage Tests on Packages for Shipment of Radioactive Materials	放射性材料运输包装的泄漏试验	1
446	7.5	Administrative Guide for Obtaining Exemptions from Certain NRC Requirements over Radioactive Material Shipments	获得某些 NRC 放射性材料装运要求豁免的管理导则	W
447	7.6	Design Criteria for the Structural Analysis of Shipping Cask Containment Vessels	运输密封容器结构分析的设计准则	1
448	7.7	Administrative Guide for Verifying Compliance with Packaging Requirements for Shipments of Radioactive Materials (for Comment)	核实放射性材料运输包装要求合规性的管理导则（征求意见稿）	1
449	7.8	Load Combinations for the Structural Analysis of Shipping Casks for Radioactive Material	放射性材料运输容器结构分析的载荷组合	1
450	7.9	Standard Format and Content of Part 71 Applications for Approval of Packages for Radioactive Material	10 CFR 71 中放射性材料包装批准申请的标准格式和内容	2
451	7.10	Establishing Quality Assurance Programs for Packaging Used in Transport of Radioactive Material	制定放射性材料运输包装的质保大纲	3
452	7.11	Fracture Toughness Criteria of Base Material for Ferritic Steel Shipping Cask Containment Vessels with a Maximum Wall Thickness of 4 Inches (0.1 m)	运输用铁素体钢密封容器（最大壁厚为 4 英寸（0.1 米））基材的断裂韧性标准	0
453	7.12	Fracture Toughness Criteria of Base Material for Ferritic Steel Shipping Cask Containment Vessels with a Wall Thickness Greater than 4 Inches (0.1 m) But Not Exceeding 12 Inches (0.3 m)	运输用铁素体钢密封容器（壁厚 4–12 英寸（0.1–0.3 米））基材的断裂韧性标准	0
454	7.13	Transportation Security Plans for Classified Matter Shipments	分类物质运输安保计划	0 OUO –SRI
455	8.1	Radiation Symbol	辐射符号	W
456	8.2	Administrative Practices in Radiation Surveys and Monitoring	辐射测量和监测管理实践	1
457	8.3	Film Badge Performance Criteria	胶片剂量仪性能准则	W
458	8.4	Personnel Monitoring Device—Direct–Reading Pocket Dosimeters	人员监控设备 – 直读袖珍剂量计	1
459	8.5	Criticality and Other Interior Evacuation Signals	临界及其他内部疏散信号	W
460	8.6	Standard Test Procedure for Geiger–Muller Counters	盖革 – 弥勒（Geiger–Muller）计数器标准测试程序	W
461	8.7	Instructions for Recording and Reporting Occupational Radiation Exposure Data	职业辐射照射数据记录和报告须知	4
462	8.8	Information Relevant to Ensuring that Occupational Radiation Exposures at Nuclear Power Stations Will Be as Low as Is Reasonably Achievable	确保核电站职业辐射照射合理可行尽量低的相关资料	3
463	8.9	Acceptable Concepts, Models, Equations, and Assumptions for a Bioassay Program	生物测定大纲中可接受的概念、模型、方程式和假设	1
464	8.10	Operating Philosophy for Maintaining Occupational Radiation Exposures as Low as Is Reasonably Achievable	保持职业辐射照射合理可行尽量低的运营理念	2
465	8.11	Applications of Bioassay for Uranium	生物测定在铀中的应用	1

（续表）

序号	RG	Title	标准名称	版本
466	8.12	Criticality Accident Alarm Systems	临界事故报警系统	W
467	8.13	Instruction Concerning Prenatal Radiation Exposure	产前辐照指导	3
468	8.14	Personnel Neutron Dosimeters	个人中子剂量计	W
469	8.15	Acceptable Programs for Respiratory Protection	可接受的呼吸防护计划	1
470	8.16	(Not issued)	未发布	–
471	8.17	(Not issued)	未发布	–
472	8.18	Information Relevant to Ensuring that Occupational Radiation Exposures at Medical Institutions Will Be as Low as Reasonably Achievable	确保医疗机构职业辐射照射合理可行尽量低的相关信息	2
473	8.19	Occupational Radiation Dose Assessment in Light–Water Reactor Power Plants–Design Stage Man–Rem Estimates	轻水反应堆核电厂职业照射剂量评估——设计阶段人人 – 雷姆估算	1
474	8.20	Applications of Bioassay for Radioiodine	生物测定在放射性碘中的应用	2
475	8.21	Health Physics Surveys for Byproduct Material at NRC–Licensed Processing and Manufacturing Plants	NRC 批准的加工制造厂副产物保健物理学调查	1
476	8.22	Bioassay at Uranium Mills	铀加工厂内的生物测定	2
477	8.23	Radiation Safety Surveys at Medical Institutions	医疗机构辐射安全调查	W
478	8.24	Health Physics Surveys During Enriched Uranium–235 Processing and Fuel Fabrication	富集铀 235 加工和燃料制造过程中的保健物理学调查	2
479	8.25	Air Sampling in the Workplace	工作场所的空气取样	1
480	8.26	Applications of Bioassay for Fission and Activation Products	生物测定在裂变及活化产物中的应用	0
481	8.27	Radiation Protection Training for Personnel at Light–Water–Cooled Nuclear Power Plants	轻水冷却核电厂工作人员辐射防护培训	0
482	8.28	Audible–Alarm Dosimeters	声音报警剂量计	0
483	8.29	Instruction Concerning Risks from Occupational Radiation Exposure	职业辐射照射风险说明	1
484	8.30	Health Physics Surveys in Uranium Recovery Facilities	铀回收设施保健物理学调查	1
485	8.31	Information Relevant to Ensuring that Occupational Radiation Exposures at Uranium Recovery Facilities Will Be as Low as Is Reasonably Achievable	确保铀回收设施职业辐射照射合理可行尽量低的相关信息	1
486	8.32	Criteria for Establishing a Tritium Bioassay Program	氚生物测定大纲制定准则	0
487	8.33	Quality Management Program	质量管理大纲	W
488	8.34	Monitoring Criteria and Methods To Calculate Occupational Radiation Doses	用于计算职业辐射剂量的监测准则和方法	Draft Rev.1
489	8.35	Planned Special Exposures	有计划的特殊照射	1
490	8.36	Radiation Dose to the Embryo/Fetus	胚胎 / 胎儿的照射剂量	0
491	8.37	ALARA Levels for Effluents from Materials Facilities	核材料设施排出物的 ALARA 水平	0
492	8.38	Control of Access to High and Very High Radiation Areas of Nuclear Plants	核电厂高和超高辐射区的进入控制	1

（续表）

序号	RG	Title	标准名称	版本
493	8.39	Release of Patients Administered Radioactive Materials	患者支配的放射性材料的释放	Draft Rev.1
494	8.40	Methods for Measuring Effective Dose Equivalent from External Exposure	外照射导致的有效剂量当量测量方法	0
495	9.1	Regulatory Staff Position Statement on Antitrust Matters	监管人员关于反垄断事务的立场声明	W
496	9.2	Information Needed by the NRC Staff in Connection with its Antitrust Review of Construction Permit Applications for Nuclear Power Plants	核电厂施工许可证申请时需提供给 NRC 工作人员的反垄断审查相关资料	W
497	9.3	Information Needed by the AEC Regulatory Staff in Connection with its Antitrust Review of Operating License Applications for Nuclear Power Plants	核电厂运行许可证申请时需提供给 AEC 监管人员的反垄断审查相关资料	W
498	9.4	Suggested Format for Cash Flow Statements Submitted as Guarantees of Payment of Retrospective Premiums (for Comment)	作为可追溯保费支付担保提交的现金流量表的建议格式（征求意见稿）	W
499	10.1	Compilation of Reporting Requirements for Persons Subject to NRC Regulations	受 NRC 监管法规约束人员的报告要求的编制	W
500	10.2	Guidance to Academic Institutions Applying for Specific Byproduct Material Licenses of Limited Scope	学术机构限制范围内特殊副产物许可证申请指南	2
501	10.3	Guide for the Preparation of Applications for Special Nuclear Material Licenses of Less than Critical Mass Quantities	低于临界质量数量的特殊核材料许可证申请编制指南	2
502	10.4	Guide for the Preparation of Applications for Licenses to Process Source Material	源材料处理许可证申请编制指南	3
503	10.5	Applications for a Type A License of Broad Scope	广泛应用的 A 类许可证的申请	2
504	10.6	Guide for the Preparation of Applications for an Industrial Radiography License	工业射线照相许可证申请编制指南	2
505	10.7	Guide for the Preparation of Applications for Licenses for Laboratory and Industrial Use of Small Quantities of Byproduct Material	少量实验室和工业用副产物许可证申请编制指南	2
506	10.8	Guide for the Preparation of Applications for Medical Use Programs	医疗项目申请编制指南	3
507	10.9	Guide for the Preparation of Applications for Licenses for the Use of Self–Contained Dry Source–Storage Gamma Irradiators	自含干燥源 γ 辐照器使用许可证申请编制指南	2
508	10.10	Guide for the Preparation of Applications for Radiation Safety Evaluation and Registration of Devices Containing Byproduct Material	含副产物的装置的辐射安全评估和注册申请编制指南	W
509	10.11	Guide for the Preparation of Applications for Radiation Safety Evaluation and Registration of Sealed Sources Containing Byproduct Material	含副产物的密封源的辐射安全评估和注册申请编制指南	W
510	10.12	Preparation of Petitions for Rulemaking Under 10 CFR 2.802 and Preparation and Submission of Proposals for Regulatory Guidance Documents	依据 10 CFR 2.802 进行规则制定的申请的编制和监管导则文件建议书的编制及提交	W

附表 4 ANS 现行有效标准和制修订标准

序号	Title	标准名称	类别	状态
1	ANS–18.2.1–(NEW) Methods for Inferring Environmental Doses	ANS–18.2.1–（新标准）环境剂量推断方法	环境影响评价和分析	P
2	ANS–2.3–2011 Estimating Tornado,Hurricane, and Extreme Straight Line Wind Characteristics at Nuclear Facility Sites (App' d 4/22/2011)	ANS–2.3–2011 核设施厂址龙卷风、飓风和极端直线风的特性评估（2011 年 4 月 22 日批准）	气象	CS
3	ANS–2.15–2013 Criteria for Modeling and Calculating Atmospheric Dispersion of Routine Radiological Releases from Nuclear Facilities (App' d 4/22/2011)	ANS–2.15–2013 核设施常规放射性释放的大气扩散建模和计算准则（2011 年 4 月 22 日批准）	气象	CS
4	ANS–2.16–(NEW) Criteria for Modeling Design–Basis Accidental Releases From Nuclear Facilities	ANS–2.16–（新标准）核设施设计基准事故释放建模准则	气象	P
5	ANS–2.21–2012 Criteria for Assessing Atmospheric Effects on the Ultimate Heat Sink (App' d 6/5/2012)	ANS–2.21–2012 大气对最终热阱影响的评估准则（2012 年 6 月 5 日批准）	气象	CS
6	ANS–2.31–(NEW) Estimating Extreme Precipitation at Nuclear Facility Sites	ANS–2.31–（新标准）核设施厂址极端降水评估	气象	P
7	ANS–3.8.10–(NEW) Criteria for Modeling Real–Time Accidental Release Consequences at Nuclear Facilities	ANS–3.8.10–（新标准）核设施实时事故释放后果的建模准则	气象	P
8	ANS–2.8–(W2002) Determine External Flood Hazards for Nuclear Facilities	ANS–2.8–（W2002）核设施外部洪水灾害的确定	气象	P
9	ANS–2.9–(W2000) Evaluation of Ground Water Supply for Nuclear Facilities	ANS–2.9–（W2000）核设施地下水供应评估	水利	P
10	ANS–2.19–(W1999) Guidelines for Establishing Site–Related Parameters for Site Selection and Design of ISFSIs (Water Pool Type)	ANS–2.19–（W1999）确定独立乏燃料贮存设施（水池型）选址与设计用厂址相关参数的导则	水利	P
11	ANS–2.13–(W1998) Evaluation of Surface–Water Supplies for Nuclear Power Sites	ANS–2.13–（W1998）核设施厂址地表水供应评估	水利	P
12	ANS–2.17–2010 Evaluation of Subsurface Radionuclide Transport at Commercial Nuclear Power Plants (App' d 12/23/2010)	ANS–2.17–2010 商用核电厂地下放射性核素迁移评估（2010 年 12 月 23 日批准）	水利	CS
13	ANS–2.18 - (NEW) Standards for Evaluating Radionuclide Transport in Surface Water for Nuclear Power Sites	ANS–2.18–（新标准）核电厂厂址地表水中放射性核素迁移的评估标准	水利	P
14	ANS–2.32 (NEW) Guidance on the Selection and Evaluation of Remediation Methods for Subsurface Contamination	ANS–2.32（新标准）地下污染修复方法选择和评估导则	水利	P
15	ANS–2.2–(W2012) Earthquake Instrumentation Criteria for Nuclear Power Plants	ANS–2.2–（W2012）核电厂地震仪表准则	抗震	P
16	ANS–2.10–(W2013) Criteria for the Handling and Initial Evaluation of Records from Nuclear Power Plant Seismic Instrumentation	ANS–2.10–（W2013）核电厂地震仪表记录的处理和初步评估准则	抗震	P

（续表）

序号	Title	标准名称	类别	状态
17	ANS-2.11-(W1999) Guidelines for Evaluating Site-Related Geotechnical Parameters at Nuclear Power Sites	ANS-2.11-（W1999）核电厂厂址相关岩土参数的评估导则	抗震	P
18	ANS-2.23-2002 (R2009) Nuclear Plant Response to an Earthquake (RF 6/15/2009)	ANS-2.23-2002（R2009）核电厂地震响应（2009 年 6 月 15 日重新确认继续有效）	抗震	CS
19	ANS-2.26 - 2004 (R2010) Categorization of Nuclear Facility Structures, Systems, and Components for Seismic Design (RF 5/27/2010)	ANS-2.26-2004（R2010）核设施构筑物、系统和部件的抗震设计分类（2010 年 5 月 27 日重新确认继续有效）	抗震	CS
20	ANS-2.27-2008 Criteria for Investigations of Nuclear Facility Sites for Seismic Hazard Assessments (App’d 7/31/2008)	ANS-2.27-2008 核设施厂址地震危险性评估的调查准则（2008 年 7 月 31 日批准）	抗震	CS
21	ANS-2.29-2008 Probabilistic Seismic Hazard Analysis (App’d 7/31/2008)	ANS-2.29-2008 地震危险性概率分析（2008 年 7 月 31 日批准）	抗震	CS
22	ANS-2.30-(NEW) Criteria for Assessing Tectonic Surface Fault Rupture and Deformation at Nuclear Facilities	ANS-2.30-（新标准）核设施构造面断层破裂和变形的评估准则	抗震	P
23	ANS-2.25-(W1999) Surveys of Terrestrial Ecology Needed to License Thermal Power Plants	ANS-2.25-（W1999）热电厂取证所需的陆地生态调查	生态	P
24	ANS-18.3.1-(NEW) Entrainment: Guide to Steam Electric Power Plant Cooling System Siting, Design and Operation for Controlling Damage to Aquatic Organisms	ANS-18.3.1-(新标准)夹带:为防止水生生物受损的蒸汽发电厂冷却系统选址、设计和运行导则	生态	P
25	ANS-18.3.2-(NEW) Cold Shock: Guide to Steam Electric Power Plant Cooling System Siting, Design and Operation for Controlling Damage to Aquatic Organisms	ANS-18.3.2-（新标准）冷冲击：为防止水生生物受损的蒸汽发电厂冷却系统选址、设计和运行导则	生态	P
26	ANS-18.3.3-(NEW) Entrapment/Impingement: Guide to Steam Electric Power Plant Cooling System Siting, Design and Operation for Controlling Damage to Aquatic Organisms at Water Intake Structures	ANS-18.3.3-（新标准）诱捕 / 冲击：为防止取水构筑物中水生生物受损的蒸汽发电厂冷却系统选址、设计和运行导则	生态	P
27	ANS-18.4-(NEW) Aquatic Ecological Surveys Required for Siting, Design, and Operation of Thermal Power Plants	ANS-18.4-（新标准）热电厂选址、设计和运行所需的水生生态调查	生态	P
28	ANS-18.6-(NEW) Discharge of Thermal Effluents into Surface Waters	ANS-18.6-（新标准）热废水排出流进入地表水	生态	P
29	ANS-2.6-(NEW) Guidelines for Estimating Present & Forecasting Future Population Distributions Surrounding Power Reactor Sites	ANS-2.6-（新标准）核电厂厂址周边人口分布当前估算与未来预测的导则	总体和监测	P
30	ANS-2.22-(NEW) Environmental Radiological Monitoring at Nuclear Facilities	ANS-2.22-（新标准）核设施环境放射性监测	总体和监测	P
31	ANS-3.11-2005;R2010 Determining Meteorological Information at Nuclear Facility Sites (RF 12/23/2010)	ANS-3.11-2005;R2010 核设施厂址气象资料的确定（2010 年 12 月 23 日重新确认继续有效）	总体和监测	CS

（续表）

序号	Title	标准名称	类别	状态
32	ANS−16.1−2003;R2008 Measurement of the Leachability of Solidified Low−Level Radioactive Wastes by a Short−Term Test Procedure (RF 8/4/2008)	ANS−16.1−2003;R2008 通过短期试验程序对低水平放射性废物固化体浸出率的测量（2008 年 8 月 4 日重新确认继续有效）	总体和监测	CS
33	ANS−18.7−(NEW) Control and Monitoring of the Discharge of Chemicals	ANS−18.7−（新标准）化学排放物的控制和监测	总体和监测	P
34	ANS−57.1−1992 (R2005) Design Requirements for Light Water Reactor Fuel Handling Systems (RF 7/20/2005)	ANS−57.1−1992（R2005）轻水反应堆燃料装卸系统设计要求（2005 年 7 月 20 日重新确认继续有效）	新旧燃料	CS
35	ANS−57.2 Design Requirements for Light Water Reactor Spent Fuel Facilities at Nuclear Power Plants (WITHDRAWN 1993; RV in Development)	ANS−57.2 核电厂轻水反应堆乏燃料设施设计要求（1993 年撤销；正在编制修订版）	新旧燃料	P
36	ANS−57.3 Design Requirements for New Fuel Storage Facilities at LWR Plants (WITHDRAWN 1993; RV in Development)	ANS−57.3 轻水堆核电厂新燃料贮存设施设计要求（1993 年撤销；正在编制修订版）	新旧燃料	P
37	ANS−57.5−1996 (R2006) Light Water Reactors Fuel Assembly Mechanical Design and Evaluation (RF 2/28/2006)	ANS−57.5−1996（R2006）轻水反应堆燃料组件的机械设计和评估（2006 年 2 月 28 日重新确认继续有效）	新旧燃料	CS
38	ANS−57.8−1995 (R2011) Fuel Assembly Identification (RF 8/26/2011)	ANS−57.8−1995（R2011）燃料组件标识（2011 年 8 月 26 日重新确认继续有效）	新旧燃料	CS
39	ANS−57.10−1996 (R2006) Design Criteria for Consolidation of LWR Spent Fuel (RF 7/6/2006)	ANS−57.10−1996（R2006）轻水堆乏燃料加固设计准则（2006 年 7 月 6 日重新确认继续有效）	新旧燃料	CS
40	ANS−15.19 Shipment and Receipt of Special Nuclear Material (SNM) by Research Reactor (WITHDRAWN 2001; RV being considered)	ANS−15.19 研究堆对特殊核材料（SNM）的装运和接收（2001 年撤销，正在考虑修订版）	高 & 低 & 混合废物	P
41	ANS−40.21 Siting, Construction, and Operation of Commercial Low Level Radioactive Waste Burial Grounds ((inactive project) in consideration for resurrection)	ANS−40.21 商用低水平放射性废物埋藏场的选址、建造和运行（（非活跃项目）考虑重新恢复活跃状态）	高 & 低 & 混合废物	P
42	ANS−40.35 Volume Reduction of Low−Level Radioactive Waste or Mixed Waste (WITHDRAWN 2001; RV in Development)	ANS−40.35 低水平放射性废物或混合废物的减容（2001 年撤销；正在编制修订版）	高 & 低 & 混合废物	P
43	ANS−40.37−2009 Mobile Low−Level Radioactive Waste Processing Systems (App’d 11/20/2009)	ANS−40.37−2009 移动低水平放射性废物处理系统（2009 年 11 月 20 日批准）	高 & 低 & 混合废物	CS
44	ANS−55.1−1992 (R2009) Solid Radioactive Waste Processing System for Light−Water−Cooled Reactor Plants (RF 6/15/2009)	ANS−55.1−1992（R2009）轻水冷却反应堆核电厂放射性固体废物处理系统（2009 年 6 月 15 日重新确认继续有效）	高 & 低 & 混合废物	CS

（续表）

序号	Title	标准名称	类别	状态
45	ANS−55.4−1993 (R2007) Gaseous Radioactive Waste Processing Systems for Light Water Reactor Plants (RF 5/14/2007)	ANS−55.4−1993（R2007）轻水反应堆核电厂放射性废气处理系统（2007 年 5 月 14 日重新确认继续有效）	高 & 低 & 混合废物	CS
46	ANS−55.6−1993 (R2007) Liquid Radioactive Waste Processing System for Light Water Reactor Plants (RF 5/14/2007)	ANS−55.6−1993（R2007）轻水反应堆核电厂放射性废液处理系统（2007 年 5 月 14 日重新确认继续有效）	高 & 低 & 混合废物	CS
47	ANS−15.10 Decommissioning of Research Reactors (WITHDRAWN in 2004; RV being considered)	ANS−15.10 研究堆的退役（2004 年撤销，正在考虑修订版）	退役	P
48	ANS/ASME−58.22, Low Power Shut Down PRA	ANS/ASME−58.22，低功率停堆 PRA	核风险管理	P
49	ASME/ANS RA S−1.2, Level 2 PRA (previously ANS−58.24)	ASME/ANSRAS−1.2，二级 PRA（对应于以前的 ANS−58.24）	核风险管理	P
50	ASME/ANS RA−S−1.3, Level 3 PRA (previously ANS−58.25)	ASME/ANSRA−S−1.3，三级 PRA（对应于以前的 ANS−58.25）	核风险管理	P
51	ASME/ANS RA−S−1.4, Non LWR PRA	ASME/ANSRA−S−1.4，非轻水堆 PRA	核风险管理	P
52	ASME/ANS RA−S−1.5, Advanced LWR PRA	ASME/ANSRA−S−1.5，先进轻水堆 PRA	核风险管理	P
53	ASME/ANS RA−S, Level 1 PRA Including LERF (Part 1)	ASME/ANSRA−S，含 LERF 的一级 PRA（第 1 部分）	核风险管理	P
54	ASME/ANS RA−S, Internal Events At−Power PRA (Part 2)	ASME/ANSRA−S，功率运行内部事件 PRA（第 2 部分）	核风险管理	P
55	ASME/ANS RA−S, Internal Flood At−Power PRA (Part 3)	ASME/ANSRA−S，功率运行内部水淹 PRA（第 3 部分）	核风险管理	P
56	ASME/ANS RA−S, Fires At−Power PRA (Part 4)	ASME/ANSRA−S，功率运行火灾 PRA（第 4 部分）	核风险管理	P
57	ASME/ANS RA−S, External Hazards At−Power (Parts 5−10)	ASME/ANSRA−S，功率运行外部灾害（第 5−10 部分）	核风险管理	P
58	ANS−18.1 (W2009) Radioactive Source Term for Normal Operation of Light Water Reactors	ANS−18.1（W2009）轻水反应堆正常运行的放射性源项	轻水堆及辅助系统设计	P
59	ANS−50.1 Nuclear Safety Criteria for the Design of Stationary Light Water Reactor Plants	ANS−50.1 固定式轻水反应堆核电厂的设计核安全准则	轻水堆及辅助系统设计	P
60	ANS−51.10−1991 (R2008) Auxiliary Feedwater System for Pressurized Water Reactors (RF 10/14/2008)	ANS−51.10−1991（R2008）压水反应堆辅助给水系统（2008 年 10 月 14 日重新确认继续有效）	轻水堆及辅助系统设计	CS
61	ANS−58.6 (W2011) Criteria for Remote Shutdown for Light Water Reactors Facilities	ANS−58.6，轻水反应堆设施远程停堆准则（W2011）	轻水堆及辅助系统设计	P
62	ANS−58.9−2002 (R2009) Single Failure Criteria for Light Water Reactor Safety−Related Fluid Systems (App’d 2/24/2009)	ANS−58.9−2002（R2009）轻水反应堆安全相关流体系统的单一故障准则（2009 年 2 月 24 日批准）	轻水堆及辅助系统设计	CS

（续表）

序号	Title	标准名称	类别	状态
63	ANS−58.11−(W2012) Design Criteria for Safe Shutdown Following Selected Design Basis Events in Light Water Reactors	ANS−58.11−（W2012）轻水反应堆发生所选定的设计基准事件后进行安全停堆的设计准则	轻水堆及辅助系统设计	P
64	ANS−58.14−2011 Safety and Pressure Integrity Classification Criteria for Light Water Reactors (App' d 4/22/2011)	ANS−58.14−2011 轻水反应堆安全性和压力完整性分级准则（2011 年 4 月 22 日批准）	轻水堆及辅助系统设计	CS
65	ANS−56.1 Containment Hydrogen Control	ANS−56.1 安全壳氢气控制	发电及电厂支持系统	P
66	ANS−58.3−1992 (R2008) Physical Protection for Nuclear Safety− Related Systems and Components (RF 10/28/2008)	ANS−58.3−1992（R2008）核安全相关系统和部件的实物保护（2008 年 10 月 28 日重新确认继续有效）	发电及电厂支持系统	CS
67	ANS−58.2−(W1998) Design Basis for Protection of Light Water Nuclear Power Plants Against the Effects of Postulated Pipe Rupture	ANS−58.2−（W1998）轻水堆核电厂假想管道破损事故防护设计准则	发电及电厂支持系统	P
68	ANS−59.3−(W2010) Nuclear Safety Criteria for Control Air Systems	ANS−59.3−（W2010）控制用气系统核安全准则	发电及电厂支持系统	P
69	ANS−59.51−1997 (R2007) Fuel Oil Systems for Safety− Related Emergency Diesel Generators (RF 10/4/2007)	ANS−59.51−1997（R2007）安全相关应急柴油发电机用燃油系统（2007 年 10 月 4 日重新确认继续有效）	发电及电厂支持系统	CS
70	ANS−59.52−1998 (R2007) Lubricating Oil Systems for Safety−Related Emergency Diesel Generators (RF 10/4/2007)	ANS−59.52−1998（R2007）安全相关应急柴油发电机用润滑油系统（2007 年 10 月 4 日重新确认继续有效）	发电及电厂支持系统	CS
71	ANS−3.1 (W2009) Selection, Qualification, and Training of Personnel for Nuclear Power Plants	ANS−3.1（W2009）核电厂人员的选择、资格评定及培训	模拟器、仪器仪表、控制系统、软件和测试	P
72	ANS−3.2−2012 Managerial, Administrative, and Quality Assurance Controls for the Operational Phase of NPPs (App' d 3/20/2012)	ANS−3.2−2012 核电厂运行阶段的行政管理和质量保证（2012 年 3 月 20 日批准）	模拟器、仪器仪表、控制系统、软件和测试	CS
73	ANS−3.4−2013 Medical Certification and Monitoring of Personnel Requiring Operator Licenses for Nuclear Power Plants (App' d 4/29/2013)	ANS−3.4−2013 核电厂操纵员执照申请的健康证明和监测（2013 年 4 月 29 日批准）	模拟器、仪器仪表、控制系统、软件和测试	CS
74	ANS−3.5−2009 Nuclear Power Plant Simulators for Use in Operator Training and Examination (App' d 9/4/2009)	ANS−3.5−2009 操纵员培训与考试用核电厂模拟机（2009 年 9 月 4 日批准）	模拟器、仪器仪表、控制系统、软件和测试	CS
75	ANS−3.13 (NEW) Nuclear Facility Reliability Assurance Program (RAP) Development Criteria	ANS−3.13（新标准）核设施可靠性保证大纲（RAP）编制准则	模拟器、仪器仪表、控制系统、软件和测试	P
76	ANS−56.8−2002 (R2011) Containment System Leakage Testing Requirements (RF 8/9/2011)	ANS−56.8−2002（R2011）安全壳系统泄漏试验要求（2011 年 8 月 9 日重新确认继续有效）	模拟器、仪器仪表、控制系统、软件和测试	CS

（续表）

序号	Title	标准名称	类别	状态
77	ANS−58.8−1994 (R2008) Time Response Design Criteria for Safety−Related Operator Actions (RF 8/25/2008)	ANS−58.8−1994 安全相关的操纵员动作时间响应设计准则（2008 年 8 月 25 日重新确认继续有效）	模拟器、仪器仪表、控制系统、软件和测试	CS
78	ANS−3.8.1 (W2005) Properties of Radiological Emergency Response Functions and Organizations for Nuclear Facilities	ANS−3.8.1（W2005）核设施辐射应急响应职能和组织机构特性	应急预案和响应	P
79	ANS−3.8.2 (W2005) Properties of Functional and Physical Characteristics of Radiological Emergency Response Facilities at Nuclear Facilities	ANS−3.8.2（W2005）核设施内辐射应急响应设施的职能特性及物理特性	应急预案和响应	P
80	ANS−3.8.3 (W2005) Properties of Radiological Emergency Response Plans and Implementing Procedures and Maintaining Emergency Response Capability for Nuclear Facilities	ANS−3.8.3（W2005）核设施辐射应急响应计划与执行程序特性以及应急响应能力的保持	应急预案和响应	P
81	ANS−3.8.6 (W2005) Properties of the Conduct of Offsite Radiological Assessment for Emergency Response and Emergency Radiological Field Monitoring, Sampling and Analysis for Nuclear Facilities	ANS−3.8.6（W2005）核设施应急响应的场外放射评价特性及应急辐射区域的监测、取样和分析	应急预案和响应	P
82	ANS−3.8.7 (W2008) Properties of Planning, Development, Conduct, and Evaluation of Drills and Exercises for Emergency Preparedness at Nuclear Facilities	ANS−3.8.7（W2008）核设施应急准备练习与演习的计划、准备、实施及评估属性	应急预案和响应	P
83	ANS−8.1−2014 Nuclear Criticality Safety in Operations with Fissionable Materials Outside Reactors (RF 4/15/2014)	ANS−8.1−2014 堆外操作可裂变材料的核临界安全（2014 年 4 月 15 日重新确认继续有效）	堆外可裂变材料临界安全	CS
84	ANS−8.3−1887; R2007; R2012 Criticality Accident Alarm System (RF 7/26/2012)	ANS−8.31887;R2007;R2012 临界事故报警系统（2012 年 7 月 26 日重新确认继续有效）	堆外可裂变材料临界安全	CS
85	ANS−8.5−1996; R2002; R2007; R2012 Use of Borosilicate−Glass Raschig Rings as a Neutron Absorber in Solutions of Fissile Material (RF 2/23/2012)	ANS−8.51996;R2002;R2007;R2012 硼硅酸盐玻璃拉希环作为中子吸收剂在易裂变材料溶液中的使用（2012 年 2 月 23 日重新确认继续有效）	堆外可裂变材料临界安全	CS
86	ANS−8.6−1983; R1988; R1995; R2001; R2010 Safety in Conducting Subcritical Neutron−Multiplication Measurements In Situ (RF 11/16/2010)	ANS−8.61983;R1988;R1995;R2001;R2010 次临界中子增殖就地测量安全规定（2010 年 11 月 16 日重新确认继续有效）	堆外可裂变材料临界安全	CS
87	ANS−8.7−1998; R2007; R2012 Nuclear Criticality Safety in the Storage of Fissile Materials (RF 2/23/2012)	ANS−8.7−1998；R2007;R2012 易裂变材料贮存的核临界安全（2012 年 2 月 23 日重新确认继续有效）	堆外可裂变材料临界安全	CS
88	ANS−8.10−1983; R1988; R1999; R2005 Criteria for Nuclear Criticality Safety Controls in Operations with Shielding and Confinement (RF 4/1/2005)	ANS−8.101983;R1988;R1999;R2005 在屏蔽和封闭条件下进行操作的核临界安全控制准则（2005 年 4 月 1 日重新确认继续有效）	堆外可裂变材料临界安全	CS

（续表）

序号	Title	标准名称	类别	状态
89	ANS–8.12–1987; R1993; R2002; R2011 Nuclear Criticality Control and Safety of Plutonium– Uranium Fuel Mixtures Outside Reactors (RF 2/11/2012)	ANS8.121987;R1993;R2002;R2011 堆外钚 – 铀燃料混合物的核临界控制与安全（2012 年 2 月 11 日重新确认继续有效）	堆外可裂变材料临界安全	CS
90	ANS–8.14–2004; R2011 Use of Soluable Neutron Absorbers in Nuclear Facilities Outside Reactors (RF 11/16/2011)	ANS–8.14–2004;R2011 堆外核设施可溶性中子吸收剂的使用（2011 年 11 月 16 日重新确认继续有效）	堆外可裂变材料临界安全	CS
91	ANS–8.15–1981; R1987; R1995; R2005 Nuclear Criticality Control of Special Actinide Elements (RF 7/15/2005)	ANS–8.151981;R1987;R1995;R2005 特种锕系元素的核临界控制（2005 年 7 月 15 日重新确认继续有效）	堆外可裂变材料临界安全	CS
92	ANS–8.17–2004; R2009 Criticality Safety Criteria for the Handling, Storage, and Transportation of LWR Fuel Outside Reactors (RF 9/14/2009)	ANS–8.17–2004;R2009 堆外装卸、贮存及运输轻水堆燃料的临界安全准则（2009 年 9 月 14 日重新确认继续有效）	堆外可裂变材料临界安全	CS
93	ANS–8.19–2005 Administrative Practices for Nuclear Criticality Safety (Approved 5/16/2005)	ANS–8.19–2005 核临界安全行政管理规程（2005 年 5 月 16 日批准）	堆外可裂变材料临界安全	CS
94	ANS–8.20–1991; R1999; R2005 Nuclear Criticality Safety Training (RF 9/16/2005)	ANS–8.201991;R1999;R2005 核临界安全培训（2005 年 9 月 16 日重新确认继续有效）	堆外可裂变材料临界安全	CS
95	ANS–8.21–1995; R2001; R2011 Use of Fixed Neutron Absorbers in Nuclear Facilities Outside Reactors (RF 5/19/2011)	ANS–8.211995;R2001;R2011 固定式中子吸收体在堆外核设施中的使用（2011 年 5 月 19 日重新确认继续有效）	堆外可裂变材料临界安全	CS
96	ANS–8.22–1997; R2006; R2011 Nuclear Criticality Safety Based on Limiting and Controlling Moderators (RF 11/11/2011)	ANS–8.221997;R2006;R2011 基于限制和控制慢化剂的核临界安全（2011 年 11 月 11 日重新确认继续有效）	堆外可裂变材料临界安全	CS
97	ANS–8.23–2007; R2012 Nuclear Criticality Accident Emergency Planning and Response (RF 5/31/2012)	ANS–8.23–2007;R2012 核临界事故应急计划与响应（2012 年 5 月 31 日重新确认继续有效）	堆外可裂变材料临界安全	CS
98	ANS–8.24–2007; R2012 Validation of Neutron Transport Methods for Nuclear Criticality Safety Calculations (RF5/31/2012)	ANS–8.24–2007;R2012 核临界安全计算用中子输运法的验证（2012 年 5 月 31 日重新确认继续有效）	堆外可裂变材料临界安全	CS
99	ANS–8.26–2007; R2012 Criticality Safety Engineer Training and Qualification Program (RF 5/31/2012)	ANS–8.26–2007;R2012 临界安全工程师的培训和资格评定大纲（2012 年 5 月 31 日重新确认继续有效）	堆外可裂变材料临界安全	CS
100	ANS–8.27–2008 Burnup Credit for Light Water Reactor Fuel (RF 8/14/2008)	ANS–8.27–2008 轻水反应堆燃料的燃耗信任制（2008 年 8 月 14 日重新确认继续有效）	堆外可裂变材料临界安全	CS
101	ANS–8.28 Administrative Practices for the Use of Non–Destructive Assay Measurements for Nuclear Criticality Safety	ANS–8.28 核临界安全用无损分析测量管理规定	堆外可裂变材料临界安全	P

（续表）

序号	Title	标准名称	类别	状态
102	ANS−8.29 Nuclear Criticality Safety in Fuel Reprocessing Facilities	ANS−8.29 燃料后处理设施的核临界安全	堆外可裂变材料临界安全	P
103	ANS−3.14 Process for Aging Management and Life Extension for Non− Reactor Nuclear Facilities (active project)	ANS−3.14 非反应堆核设施的老化管理和延寿工艺（活跃项目）	非反应堆核设施	P
104	ANS−57.11 Integrated Safety Assessments for Fuel Cycle Facilities (active project)	ANS−57.11 燃料循环设施的综合安全评估（活跃项目）	非反应堆核设施	P
105	ANS−58.16 Safety Classification and Design Criteria for Non−Reactor Nuclear Facilities (active project)	ANS−58.16 非反应堆核设施的安全分级和设计准则（活跃项目）	非反应堆核设施	P
106	ANS−11.1 General Criteria for Design, Construction, Operation, Maintenance, and Decommissioning for Radioactive Materials Handling Facilities (inactive project)	ANS−11.1 放射性材料装卸设施的设计、建造、运行、维护和退役的通用准则（非活跃项目）	非反应堆核设施	P
107	ANS−11.3 Shielding Wall Service Penetrations (inactive project)	ANS−11.3 屏蔽墙贯穿件（非活跃项目）	非反应堆核设施	P
108	ANS−11.4 Direct View Windows (inactive project)	ANS−11.4 直观式窗口（非活跃项目）	非反应堆核设施	P
109	ANS−11.6 Direct Viewing/TV−Audio (inactive project)	ANS−11.6 直观 / 电视 − 音频（非活跃项目）	非反应堆核设施	P
110	ANS−11.7 Access Doors and Transfer Devices for Personnel and Equipment (inactive project)	ANS−11.7 人员和设备的通道门和传送装置（非活跃项目）	非反应堆核设施	P
111	ANS−11.8 Illumination (inactive project)	ANS−11.8 照明（非活跃项目）	非反应堆核设施	P
112	ANS−11.9 Manipulators, Auxilliary Tools and Remote Handling Devices (inactive project)	ANS−11.9 机械臂、辅助工具和远程装卸设备（非活跃项目）	非反应堆核设施	P
113	ANS−11.2 Hot Cell Atmosphere Control Systems (inactive project)	ANS−11.2 热室空气控制系统（非活跃项目）	非反应堆核设施	P
114	ANS−11.13 In−Cell Utility Requirements (inactive project)	ANS−11.13 热室内设施要求（非活跃项目）	非反应堆核设施	P
115	ANS−11.14 Design Guide for Fire Prevention, Detection and Control for Radioactive Materials Handling Facilities (inactive project)	ANS−11.14 放射性材料装卸设施的防火、探测和控制设计导则（非活跃项目）	非反应堆核设施	P
116	ANS−11.15 Wall Finishes and Protective Coatings (inactive project)	ANS−11.15 墙面装饰和防护涂料（非活跃项目）	非反应堆核设施	P
117	ANS−11.16 Gloveboxes (inactive project)	ANS−11.16 手套箱（非活跃项目）	非反应堆核设施	P
118	ANS−11.17 Operations and Maintenance of Radioactive Materials Handling Facilities (inactive project)	ANS−11.17 放射性材料装卸设施的运行和维护（非活跃项目）	非反应堆核设施	P
119	ANS−40.6 Design Guide for a Radioisotope Laboratory (Type B) (inactive project)	ANS−40.6 放射性同位素实验室设计导则（B 型）（非活跃项目）	非反应堆核设施	P
120	ANS−1−2000 (R2012) Conduct of Critical Experiments (RF 10/5/2012)	ANS−1−2000（R2012）临界实验的实施（2012 年 10 月 5 日重新确认继续有效）	研究堆运行	CS

（续表）

序号	Title	标准名称	类别	状态
121	ANS–14.1–2004 (R2009) Operaton of Fast Pulse Reactors (RF 10/27/09)	ANS–14.1–2004（R2009）快速脉冲反应堆的运行（2009 年 10 月 27 日重新确认继续有效）	研究堆运行	CS
122	ANS–15.1–2007 (R2013) Develoment of Technical Specifications for Research Reactors (App' d 4/24/13)	ANS–15.1–2007（R2013）研究堆技术规范的编制（2013 年 4 月 24 日批准）	研究堆运行	CS
123	ANS–15.2–1999 (R2009) Quality Control for Plate– Type Uranium–Aluminum Fuel Elements (RF 3/23/09)	ANS–15.2–1999（R2009）板型铀 – 铝燃料元件的质量控制（2009 年 3 月 23 日重新确认继续有效）	研究堆运行	CS
124	ANS–15.4–2007 Selection and Training of Personnel for Research Reactors (App' d 8/17/07)	ANS–15.4–2007 研究堆人员的选择和培训（2007 年 8 月 17 日批准）	研究堆运行	CS
125	ANS–15.8–1995 (R2013) Quality Assurance Program Requirements for Research Reactors (RF 5/10/13)	ANS–15.8–1995（R2013）研究堆质量保证大纲要求（2013 年 5 月 10 日重新确认继续有效）	研究堆运行	CS
126	ANS–15.11–2009 Radiation Protection at Research Reactors (App' d 10/8/09)	ANS–15.11–2009 研究堆辐射防护（2009 年 10 月 8 日批准）	研究堆运行	CS
127	ANS–15.15 (W1996) Criteria for the Reactor Safety Systems of Research Reactors	ANS–15.15（W1996）研究堆安全系统准则	研究堆运行	P
128	ANS–15.16–2008 Emergency Planning for Research Reactors (App' d 9/23/08)	ANS–15.16–2008 研究堆应急计划（2008 年 9 月 23 日批准）	研究堆运行	CS
129	ANS–15.21–2012 Format and Content for Safety Analysis Reports for Research Reactors (App' d 4/3/13)	ANS–15.21–2012 研究堆安全分析报告的格式和内容（2013 年 4 月 3 日批准）	研究堆运行	CS
130	ANS–20.1–(NEW) Nuclear Safety Criteria and Design Process for Fluoride Salt–Cooled High–Temperature Reactor NPPs	ANS–20.1–（新标准）氟盐冷却高温堆核电厂的核安全准则和设计流程	先进反应堆研究	CS
131	ANS–53.1–2011 Nuclear Safety Design Process for Modular Helium–Cooled Reactor Plants (App' d 12/22/11)	ANS–53.1–2011 模块化氦冷堆核电厂的核安全设计流程（2011 年 12 月 22 日批准）	先进反应堆研究	CS
132	ANS–54.1–(W1999) Nuclear Safety Criteria and Design Process for Liquid–Sodium–Cooled–Reactor NPPs	ANS–54.1–（W1999）钠冷堆核电厂的核安全准则和设计流程	先进反应堆研究	P
133	ANS–5.4–2011 Method for Calculating the Fractional Release of Volatile Fission Products from Oxide Fuel (Approved 5/19/2011)	ANS–5.4–2011 氧化物燃料中挥发性裂变产物释放份额的计算方法（2011 年 5 月 19 日批准）	屏蔽	CS
134	ANS–5.10–1998 (R2013) Airborne Release Fractions at Non–Reactor Nuclear Facilities (RF 1/15/2013)	ANS–5.10–1998（R2013）非反应堆核设施处气载微粒释放率（2013 年 1 月 15 日重新确认继续有效）	屏蔽	CS
135	ANS–6.1.1 Neutron and Gamma–Ray Fluence–To–Dose Factors	ANS–6.1.1 中子和 γ 射线注量与剂量因子的关系	屏蔽	P

（续表）

序号	Title	标准名称	类别	状态
136	ANS–6.1.2–2013 Group–Averaged Neutron and Gamma–Ray Cross Sections for Radiation Protection and Shielding Calculations for NPPs (Approved 8/28/2013)	ANS–6.1.2–2013 核电厂辐射防护和屏蔽计算用中子和 γ 射线的群平均截面（2013 年 8 月 28 日批准）	屏蔽	CS
137	ANS–6.3.1–1987 (R2007) Program for Testing Radiation Shields in Light Water Reactors (LWR) (RF 4/20/2007)	ANS–6.3.1–1987（R2007）轻水堆（LWR）辐射屏蔽检测大纲（2007 年 4 月 20 日重新确认继续有效）	屏蔽	CS
138	ANS–6.4–2006 Nuclear Analysis and Design of Concrete Radiation Shielding for Nuclear Power Plants (Approved 9/29/2006)	ANS–6.4–2006 核电厂混凝土辐射屏蔽的核分析和设计（2006 年 9 月 29 日批准）	屏蔽	CS
139	ANS–6.4.2–2006 Specification for Radiation Shielding Materials (Approved 9/28/2006)	ANS–6.4.2–2006 辐射屏蔽材料规范（2006 年 9 月 28 日批准）	屏蔽	CS
140	ANS–6.4.3 Gamma–Ray Attenuation Coefficients & Buildup Factors for Engineering Materials	ANS–6.4.3 工程材料 γ 射线的衰减系数和积累因子	屏蔽	P
141	ANS–6.6.1–1987 (R2007), Calculation and Measurements of Direct and Scattered Gamma Radiation from LWR NPPs (RF 3/5/2007)	ANS–6.6.1–1987（R2007），轻水堆核电厂直射和散射 γ 辐射的计算及测量 (R2007)（2007 年 3 月 5 日重新确认继续有效）	屏蔽	CS
142	ANS–10.2–2000 (R2009) Portability of Scientific and Engineering Software (RF 8/14/2009)	ANS–10.2–2000（R2009）科研和工程软件的可移植性（2009 年 8 月 14 日重新确认继续有效）	数学与计算	CS
143	ANS–10.3 Documentation of Computer Software	ANS–10.3 计算机软件文档	数学与计算	P
144	ANS–10.4–2008 Verification and Validation of Non–Safety–Related Scientific and Engineering Computer Programs for the Nuclear Industry (Approved 10/28/2008)	ANS–10.4–2008 核工业非安全相关科研与工程用计算机程序的验证和确认（2008 年 10 月 28 日批准）	数学与计算	CS
145	ANS–10.5–2006 (R2011) Accommodating User Needs in Scientific and Engineering Computer Software Development (RF 11/17/2011)	ANS–10.5–2006（R2011）科研与工程用计算机软件开发用户需求的适应（2011 年 11 月 17 日重新确认继续有效）	数学与计算	CS
146	ANS–10.7–2013 Non–Real–Time, High Integrity Software for the Nuclear Industry–developer requirements (Approved 3/18/2013)	ANS–10.7–2013 核工业非实时高集成软件开发人员要求（2013 年 3 月 18 日批准）	数学与计算	CS
147	ANS–10.8 Non–Real Time, High Integrity Software for the Nuclear Industry–user requirements	ANS–10.8 核工业非实时高集成软件用户要求	数学与计算	P
148	ANS–41.5–2012 Verification and Validation of Radiological Data for Use in Waste Management and Environmental Remediation (Approved 2/15/2012)	ANS–41.5–2012 废物管理和环境整治中使用的辐射数据的验证和确认（2012 年 2 月 15 日批准）	数学与计算	CS
149	ANS–5.1–2005 Decay Heat Power in Light Water Reactors (Approved 4/1/2005)	ANS–5.1–2005 轻水反应堆的衰变热功率（2005 年 4 月 1 日批准）	反应堆物理	CS

（续表）

序号	Title	标准名称	类别	状态
150	ANS−19.1−2002 (R2011) Nuclear Data Sets for Reactor Design Calculations (RF 6/17/2011)	ANS−19.1−2002（R2011）反应堆设计计算用核数据集（2011 年 6 月 17 日重新确认继续有效）	反应堆物理	CS
151	ANS−19.3−2011 Determination of Steady−State Neutron Reaction−Rate Distributions and Reactivity of Nuclear Power Reactors (RF 10/31/2011)	ANS−19.3−2011 核反应堆稳态中子反应率分布和反应性的确定（2011 年 10 月 31 日重新确认继续有效）的	反应堆物理	CS
152	ANS−19.3.4−2002 (R2008) The Determination of Thermal Energy Deposition Rates in Nuclear Reactors (RF 10/31/2008)	ANS−19.3.4−2002（R2008）核反应堆热能沉积率的测定（2008 年 10 月 31 日重新确认继续有效）	反应堆物理	CS
153	ANS−19.4 Acquisition and Documentation of Reference Power Reactor Physics Measurements for Nuclear Analysis Verification	ANS−19.4 核分析验证用参考动力反应堆物理测量的获取和记录	反应堆物理	P
154	ANS−19.5 Requirements for Reference Reactor Physics Measurements	ANS−19.5 参考反应堆物理测量要求	反应堆物理	P
155	ANS−19.6.1−2011 Reload Startup Physics Tests for Pressurized Water Reactors (Approved 1/13/2011)	ANS−19.6.1−2011 压水堆重新装料后的物理启动试验（2011 年 1 月 13 日批准）	反应堆物理	CS
156	ANS−19.8 Fission Product Yields for ^{235}U, ^{238}U, and ^{239}PU	ANS−19.8 铀 $^{-235}$、铀 $^{-238}$、钚 $^{-239}$ 的裂变产物产量	反应堆物理	P
157	ANS−19.9 Delayed Neutron Parameters for Light Water Reactors	ANS−19.9 轻水反应堆缓发中子参数	反应堆物理	P
158	ANS−19.10−2009 Methods for Determining Neutron Fluence in BWR and PWR Pressure Vessel and Reactor Internals (Approved 2/24/2009)	ANS−19.10−2009 沸水堆和压水堆压力容器和堆内构件的中子注量测定方法（2009 年 2 月 24 日批准）	反应堆物理	CS
159	ANS−19.11−1997 (R2011) Calculation and Measurement of the Moderator Temperature Coefficient of Reactivity for Pressurized Water Reactors (RF 6/17/2011)	ANS−19.11−1997（R2011）压水反应堆反应性慢化剂温度系数的计算与测量（2011 年 6 月 17 日重新确认继续有效）	反应堆物理	CS
160	ANS−19.12 Nuclear Data for the Production of Radioisotope	ANS−19.12 放射性同位素生产用核数据	反应堆物理	P

附表 5 ANS 曾经发布并已经废止的版本或标准

序号	ANS 废止的版本或标准
1	ANSI/ANS−1−1987;R1992;W2000 Safety Guide for the Performance of Critical Experiments 临界试验实施安全导则
2	ANSI/ANS−2.2−2002;W2012 Earthquake Instrumentation Criteria for Nuclear Power Plants 核电厂地震仪表准则
3	ANSI/ANS−2.3−1983;W1993 Standard for Estimating Tornado and Extreme Wind Characteristics at Nuclear Power Sites 核电厂厂址龙卷风与极端风况特征评价标准
4	ANSI/ANS−2.7−1982;W1992 Criteria and Guidelines for Assessing Capability for Surface Faulting at Power Reactor Sites 核动力厂厂址地表断层能动性评价的准则与指南
5	ANSI/ANS−2.8−1992;W2002 Determining Design Basis Flooding at Power Reactor Sites 核动力厂厂址设计基准洪水的确定
6	ANSI/ANS−2.9−1980;R1989;W1999 Evaluation of Ground Water Supply for Nuclear Power Sites 核电厂厂址地下水供应评估
7	ANSI/ANS−2.10−2003: Criteria for the Handling and Initial Evaluation of Records from Nuclear Power Plant Seismic Instrumentation 核电厂地震仪表记录的处理和初步评估准则
8	ANSI/ANS−2.11−1978;R1989;W1999 Guidelines for Evaluating Site−Related Geotechnical Parameters at Nuclear Power Sites 核电厂厂址相关岩土参数的评估导则
9	ANSI/ANS−2.12−1978;W1988 Guidelines for Combining Natural and External Man−Made Hazards at Power Reactor Sites 核动力厂厂址自然和外部人为灾害组合评价导则
10	ANSI/ANS−2.13−1979;R1988;W1998 Evaluation of Surface−Water Supplies for Nuclear Power Sites 核电厂厂址地表水供应评估
11	ANSI/ANS−2.17−1980;R1989;W1999 Evaluation of Radionuclide Transport in Ground Water for Nuclear Power Sites 核电厂厂址地下水中放射性核素迁移的评估
12	ANSI/ANS−2.19−1981;R1990;W2000 Guidelines for Establishing Site−Related Parameters for Site Selection and Design of an Independent Spent Fuel Storage Installation (water pool type) 确定独立乏燃料贮存设施（水池式）选址与设计用厂址相关参数的导则
13	ANSI/ANS−2.25−1982;R1989;W1999 Surveys of Terrestrial Ecology Needed to License Thermal Power Plants 热电厂取证所需的陆地生态调查
14	ANSI/ANS−3.1−1993;R1999;W2009 Selection, Qualification, and Training of Personnel for Nuclear Power Plants 核电厂人员的选择、资格评定及培训
15	ANSI/ANS−3.2−2006;W2012 Administrative Controls and Quality Assurance for the Operational Phase of Nuclear Power Plants 核电厂运行阶段的行政管理和质量保证
16	ANSI/ANS−3.3−1988;W1998 Security for Nuclear Power Plants 核电厂安保
17	ANSI/ANS−3.4−1996;R2002;W2012 Medical Certification and Monitoring of Personnel Requiring Operator Licenses for Nuclear Power Plants 核电厂操纵员执照申请的健康证明和监测
18	ANSI/ANS−3.5−1998;W2008 Nuclear Power Plant Simulators for Use in Operator Training and Examination 操纵员培训与考试用核电厂模拟机
19	ANSI/ANS−3.7.1−1995;W2005 Facilities and Medical Care for On−Site Nuclear Power Plant Radiological Emergencies 核电厂现场辐射应急设施与医疗护理
20	ANSI/ANS−3.8.1−1995;W2005 Criteria for Radiological Emergency Response Functions and Organizations 辐射应急响应职能和组织机构准则
21	ANSI/ANS−3.8.2−1995;W2005 Criteria for Functional and Physical Characteristics of Radiological Emergency Response Facilities 辐射应急响应设施的的职能特性及物理特性准则
22	ANSI/ANS−3.8.3−1995;W2005 Criteria for Radiological Emergency Response Plans and Implementing Procedures 辐射应急响应计划和执行程序的准则

（续表）

序号	ANS 废止的版本或标准
23	ANSI/ANS−3.8.4−1995;W2005 Criteria for Maintaining Radiological Emergency Response Capability 辐射应急响应能力的保持准则
24	ANSI/ANS−3.8.5−1992;W2002 Criteria for Emergency Radiological Field Monitoring, Sampling, and Analysis 应急辐射区域的监测、取样和分析准则
25	ANSI/ANS−3.8.6−1995;W2005 Criteria for the Conduct of Offsite Radiological Assessment for Emergency Response for Nuclear Power Plants 核电厂应急响应的场外放射评价准则
26	ANSI/ANS−3.8.7−1998;W2008 Criteria for Planning, Development, Conduct, and Evaluation of Drills and Exercises for Emergency Preparedness 应急准备练习与演习的计划、准备、实施与评估准则
27	ANSI/ANS−3.11−2000;W2005 Determining Meteorological Information at Nuclear Facilities 核设施气象资料的确定
28	ANSI/ANS−4.5−1980;R1986;W1996 Criteria for Accident Monitoring Functions in Light−Water−Cooled Reactors 轻水冷却堆事故监测功能准则
29	ANSI/ANS−5.1−1994;W2004 Decay Heat Power in Light Water Reactors 轻水反应堆的衰变热功率
30	ANSI/ANS−5.4−1982;W1992 Method for Calculating the Fractional Release of Volatile Fission Products from Oxide Fuel 氧化物燃料中挥发性裂变产物释放份额的计算方法
31	ANSI/ANS−6.1.1−1991;W2001 Neutron and Gamma−Ray Fluence−To−Dose Factors 中子和 γ 射线注量与剂量因子的关系
32	ANSI/ANS−6.1.2−1999; R2009; W2013 Neutron and Gamma−Ray Cross Sections for Nuclear Radiation Protection Calculations for Nuclear Power Plants 核电厂辐射防护计算用中子和 γ 射线截面
33	ANSI/ANS−6.4−1997;R2004;W2006 Nuclear Analysis and Design of Concrete Radiation Shielding for Nuclear Power Plants 核电厂混凝土辐射屏蔽的核分析和设计
34	ANSI/ANS−6.4.2−1985;R1997;R2004;W2006 Specification for Radiation Shielding Materials 辐射屏蔽材料规范
35	ANSI/ANS−6.4.3−1991;W2001 Gamma−Ray Attenuation Coefficients & Buildup Factors for Engineering Materials 工程材料 γ 射线的衰减系数和积累因子
36	ANSI/ANS/HPSSC−6.8.1−1981;W1991 Location and Design Criteria for Area Radiation Monitoring Systems for Light Water Nuclear Reactors 轻水堆区域辐射监测系统的位置及设计准则
37	ANSI/ANS/IEEE−7.4.3.2−1990;W2000 Standard Criteria for Digital Computers in Safety Systems of Nuclear Power Generating Stations 核电厂安全系统数字计算机的标准准则
38	ANSI/ANS−8.1−1998;R2007; W2014 Nuclear Criticality Safety in Operations with Fissionable Materials Outside Reactors 堆外操作易裂变材料的核临界安全
39	ANSI/ANS−8.3−1986;W1996 Criticality Accident Alarm System 临界事故报警系统
40	ANSI/ANS−8.5−1986;W1996 Use of Borosilicate−Glass Raschig Rings as a Neutron Absorber in Solutions of Fissile Material 硼硅酸盐玻璃拉希环作为中子吸收剂在易裂变材料溶液中的使用
41	ANSI/ANS−8.7−1975;R1982;R1987;W1997 Guide for Nuclear Criticality Safety in the Storage of Fissile Materials 易裂变材料贮存的核临界安全导则
42	ANSI/ANS−8.9−1987;R1995;W2005 Nuclear Criticality Safety Guide for Steel Pipe Intersections Containing Aqueous Solutions of Fissile Material 含易裂变物质水溶液的钢质管道交接的核临界安全准则
43	ANSI/ANS−8.17−1984;R1997;W2004 Criticality Safety Criteria for the Handling, Storage and Transportation of LWR Fuel Outside Reactors 堆外装卸、贮存及运输轻水堆燃料的核临界安全准则
44	ANSI/ANS−8.19−2005; W2014 Administrative Practices for Nuclear Criticality Safety 核临界安全行政管理规程
45	ANSI/ANS−8.23−1997;W2007 Nuclear Criticality Accident Emergency Planning and Response 核临界事故应急计划与响应

（续表）

序号	ANS 废止的版本或标准
46	ANSI/ANS−10.2−1988;W1998 Recommended Programming Practices to Facilitate the Portability of Scientific and Engineering Computer Programs 为便于科研和工程用计算机程序移植的推荐程序设计实施规程
47	ANSI/ANS−10.3−1995;W2005 Documentation of Computer Software 计算机软件文档
48	ANSI/ANS−10.4−1987;R1998;W2008 Guidelines for the Verification and Validation of Scientific and Engineering Computer Programs for the Nuclear Industry 核工业科研与工程用计算机程序的验证和确认
49	ANSI/ANS−10.5−1994;W2004 Accommodating User Needs in Computer Program Development 计算机程序开发用户需求的适应
50	ANSI/ANS−14.1−1975;R1982;R1989;R2000;W2004 Operation of Fast Pulse Reactors 快速脉冲反应堆的运行
51	ANSI/ANS−15.1−1990;R1999;W2007 The Development of Technical Specifications for Research Reactors 研究堆技术规范的制定
52	ANSI/ANS−15.2−1990;W2000 Quality Control for Plate−Type Uranium−Aluminum Fuel Elements 板型铀 − 铝燃料元件的质量控制
53	ANSI/ANS−15.4−1988;R1999;W2007 Selection and Training of Personnel for Research Reactors 研究堆人员的选择和培训
54	ANSI/ANS−15.7−1977;R1986;W1996 Research Reactor Site Evaluation 研究堆厂址评估
55	ANSI/ANS−15.8−1976;R1986;W1996 Quality Assurance Program Requirements for Research Reactors 研究堆质量保证大纲要求
56	ANSI/ANS−15.10−1994;W2004 Decommissioning of Research Reactors 研究堆的退役
57	ANSI/ANS−15.11−1993;R2004;W2009 Radiation Protection at Research Reactor Facilities 研究堆设施的辐射防护
58	ANSI/ANS−15.12−1977;W1987 Design Objectives for and Monitoring of Systems Controlling Research Reactor Effluents 研究堆排出流控制系统的监测与设计目标
59	ANSI/ANS−15.15−1978;R1986;W1996 Criteria for the Reactor Safety Systems of Research Reactors 研究堆安全系统准则
60	ANSI/ANS−15.16−1982;R1988;R2000;W2008 Emergency Planning for Research Reactors 研究堆应急计划
61	ANSI/ANS−15.17−1981;R1987;R2000;W2010 Fire Protection Program Criteria for Research Reactors 研究堆防火大纲准则
62	ANSI/ANS−15.19−1991;W2001 Shipment and Receipt of Special Nuclear Material (SNM) by Research Reactor Facilities 研究堆设施对特殊核材料的装运和接收
63	ANSI/ANS−15.21−1996; R2006;W2012 Format and Content for Safety Analysis Reports for Research Reactors 研究堆安全分析报告的格式和内容
64	ANSI/ANS−16.1−1986;W1996 Measurement of the Leachability of Solidified Low−Level Radioactive Wastes by a Short−Term Test Procedure 通过短期试验程序对低水平放射性废物固化体浸出率的测量
65	ANSI/ANS−18.1−1999;W2009 Radioactive Source Term for Normal Operation of Light Water Reactors 轻水反应堆正常运行的放射性源项
66	ANSI/ANS−19.1−1983;R1989;W1999 Nuclear Data Sets for Reactor Design Calculations 反应堆设计计算用核数据集
67	ANSI/ANS−19.3−2005;W2011 Determiniation of Steady−State Neutron Reaction−Rate Distributions and Reactivity of Nuclear Power Reactors 核反应堆稳态中子反应率分布和反应性的确定
68	ANSI/ANS−19.3.4−1976;R1983;R1989;W1999 The Determination of Thermal Energy Deposition Rates in Nuclear Reactors 核反应堆热能沉积率的测定

（续表）

序号	ANS 废止的版本或标准
69	ANSI/ANS-19.4-1976;R1983;R1989;R2000;W2010 A Guide for Acquisition and Documentation of Reference Power Reactor Physics Measurements for Nuclear Analysis Verification 核分析验证用参考动力反应堆物理测量的获取和记录导则
70	ANSI/ANS-19.5-1995;W2005 Requirements for Reference Reactor Physics Measurements 参考反应堆物理测量要求
71	ANSI/ANS-19.6.1-2005;W2011 Reload Startup Physics Tests for Pressurized Water Reactors 压水堆重新装料后的物理启动试验
72	ANSI/ANS-40.35-1991;W2001 Volume Reduction of Low-Level Radioactive Waste or Mixed Waste 低水平放射性废物或混合废物的减容
73	ANSI/ANS-40.37-1993;W2003 Mobile Radioactive Waste Processing Systems 移动放射性废物处理系统
74	ANSI/ANS-51.1-1983;R1988;W1998 Nuclear Safety Criteria for the Design of Stationary Pressurized Water Reactor Plants 固定式压水堆核电厂核安全设计准则
75	ANSI/ANS-51.10-1979;W1989 Auxiliary Feedwater System for Pressurized Water Reactors 压水堆辅助给水系统
76	ANSI/ANS-52.1-1983;R1988;W1998 Nuclear Safety Criteria for the Design of Stationary Boiling Water Reactor Plants 固定式沸水堆核电厂核安全设计准则
77	ANSI/ANS-54.1-1989;W1999 General Safety Design Criteria for a Liquid Metal Reactor Nuclear Power Plant 液态金属反应堆核电厂通用安全设计准则
78	ANSI/ANS-54.2-1985;W1995 Design Bases for Facilities for LMFBR Spent Fuel Storage in Liquid Metal Outside the Primary Coolant Boundary 液态金属快中子增殖堆一回路冷却边界外乏燃料贮存设施设计基准
79	ANSI/ANS-54.8-1988;W1998 Liquid Metal Fire Protection in LMR Plants 液态金属反应堆核电厂的液态金属防火要求
80	ANSI/ANS-55.1-1979;W1989 Solid Radioactive Waste Processing System for Light Water Reactor Plants 轻水反应堆核电厂放射性固体废物处理系统
81	ANSI/ANS-55.4-1979;W1989 Gaseous Radioactive Waste Processing System for Light Water Reactor Plants 轻水反应堆核电厂放射性废气处理系统
82	ANSI/ANS-55.6-1979;W1989 Liquid Radioactive Waste Processing System for Light Water Reactor Plants 轻水反应堆核电厂放射性废液处理系统
83	ANSI/ANS-56.2-1984;R1989;W1999 Containment Isolation Provisions for Fluid Systems After a LOCA 冷却剂失水事故后流体系统安全壳隔离规定
84	ANSI/ANS-56.3-1977;R1987;W1997 Overpressure Protection of Low Pressure Systems Connected to the Reactor Coolant Pressure Boundary 与反应堆冷却剂压力边界相连的低压系统的超压保护（无更新版本）
85	ANSI/ANS-56.4-1983;R1988;W1998 Pressure and Temperature Transient Analysis for Light Water Reactor Containments 轻水反应堆安全壳压力和温度瞬态分析（无更新版本）
86	ANSI/ANS-56.5-1979;R1987;W1997 PWR and BWR Containment Spray System Design Criteria 压水堆、沸水堆安全壳喷淋系统的设计准则
87	ANSI/ANS-56.6-1986;W1996 Pressurized Water Reactor Containment Ventilation Systems 压水堆安全壳通风系统
88	ANSI/ANS-56.7-1978;R1987;W1997 Boiling Water Reactor Containment Ventilation Systems 沸水堆安全壳通风系统
89	ANSI/ANS-56.8-1994;W2004 Containment System Leakage Testing Requirements 安全壳系统泄漏试验要求
90	ANSI/ANS-56.10-1982;R1987;W1997 Subcompartment Pressure and Temperature Transient Analysis in LWRs 轻水堆分隔间压力和温度瞬态分析

（续表）

序号	ANS 废止的版本或标准
91	ANSI/ANS–56.11–1988;W1998 Design Criteria for Protection Against the Effects of Compartment Flooding in LWR Plants 轻水堆核电厂隔间淹没效应防护设计准则
92	ANSI/ANS–57.1–1980;W1990 Design Requirements for Light Water Reactor Fuel Handling Systems 轻水反应堆燃料装卸系统设计要求
93	ANSI/ANS–57.2–1983;W1993 Design Requirements for Light Water Reactor Spent Fuel Storage Facilities at Nuclear Power Plants 核电厂轻水反应堆乏燃料贮存设施设计要求
94	ANSI/ANS–57.3–1983;W1993 Design Requirements for New Fuel Storage Facilities at Light Water Reactor Plants 轻水反应堆核电厂新燃料贮存设施设计要求
95	ANSI/ANS–57.5–1981;W1991 Light Water Reactors Fuel Assembly Mechanical Design and Evaluation 轻水反应堆燃料组件的机械设计及评价
96	ANSI/ANS–57.7–1988;R1997;W2007 Design Criteria for an Independent Spent Fuel Storage Installation (Water Pool Type) 独立乏燃料贮存设施（水池型）的设计准则
97	ANSI/ANS–57.8–1978;R1987;W1997 Fuel Assembly Identification 燃料组件标识
98	ANSI/ANS–57.9–1992;R2000;W2010 Design Criteria for an Independent Spent Fuel Storage Installation (Dry Type) 独立乏燃料贮存设施（干式贮存）的设计准则
99	ANSI/ANS–57.10–1987;W1997 Design Criteria for Consolidation of LWR Spent Fuel 轻水堆乏燃料加固设计准则
100	ANSI/ANS–58.2–1988;W1998 Design Basis for Protection of Light Water Nuclear Power Plants Against the Effects of Postulated Pipe Rupture 轻水堆核电厂假想管道破损事故防护设计基准
101	ANSI/ANS–58.3–1977;W1987 Physical Protection for Systems and Components Important to Safety 核安全重要系统和部件的实体防护
102	ANSI/ANS–58.4–1979;W1989 Criteria for Technical Specifications for Nuclear Power Stations 核电厂技术规格书准则
103	ANSI/ANS–58.6–1996;R2001;W2011 Criteria for Remote Shutdown for Light Water Reactors 轻水反应堆远程停堆准则
104	ANSI/ANS–58.8–1984;W1994 Time Response Design Criteria for Nuclear Safety Related Operator Actions 核安全相关操纵员动作时间响应设计准则
105	ANSI/ANS–58.11–1995;R2002;W2012 Design Criteria for Safe Shutdown Following Selected Design Basis Events in Light Water Reactors 轻水反应堆发生所选定的设计基准事件后进行安全停堆的设计准则
106	ANSI/ANS–58.14–1993;W2003 Safety and Pressure Integrity Classification Criteria for Light Water Reactors 轻水反应堆安全性和压力完整性分级准则
107	ANSI/ANS–58.21–2007;W2009 External Events in PRA Methodology 外部事件的概率风险评价（PRA）方法
108	ANSI/ANS–58.23–2007;W2009 Fire PRA Methodology（this standard was superseded by ASME/ANS RA–Sa–2009）火灾概率风险评价（PRA）方法（该标准被 ASME/ANS RA–Sa–2009 替代）
109	ANSI/ANS–59.1–1986;W1996 Nuclear Safety Related Cooling Water Systems for Light Water Reactors 轻水反应堆核安全相关冷却水系统
110	ANSI/ANS–59.2–1985;W1995 Safety Criteria for HVAC Systems Located Outside Primary Containment 一次安全壳外采暖、通风和空调（HVAC）系统的安全准则
111	ANSI/ANS–59.3–1992;R2002;W2012 Nuclear Safety Criteria for Control Air Systems 控制用气系统核安全准则
112	ANSI/ANS–59.51–1989;W1999 Fuel Oil Systems for Safety–Related Emergency Diesel Generators 安全相关应急柴油发电机的燃油系统

附表 6 ASME 发布的与核相关的规范和标准

序号	ASME	Title	标准名称
1	AG-1-1997	Code on Nuclear Air and Gas Treatment/with Addenda	核空气和气体处理规范（带附录）
2	AG-1-2003	Code on Nuclear Air and Gas Treatment	核空气和气体处理规范
3	AG-1-2009	Code on Nuclear Air and Gas Treatment	核空气和气体处理规范
4	AG-1-2012	Code on Nuclear Air and Gas Treatment	核空气和气体处理规范
5	BOI-2000	Criteria of the ASME Boiler and Pressure Vessel Code Section Ⅷ, Division 3	ASME 锅炉和压力容器规范第八卷第 3 册准则
6	BOI-2001	Guide for ASME Stamp Holders for Section Ⅷ Division 1 Vessels and the Pressure Equipment Directive	ASME 第八卷第 1 册容器和承压设备指令钢印持有者导则
7	BPVC-BINDER-2010	2010 BPVC Binder	2010 版锅炉与压力容器规范装订外壳活页夹
8	BPVC-BINDER-2013	2013 BPVC Binder	2013 版锅炉与压力容器规范装订外壳活页夹
9	BPVC-CC-BPV-2010	BPVC Code Cases: Boilers and Pressure Vessels	锅炉与压力容器规范案例：锅炉和压力容器
10	BPVC-CC-BPV-2013	BPVC Code Cases: Boilers and Pressure Vessels	锅炉与压力容器规范案例：锅炉和压力容器
11	BPVC-CC-NUC-2010	BPVC Code Cases: Nuclear Components	锅炉与压力容器规范案例：核部件
12	BPVC-CC-NUC-2013	BPVC Code Cases: Nuclear Components	锅炉与压力容器规范案例：核部件
13	BPVC-Ⅰ-2010	BPVC Section Ⅰ -Rules for Construction of Power Boilers	锅炉与压力容器规范第一卷 - 动力锅炉建造规则
14	BPVC-Ⅰ-2013	BPVC Section Ⅰ -Rules for Construction of Power Boilers	锅炉与压力容器规范第一卷 - 动力锅炉建造规则
15	BPVC-Ⅰ-ES-2010	BPVC Seccion Ⅰ -Reglas para la construccion de calderas de energia (Spanish)	锅炉与压力容器规范第一卷 - 动力锅炉建造规则（西班牙语）
16	BPVC-ⅡA-2010	BPVC Section Ⅱ -Materials-Part A-Ferrous Materials Specifications (2 Volumes)	锅炉与压力容器规范第二卷 - 材料 -A 篇 - 铁基材料规范（两卷）
17	BPVC-ⅡA-2013	BPVC Section Ⅱ -Materials-Part A-Ferrous Materials Specifications (2 Volumes)	锅炉与压力容器规范第二卷 - 材料 -A 篇 - 铁基材料规范（两卷）
18	BPVC-ⅡB-2010	BPVC Section Ⅱ -Materials-Part B-Nonferrous Material Specifications	锅炉与压力容器规范第二卷 - 材料 -B 篇 - 非铁基材料规范
19	BPVC-ⅡB-2013	BPVC Section Ⅱ -Materials-Part B-Nonferrous Material Specifications	锅炉与压力容器规范第二卷 - 材料 -B 篇 - 非铁基材料规范
20	BPVC-ⅡC-2010	BPVC Section Ⅱ -Materials Part C-Specifications for Welding Rods Electrodes and Filler Metals	锅炉与压力容器规范第二卷 - 材料 -C 篇 - 焊条、焊丝和填充金属材料规范

（续表）

序号	ASME	Title	标准名称
21	BPVC–ⅡC–2013	BPVC Section Ⅱ –Materials Part C–Specifications for Welding Rods Electrodes and Filler Metals	锅炉与压力容器规范第二卷–材料–C篇–焊条、焊丝和填充金属材料规范
22	BPVC–ⅡD–2010	BPVC Section Ⅱ –Materials–Part D–Properties–(Customary)	锅炉与压力容器规范第二卷–材料D篇–性能(英制)
23	BPVC–ⅡD–2010	BPVC Section Ⅱ –Materials–Part D–Properties–(Metric)	锅炉与压力容器规范第二卷–材料D篇–性能(公制)
24	BPVC–ⅡD–2013	BPVC Section Ⅱ –Materials–Part D–Properties–(Customary)	锅炉与压力容器规范第二卷–材料D篇–性能(英制)
25	BPVC–ⅡD–2013	BPVC Section Ⅱ –Materials–Part D–Properties–(Metric)	锅炉与压力容器规范第二卷–材料D篇–性能(公制)
26	BPVC–ⅢAPP–2010	BPVC Section Ⅲ –Rules for Construction of Nuclear Facility Components–Division 1–Appendices	锅炉与压力容器规范第三卷–核设施部件建造规则–第1册–附录
27	BPVC–ⅢAPP–2013	BPVC Section Ⅲ –Rules for Construction of Nuclear Facility Components–Division 1–Appendices	锅炉与压力容器规范第三卷–核设施部件建造规则–第1册–附录
28	BPVC–ⅢNB–2010	BPVC Section Ⅲ –Rules for Construction of Nuclear Facility Components–Division 1–Subsection NB–Class 1 Components	锅炉与压力容器规范第三卷–核设施部件建造规则–第1册–NB分卷–1级部件
29	BPVC–ⅢNB–2013	BPVC Section Ⅲ –Rules for Construction of Nuclear Facility Components–Division 1–Subsection NB–Class 1 Components	锅炉与压力容器规范第三卷–核设施部件建造规则–第1册–NB分卷–1级部件
30	BPVC–ⅢNC–2010	BPVC Section Ⅲ –Rules for Construction of Nuclear Facility Components–Division 1–Subsection NC–Class 2 Component	锅炉与压力容器规范第三卷–核设施部件建造规则–第1册–NC分卷–2级部件
31	BPVC–ⅢNC–2013	BPVC Section Ⅲ –Rules for Construction of Nuclear Facility Components–Division 1–Subsection NC–Class 2 Component	锅炉与压力容器规范第三卷–核设施部件建造规则–第1册–NC分卷–2级部件
32	BPVC–ⅢNCA–2010	BPVC Section Ⅲ –Rules for Constructions of Nuclear Facility Components–Subsection NCA–General Requirements for Division 1 and Division 2	锅炉与压力容器规范第三卷–核设施部件建造规则–NCA分卷–第1册和第2册的总要求
33	BPVC–ⅢNCA–2013	BPVC Section Ⅲ –Rules for Constructions of Nuclear Facility Components–Subsection NCA–General Requirements for Division 1 and Division 2	锅炉与压力容器规范第三卷–核设施部件制造规则–NCA分卷–第1册和第2册的总要求
34	BPVC–ⅢND–2010	BPVC Section Ⅲ –Rules for Constructions of Nuclear Facility Components–Division 1–Subsection ND–Class 3 Components	锅炉与压力容器规范第三卷–核设施部件建造规则–第1册–ND分卷3级部件
35	BPVC–ⅢND–2013	BPVC Section Ⅲ –Rules for Constructions of Nuclear Facility Components–Division 1–Subsection ND–Class 3 Components	锅炉与压力容器规范第三卷–核设施部件建造规则–第1册–ND分卷3级部件

（续表）

序号	ASME	Title	标准名称
36	BPVC–ⅢNE–2010	BPVC Section Ⅲ –Rules for Construction of Nuclear Facility Components–Division 1–Subsection NE–Class MC Components	锅炉与压力容器规范第三卷–核设施部件建造规则–第1册–NE分卷MC级部件
37	BPVC–ⅢNE–2013	BPVC Section Ⅲ –Rules for Construction of Nuclear Facility Components–Division 1–Subsection NE–Class MC Components	锅炉与压力容器规范第三卷–核设施部件建造规则–第1册–NE分卷MC级部件
38	BPVC–ⅢNF–2010	BPVC Section Ⅲ –Rules for Construction of Nuclear Facility Components–Division 1–Subsection NF–Supports	锅炉与压力容器规范第三卷–核设施部件建造规则–第1册–NF分卷支撑件
39	BPVC–ⅢNF–2013	BPVC Section Ⅲ –Rules for Construction of Nuclear Facility Components–Division 1–Subsection NF–Supports	锅炉与压力容器规范第三卷–核设施部件建造规则–第1册–NF分卷支撑件
40	BPVC–ⅢNG–2010	BPVC Section Ⅲ –Rules for Construction of Nuclear Facility Components–Division 1–Subsection NG–Core Support Structures	锅炉与压力容器规范第三卷–核设施部件建造规则–第1册–NG分卷堆芯支承结构
41	BPVC–ⅢNG–2013	BPVC Section Ⅲ –Rules for Construction of Nuclear Facility Components–Division 1–Subsection NG–Core Support Structures	锅炉与压力容器规范第三卷–核设施部件建造规则–第1册–NG分卷堆芯支承结构
42	BPVC–ⅢNH–2010	BPVC Section Ⅲ –Rules for Construction of Nuclear Facility Components–Division 1–Subsection NH–Class 1 Components in Elevated Temperature Service	锅炉与压力容器规范第三卷–核设施部件建造规则–第1册–NH分卷高温使用的1级部件
43	BPVC–ⅢNH–2013	BPVC Section Ⅲ –Rules for Construction of Nuclear Facility Components–Division 1–Subsection NH–Class 1 Components in Elevated Temperature Service	锅炉与压力容器规范第三卷–核设施部件建造规则–第1册–NH分卷高温使用的1级部件
44	BPVC–Ⅲ–2–2010	BPVC Section Ⅲ –Rules for Construction of Nuclear Facility Components–Division 2–Code for Concrete Containments	锅炉与压力容器规范第三卷–核设施部件建造规则–第2册混凝土安全壳规范
45	BPVC–Ⅲ–2–2013	BPVC Section Ⅲ –Rules for Construction of Nuclear Facility Components–Division 2–Code for Concrete Containments	锅炉与压力容器规范第三卷–核设施部件建造规则–第2册混凝土安全壳规范
46	BPVC–III–3–2010	BPVC Section Ⅲ –Rules for Construction of Nuclear Facility Components–Divison 3–Containments for Transportation & Storage of Spent Nuclear Fuel & High Level Radioactive Material & Waste	锅炉与压力容器规范第三卷–核设施部件建造规则–第3册乏燃料、高放材料和废物运输与贮存用容器
47	BPVC–Ⅲ–3–2013	BPVC Section Ⅲ –Rules for Construction of Nuclear Facility Components–Divison 3–Containments for Transportation & Storage of Spent Nuclear Fuel & High Level Radioactive Material & W	锅炉与压力容器规范第三卷–核设施部件建造规则–第3册乏燃料、高放材料和废物运输与贮存用容器

（续表）

序号	ASME	Title	标准名称
48	BPVC–Ⅲ–5–2010	BPVC Section Ⅲ –Rules for Construction of Nuclear Facility Components–Division 5–High Temperature Reactors	锅炉与压力容器规范第三卷 – 核设施部件建造规则 – 第 5 册 – 高温反应堆
49	BPVC–Ⅲ–5–2013	BPVC Section Ⅲ –Rules for Construction of Nuclear Facility Components–Division 5–High Temperature Reactors	锅炉与压力容器规范第三卷 – 核设施部件建造规则 – 第 5 册 – 高温反应堆
50	BPVC–Ⅳ–2010	BPVC Section Ⅳ –Rules for Construction of Heating Boilers	锅炉与压力容器规范第四卷 – 采暖锅炉建造规则
51	BPVC–Ⅳ–2013	BPVC Section Ⅳ –Rules for Construction of Heating Boilers	锅炉与压力容器规范第四卷 – 采暖锅炉建造规则
52	BPVC–Ⅸ–2010	BPVC Section Ⅸ –Welding and Brazing Qualifications	锅炉与压力容器规范第九卷 – 焊接与钎焊评定
53	BPVC–Ⅸ–2013	BPVC Section Ⅸ –Welding, Brazing, and Fusing Qualifications	锅炉与压力容器规范第九卷 – 焊接、钎焊和粘接评定
54	BPVC–LABEL–2010	BPVC–LABEL–2010 BPVC Identification Label	锅炉与压力容器规范标签卷 –2010 版锅炉与压力容器规范识别标签
55	BPVC–Ⅴ–2010	BPVC Section Ⅴ –Nondestructive Examination	锅炉与压力容器规范第五卷 – 无损检验
56	BPVC–Ⅴ–2013	BPVC Section Ⅴ –Nondestructive Examination	锅炉与压力容器规范第五卷 – 无损检验
57	BPVC–Ⅵ–2010	BPVC Section Ⅵ –Recommended Rules for the Care and Operation of Heating Boilers	锅炉与压力容器规范第六卷 – 采暖锅炉维护和运行推荐规则
58	BPVC–Ⅵ–2013	BPVC Section Ⅵ –Recommended Rules for the Care and Operation of Heating Boilers	锅炉与压力容器规范第六卷 – 采暖锅炉维护和运行推荐规则
59	BPVC–Ⅶ–2010	BPVC Section Ⅶ –Recommended Guidelines for the Care of Power Boilers	锅炉与压力容器规范第七卷 – 动力锅炉维护推荐导则
60	BPVC–Ⅶ–2013	BPVC Section Ⅶ –Recommended Guidelines for the Care of Power Boilers	锅炉与压力容器规范第七卷 – 动力锅炉维护推荐导则
61	BPVC–Ⅷ–1–2010	BPVC Section Ⅷ –Rules for Construction of Pressure Vessels Division 1	锅炉与压力容器规范第八卷 – 第 1 册压力容器建造规则
62	BPVC–Ⅷ–1–2013	BPVC Section Ⅷ –Rules for Construction of Pressure Vessels Division 1	锅炉与压力容器规范第八卷 – 第 1 册压力容器建造规则
63	BPVC–Ⅷ–2–2010	BPVC Section Ⅷ –Rules for Construction of Pressure Vessels Division 2–Alternative Rules	锅炉与压力容器规范第八卷 – 第 2 册 – 压力容器建造另一规则
64	BPVC–Ⅷ–2–2013	BPVC Section Ⅷ –Rules for Construction of Pressure Vessels Division 2–Alternative Rules	锅炉与压力容器规范第八卷 – 第 2 册 – 压力容器建造另一规则
65	BPVC–Ⅷ–3–2010	BPVC Section Ⅷ –Rules for Construction of Pressure Vessels Division 3–Alternative Rules for Construction of High Pressure Vessels	锅炉与压力容器规范第八卷 – 第 3 册 – 压力容器建造规则 – 高压容器建造另一规则

（续表）

序号	ASME	Title	标准名称
66	BPVC–Ⅹ–2010	BPVC Section Ⅹ –Fiber–Reinforced Plastic Pressure Vessels	锅炉与压力容器规范第十卷 – 纤维加固的塑胶压力容器
67	BPVC–Ⅹ–2013	BPVC Section Ⅹ –Fiber–Reinforced Plastic Pressure Vessels	锅炉与压力容器规范第十卷 – 纤维加固的塑胶压力容器
68	BPVC–Ⅺ–2010	BPVC Section Ⅺ –Rules for Inservice Inspection of Nuclear Power Plant Components	锅炉与压力容器规范第十一卷 – 核电厂部件在役检验规则
69	BPVC–Ⅺ–2013	BPVC Section Ⅺ –Rules for Inservice Inspection of Nuclear Power Plant Components	锅炉与压力容器规范第十一卷 – 核电厂部件在役检验规则
70	BPVC–Ⅻ–2010	BPVC Section Ⅻ –Rules for Construction and Continued Service of Transport Tanks	锅炉与压力容器规范第十二卷 – 运输储罐建造和持续使用规则
71	BPVC–Ⅻ–2013	BPVC Section Ⅻ –Rules for Construction and Continued Service of Transport Tanks	锅炉与压力容器规范第十二卷 – 运输储罐建造和持续使用规则
72	N278.1–1975	Self–Operated and Power–Operated Safety–Related Valves Functional Specification Standard	与安全相关的自动和机动阀门功能规范标准
73	N509–1989	Nuclear Power Plant Air–Cleaning Units and Components with Addenda	核电厂空气净化装置和部件（带附件）
74	N509–2002	Nuclear Power Plant Air–Cleaning Units and Components	核电厂空气净化装置和部件
75	N510–1989	Testing of Nuclear Air–Treatment Systems	核空气处理系统试验
76	N510–2007	Testing of Nuclear Air–Treatment Systems	核空气处理系统试验
77	N511–2007	In–Service Testing of Nuclear Air Treatment, Heating, Ventilating, and Air–Conditioning Systems	核空气处理、加热、通风和空调系统在役试验
78	NOG–1–2010	Rules for Construction of Overhead and Gantry Cranes (Top Running Bridge, Multiple Girder)	桥式和门式起重机（支承桥和多横梁）的制造规则
79	NQA–1–1989	Quality Assurance Program Requirements for Nuclear Facilities/with Addenda	核设施质量保证大纲要求（带附件）
80	NQA–1–1994	Quality Assurance Program Requirements for Nuclear Facilities/with Addenda	核设施质量保证大纲要求（带附件）
81	NQA–1–2008	Quality Assurance Requirements for Nuclear Facility Applications (QA)	核设施应用的质量保证要求（QA）
82	NQA–1–2012	Quality Assurance Requirements for Nuclear Facility Applications	核设施应用的质量保证要求
83	NTB–1–2013	NTB 1–Training Program Reference Material for Use with ASME/ANS RA–Sa–2009	NTB 1– 配合 ASME/ANS RA–Sa–2009 标准使用的培训大纲参考材料
84	OM–1998	Code for the Operation and Maintenance of Nuclear Power Plants with Addenda	核电厂运行和维护规范（带附件）
85	OM–2001	Code for the Operation and Maintenance of Nuclear Power Plants with Addenda	核电厂运行和维护规范（带附件）
86	OM–2004	Code for Operation and Maintenance of Nuclear Power Plants	核电厂运行和维护规范

（续表）

序号	ASME	Title	标准名称
87	OM–2009	Operation and Maintenance of Nuclear Power Plants	核电厂运行和维护
88	OM–2012	Operation and Maintenance of Nuclear Power Plants	核电厂运行和维护
89	OM–S/G–2007	Standards and Guides for Operation and Maintenance of Nuclear Power Plants	核电厂运行和维护标准和导则
90	PCC–1–2013	Guidelines for Pressure Boundary Bolted Flange Joint Assembly	压力边界螺栓法兰连接拼装导则
91	PCC–2–2006	Repair of Pressure Equipment and Piping	压力设备和管道的维修
92	PCC–2–2011	Repair of Pressure Equipment and Piping	压力设备和管道的维修
93	PCC–3–2007	Inspection Planning Using Risk–Based Methods	使用基于风险法的检查计划
94	PTB–1–2009	ASME Section Ⅷ Division 2 Criteria and Commentary	ASME 第八卷第 2 册准则和说明
95	PTB–1–2014	ASME Section Ⅷ Division 2 Criteria and Commentary	ASME 第八卷第 2 册准则和说明
96	PTB–2–2009	Guide to Life Cycle Management of Pressure Equipment Integrity	压力设备完整性的全寿命周期管理导则
97	PTB–3–2013	ASME Section Ⅷ –Division 2 Example Problem Manual	ASME 第八卷第 2 册范例问题手册
98	PTB–4–2013	ASME Section Ⅷ –Division 1 Example Problem Manual	ASME 第八卷第 1 册范例问题手册
99	PTB–5–2013	ASME Section Ⅷ –Division 3 Example Problem Manual	ASME 第八卷第 3 册范例问题手册
100	PTB–6–2013	Guidelines for Strain Gaging of Pressure Vessels Subjected to External Pressure Loading in the PVHO–1 Standard	载人压力容器 –1 标准中承受外部压力负载的压力容器应力规测导则
101	PTB–7–2014	PTB–7–2014 Criteria for Shell–and–Tube Heat Exchangers According to Part UHX of ASME Section Ⅷ –Division 1	ASME 第八卷第 1 册 –UHX 部分管壳式热交换器准则
102	PTB–8–2014	PTB–8–2014 Procurement Guidelines for Metallic Materials	金属材料的采购导则
103	QME–1–2002	Qualification of Active Mechanical Equipment used in Nuclear Power Plants	核电厂能动机械设备鉴定
104	QME–1–2012	Qualification of Active Mechanical Equipment Used in Nuclear Facilities	核设施能动机械设备鉴定
105	RAM–1–2013	Reliability, Availability, and Maintainability of Equipment and Systems in Power Plants	电厂设备和系统可靠性、可用性和可维护性
106	RA–S–2008	Standard for Level 1 / Large Early Release Frequency Probabilistic Risk Assessment for Nuclear Power Plant Applications	核电厂一级 / 大规模早期释放频率的概率风险评价标准
107	STP–2012	Forging a New Nuclear Safety Construct: The ASME Presidential Task Force on Response to Japan Nuclear Power Plant Events (June 2012)	打造全新的核安全理念：ASME 协会主席特别工作组对日本福岛核事故的回应（2012 年 6 月）
108	STP–2013	Forging a New Nuclear Safety Construct: Workshop Summary (NDE) Methodologies for the Assessment of Cracking in Concrete Containments (December 4–5, 2012)	打造全新的核安全理念：研讨会摘要（NDE）混凝土安全壳裂缝评估方法（2012年12月4日–5日）

（续表）

序号	ASME	Title	标准名称
109	STP/NU-001-2005	Risk Initiatives in ASME Nuclear Codes and Standards	ASME 核规范和标准的风险举措
110	STP/PT-002-2005	ASME Section Ⅰ Power Boilers-PED Guide: Supplement to Guide for ASME Stamp Holders Use of Section I to Meet EC Pressure Equipment Directive (97/23/EC)	ASME 第一卷动力锅炉－承压设备指令导则：ASME 钢印持有者在使用第一卷满足欧共体承压设备指令（97/23/EC）的增补导则
111	STP/PT-003-2005	Hydrogen Standardization Interim Report for Tanks, Piping, and Pipelines	储罐、管道、管线用氢气标准化临时报告
112	STP/PT-004-2005	Impregnated Graphite for Pressure Vessels	压力容器用浸渍石墨
113	STP-NU-008-2009	Conservatism in the B2 and B2' Index	ASME STP-NU-008-2009 B2 和 B2'指数中的保守性
114	STP-NU-009-2008	Graphite for High Temperature Gas-Cooled Nuclear Reactors	高温气冷核反应堆用石墨
115	STP-NU-010-2007	Regulatory Safety Issues in Structural Design Criteria of Sec Ⅲ NH for VHTR & GEN IV Reactors	第三卷 NH 分卷 VHTR 和 GEN IV 反应堆结构设计准则中有关监管的安全问题
116	STP-NU-013-2008	Improvement of ASME Section Ⅲ -NH for Grade 91 Negligible Creep and Creep-Fatigue	ASME 第三卷 -NH 分卷中 91 级钢可忽略蠕变和蠕变－疲劳的改善
117	STP-NU-015-2008	A Guide to American Crane Standards for Electric Overhead Traveling Cranes, Hoists, and Related Equipment for Nuclear Facilities	核设施用电气高架移动式起重机、小型起重机和相关设备的美国起重机标准导则
118	STP-NU-018-2009	Creep-Fatigue Data and Existing Evaluation Procedures for Grade 91 and Hastelloy XR	91 级钢和哈斯特洛伊耐蚀镍基合金（XR）的蠕变疲劳数据和现有评估程序
119	STP-NU-019-1-2009	Verification of Allowable Stresses in ASME Section Ⅲ Subsection NH for Grade 91 Steel	ASME 第三卷 -NH 分卷中 91 级钢许用应力的验证
120	STP-NU-020-2008	Verification of Allowable Stresses in ASME Section Ⅲ, Subsection NH for Alloy 800H	ASME 第三卷 -NH 分卷中合金 800H 许用应力的验证
121	STP-NU-035-2012	Extend Allowable Stress Values for Alloy 800H	合金 800H 的扩展许用应力值
122	STP-NU-037-2010	Operating Condition Allowable Stress Values in ASME Section Ⅲ Subsection NH	ASME 第三卷 -NH 分卷中运行工况下的许用应力值
123	STP-NU-038-2010	ASME Code Considerations for the Intermediate Heat Exchanger (IHX)	ASME 规范对中间热交换器的考虑
124	STP-NU-039-2011	Creep and Creep-Fatigue Crack Growth at Structural Discontinuities and Welds	结构不连续处和焊缝处的蠕变和疲劳蠕变裂纹扩展
125	STP-NU-040-2012	Update and Improve Subsection NH-Simplified Elastic and Inelastic Design Analysis Methods	NH 分卷的更新和改善：简化的弹性和非弹性分析方法
126	STP-NU-041-2011	Update and Improve Subsection NH-Alternative Simplified Creep-Fatigue Design Methods	NH 分卷的更新和改善：可供选择型简化的蠕变－疲劳设计方法
127	STP-NU-042-2011	New Materials for ASME Subsection NH	ASME NH 分卷的新材料

（续表）

序号	ASME	Title	标准名称
128	STP–NU –044–2011	Non Destructive Examination (NDE) and In–Service Inspection (ISI) Technology for High Temperature Reactors	高温反应堆的无损检验和在役检查技术
129	STP–NU –045–1–2012	Roadmap to Develop ASME Code Rules for the Construction of High Temperature Gas Cooled Reactors (HTGRS)	ASME 规范高温气冷堆（HTGRS）建造规则制定的路线图
130	STP–NU –051–1–2012	Code Comparison Report for Class 1 Nuclear Power Plant Components	核电厂 1 级部件的规范比较报告
131	STP–NU –057–2013	ASME Code Development Roadmap for HDPE Pipe in Nuclear Service	ASME 规范高密度聚乙烯（HDPE）管核应用规则制定的路线图
132	STP–NU –059–2013	Corrections to Stainless Steel Allowable Stresses	不锈钢许用应力的校正
133	STP–NU –061–2013	Comprehensive Evaluation of the NSQ–100 Nuclear Safety and Quality Management System Requirements	NSQ–100 核安全和质量管理体系要求的综合评价
134	STP–NU –062–2013	Comprehensive Comparison of International Quality Standards	国际质量标准的综合比较分析
135	STP–NU –063–2013	Correct and Extend Allowable Stress Values for 304 and 316 Stainless Steel	304 和 316 不锈钢许用应力值的校正和扩展
136	STP–NU –067–2014	Roadmap for the Development of ASME Code Rules for Fusion Energy Devices	ASME 规范聚变能设备规则制定的路线图
137	STP–NU –068–2014	Corros ion of A193 Grade B7 Bolt Material in BWR Sodium Pentaborate Solutions	沸水堆五硼酸钠溶液中 A193 等级 B7 螺栓材料的腐蚀
138	STP–NU –069–2014	Analysis of Selected Nondestructive Examination (NDE) Methodologies for the Assessment of Cracking in Concrete Containments	混凝土安全壳裂纹评估中选定的无损检验方法分析
139	STP–NU –072–2014	Small Modular Reactor (SMR) Roadmap	小型模块化反应堆（SMR）发展路线图
140	STP–PT –005–2006	Design Factor Guidelines for High–Pressure Composite Hydrogen Tanks	高压复合型氢储罐的设计因子导则
141	STP–PT –006–2007	Design Guidelines for Hydrogen Piping and Pipelines	氢气管道和管线的设计导则
142	STP–PT –007–2006	Comparison of Pressure Vessel Codes: ASME Section Ⅷ & EN13445 (Technical, Commercial, & Usage Comparison Design Fatigue Life Comparison)	压力容器规范的比较：ASME 第八卷 & EN13445（技术、商用、使用对比及设计疲劳寿命比较）
143	STP–PT –011–2008	Integrity Management of Stress Corrosion Cracking in Gas Pipeline High Consequence Areas	输气管道失效后果严重区的应力腐蚀开裂完整性管理
144	STP–PT –014–2008	Data Supporting Composite Tank Standards Development for Hydrogen Infrastructure Applications	氢气基础设施应用复合罐标准制定的数据支持
145	STP–PT –017–2008	Properties for Composite Materials in Hydrogen Service	氢中复合材料科学属性
146	STP–PT –021–2008	Nondestructive Testing and Evaluation Methods for Composite Hydrogen Tanks	合成氢储罐用无损检测和评定方法

（续表）

序号	ASME	Title	标准名称
147	STP-PT -022-2008	Comparison and Validation of Creep-Buckling Analysis Methods	蠕变屈曲分析方法的比较和确定
148	STP-PT -023-2009	Guidelines for In-Service Inspection of Composite Pressure Vessels	复合型压力容器在役检查导则
149	STP-PT -024-2008	Development of Basic Time-Dependent Allowable Stresses for Creep Regime in Section Ⅷ, Divison 1	ASME 第八卷第 1 册中蠕变机制的时间相关的基本许用应力研究
150	STP-PT -025-2009	Extended Fatigue Exemption Rules for Low CR Alloys into the Time-Dependent Range for Section Ⅷ Division 2 Construction	ASME 第八卷第 2 册中时间相关范围的低铬合金疲劳豁免规则
151	STP-PT -026-2009	Guaranteed Higher Strength Properties	保证较高强度特性
152	STP-PT -027-2009	Extended Low Chrome Steel Fatigue Rules	扩展的低铬钢疲劳规则
153	STP-PT -028-2009	Impact Testing Exemption Curves for Low Temperature Operation of Pressure Piping	压力管道低温运行的冲击试验豁免曲线
154	STP-PT -029-1-2012	External Pressure Design in Creep Range	蠕变范围内的外部压力设计
155	STP-PT -031-2010	Pressure Induced Fatigue	压力所致疲劳
156	STP-PT -032-2009	Buckling of Cylindrical, Thin Wall, Trailer Truck Tanks and ASME Section Ⅻ	圆柱型薄壁拖车罐屈曲和 ASME 第十二卷
157	STP-PT -033-2011	Degradation of Notch Toughness by a Post Weld Heat Treatment (PWHT)	焊缝焊后热处理（PWTH）所致的的缺口韧性退化
158	STP-PT -034-2011	Alignment of Sustained Load Stress Indices in the ASME B31 Code	ASME B31 规范中持续荷载应力指数的校准
159	STP-PT -036-2010	Bolted Flanged Connections in Elevated Temperature Service	高温环境下螺栓法兰连接
160	STP-PT -043-2010	ASME Flawed Cylinder Testing	ASME 缺陷筒体试验
161	STP-PT -046-2011	Review of Safety Considerations for Natural Gas Pipeline Block Valve Spacing	天然气管道断流阀安全原则检查
162	STP-PT -047-2011	Principles of Safety and Performance for Medical Hyperbaric Chambers: Guidelines for Regulatory Submission	医疗高压舱安全原则和性能：监管提交导则
163	STP-PT -048-2012	Criteria for Reliability-Based Design and Assessment for ASME B31.8 Code	ASME B31.8 规范用基于可靠性的设计和评估准则
164	STP-PT -049-2012	Investigation of Temperature Derating Factors for High-Strength Line Pipe	高强线管温度降额因子的调查
165	STP-PT -050-2012	An Investigation of Three Radiographic Access Port Plug Geometries and the Surrounding Pipe Wall Undergoing Creep	三个辐照接入端口插头几何尺寸和周围管壁经历蠕变的调查
166	STP-PT -052-2012	Align Mechanical and Civil-Structural Earthquake Design and Qualification Rules for ASME B31 Piping Systems and Pipelines	ASME B31 管道系统和管线用机械和土建结构抗震设计和鉴定规则对标
167	STP-PT -054-2012	Concentrated Solar Power (CSP) Codes and Standards Gap Analysis	聚光式太阳能发电 (CSP) 规范和标准差异分析

（续表）

序号	ASME	Title	标准名称
168	STP–PT –056–2013	Extend Stress–Strain Curve Parameters and Cyclic Stress–Strain Curves to All Materials Listed for Section Ⅷ, Divisions 1 and 2 Construction	扩展应力－应变曲线参数和周期应力－应变曲线至 ASME 第八卷第 1&2 册中所列所有材料
169	STP–PT –064–2013	Evaluation of Fracture Properties Test Methods for Hydrogen Service	含氢环境中断裂属性试验方法评估
170	STP–PT –065–2013	Branch Leg Study for Bioprocessing Equipment	生物工艺设备的分支支柱研究
171	STP–PT –066–2014	Design Guidelines for Corrosion, Erosion and Steam Oxidation of Boiler Tubes in Pulverized Coal–Fired Boilers	煤粉炉锅炉管道的腐蚀、侵蚀和蒸汽氧化的设计导则
172	STP–PT –070–2014	Design Guidelines for the Effects of Creep, Fatigue & Creep–Fatigue Interaction with Design–By–Analysis and Nondestructive Inspection Acceptance Criteria	采用分析设计法和无损检验验收准则的蠕变、疲劳效应和蠕变－疲劳相互作用设计导则
173	STP–PT –071–2014	Stress Intensity Factor Solutions for Internal Cracks in Thick–Walled Cylinder Vessels	厚壁圆筒容器内裂纹的应力强度因子解决方案
174	STP–SA –030–2009	Comparison of FEM Storage/Retrieval Machine Documents to the ASME B30.13 Specification	FEM(欧洲机械搬运协会)储存 / 检索机器文件与 ASME B30.13 规范比较
175	STP–SA –055–2012	Guide to Mobile Crane Standards	移动式起重机标准导则
176	STP–TS –012–1–2012	Thermophysical Properties of Working Gases Used In Working Gas Turbine Applications	燃气轮机使用的工作燃气的热物理特性
177	STP–TS –060–2013	Coal–Fired Plant Decommissioning Investigation Report	燃煤发电厂退役调查报告

附表 7 ASTM 的四个核相关技术委员会制定的标准

序号	ASTM number and Title	ASTM 标准的编号和名称	类别[1]
1	C859–14b Standard Terminology Relating toNuclear Materials	C859–14b 核材料标准术语	C26
2	C753–16a Standard Specification for Nuclear–Grade, Sinterable Uranium Dioxide Powder	C753–16a 核级可烧结二氧化铀粉末的标准规范	C26
3	C757–16e1 Standard Specification for Nuclear–Grade Plutonium Dioxide Powder for Light Water Reactors	C757–16e1 轻水反应堆用核级二氧化钚粉末的标准规范	C26
4	C776–17 Standard Specification for Sintered Uranium Dioxide Pellets for Light Water Reactors	C776–17 轻水反应堆用烧结二氧化铀芯块的标准规范	C26
5	C787–15 Standard Specification for Uranium Hexafluoride for Enrichment	C787–15 六氟化铀浓缩的标准规范	C26
6	C788–03(2015) Standard Specification for Nuclear–Grade Uranyl Nitrate Solution or Crystals	C788–03(2015) 核级硝酸铀酰溶液或晶体的标准规范	C26
7	C833–17 Standard Specification for Sintered (Uranium–Plutonium) Dioxide Pellets for Light WaterReactors	C833–17 轻水反应堆用烧结（铀–钚）二氧化物芯块的标准规范	C26
8	C922–14 Standard Specification for Sintered Gadolinium Oxide–Uranium Dioxide Pellets	C922–14 烧结氧化钆–二氧化铀芯块的标准规范	C26
9	C967–13 Standard Specification for Uranium Ore Concentrate	C967–13 铀精矿的标准规范	C26
10	C996–15 Standard Specification for Uranium Hexafluoride Enriched to Less Than 5% $^{-235}$U	C996–15 对低于 5% 铀 $^{-235}$ 的六氟化铀进行浓缩的标准规范	C26
11	C1052–14 Standard Practice forBulk Sampling of Liquid Uranium Hexafluoride	C1052–14 液体六氟化铀散装取样的标准实施规程	C26
12	C1075–17 Standard Practices for Sampling Uranium–Ore Concentrate	C1075–17 铀精矿取样的标准实施规程	C26
13	C1233–15 Standard Practice for Determining Equivalent Boron Contents of Nuclear Materials	C1233–15 核材料中当量硼含量测定的标准操作规程	C26
14	C1334–05(2016)e1 Standard Specification forUranium Oxides with a235U Content of LessThan 5% for Dissolution Prior to Conversion to Nuclear–GradeUranium Dioxide	C1334–05(2016)e1 转换成核级二氧化铀之前溶解用 235U 含量低于 5% 的氧化铀的标准规范	C26
15	C1462–00(2013) Standard Specification for Uranium Metal Enriched to More than 15% and Less Than 20% $^{-235}$U	C1462–00(2013) 铀 $^{-235}$ 含量大于 15% 小于 20% 的浓缩铀金属的标准规范	C26
16	C1703–18 Standard Practice forSampling of Gaseous Uranium Hexafluoride for Enrichment	C1703–18 浓缩用气态六氟化铀取样的标准操作规程	C26
17	C1838–16 Standard Practice for Cleaning for 1S and 2S Bottles	C1838–16 对 1S 和 2S 瓶进行清洁的标准操作规程	C26
18	C1880–19 Standard Practice for Sampling Gaseous Uranium Hexafluoride using Alumina Pellets	C1880–19 使用氧化铝颗粒对气态六氟化铀进行取样的标准操作规程	C26
19	C1883–19 Standard Practice for Sampling of Gaseous Enriched Uranium Hexafluoride	C1883–19 气态浓缩六氟化铀取样的标准操作规程	C26
20	WK58743 Sampling of gaseous Enriched Uranium Hexafluoride	WK58743 气态浓缩六氟化铀的取样	C26

[3] C26 核燃料循环、D33 防护涂层和发电设施衬里涂层、E10 核技术及应用、E61 辐照加工。

（续表）

序号	ASTM number and Title	ASTM 标准的编号和名称	类别
21	WK71932 Sampling Gaseous Uranium Hexafluoride Using Zeolite in a Single–Use Destructive Assay Sampler	WK71932 使用一次性破坏试验取样器中的沸石对气态六氟化铀进行的取样	C26
22	C1008–99(2008) Standard Specification for Sintered (Uranium–Plutonium) Dioxide Pellets—Fast Reactor Fuel (Withdrawn 2014)	C1008–99(2008) 烧结（铀 – 钚）二氧化物芯块 – 快堆燃料的标准规范（2014 年撤销）	C26
23	C1051–85(1994)e1 Standard Specification for Sodium (Na) as a Coolant for Liquid Metal–Cooled Reactors (Withdrawn 2000)	C1051–85(1994)e1 钠（Na）作为液态金属冷却反应堆冷却剂的标准规范（2000 年撤销）	C26
24	C1143–89(1994)e1 Standard Specification for Helium for Use as a Cover Gas for Liquid Sodium (Withdrawn 2000)	C1143–89(1994)e1 氦气用作液态钠覆盖气体的标准规范（2000 年撤销）	C26
25	C1348–01(2008) Standard Specification for Blended Uranium Oxides with $^{-235}$U Content of Less Than 5% for Direct Hydrogen Reduction to Nuclear Grade Uranium Dioxide (Withdrawn 2013)	C1348–01(2008) 直接加氢还原成核级二氧化铀的铀 $^{-235}$ 含量低于 5% 的混合氧化铀的标准规范（2013 年撤销）	C26
26	C708–16 Standard Specification for Nuclear–Grade Beryllium Oxide Powder	C708–16 核级氧化铍粉末的标准规范	C26
27	C750–18 Standard Specification for Nuclear–Grade Boron Carbide Powder	C750–18 核级碳化硼粉末的标准规范	C26
28	C751–16 Standard Specification for Nuclear–Grade Boron Carbide Pellets	C751–16 核级碳化硼芯块的标准规范	C26
29	C752–18 Standard Specification for Nuclear–Grade Silver–Indium–Cadmium Alloy	C752–18 核级银铟镉合金的标准规范	C26
30	C760–90(2020) Standard Test Methods forChemical and Spectrochemical Analysis of Nuclear–Grade Silver–Indium–Cadmium Alloys	C760–90(2020) 核级银铟镉合金的化学和光谱化学分析的标准试验方法	C26
31	C784–16 Standard Specification for Nuclear–Grade Aluminum Oxide–Boron Carbide Composite Pellets	C784–16 核级氧化铝 – 碳化硼复合芯块标准规范	C26
32	C785–08(2015) Standard Specification forNuclear–Grade Aluminum Oxide Pellets	C785–08(2015) 核级氧化铝芯块的标准规范	C26
33	C791–19 Standard Test Methods for Chemical, Mass Spectrometric, and Spectrochemical Analysisof Nuclear–Grade Boron Carbide	C791–19 核级碳化硼的化学、质谱和光谱化学分析的标准试验方法	C26
34	C809–19 Standard Test Methods for Chemical, Mass Spectrometric, and Spectrochemical Analysisof Nuclear–Grade Aluminum Oxide and Aluminum Oxide–Boron Carbide Composite Pellets	C809–19 核级氧化铝和氧化铝 – 碳化硼复合芯块的化学、质谱和光谱化学分析的标准试验方法	C26
35	C888–18 Standard Specification for Nuclear–Grade Gadolinium Oxide (Gd_2O_3) Powder	C888–18 核级氧化钆 (Gd_20_3) 粉末标准规范	C26
36	C992–20 Standard Specification for Boron–based Neutron Absorbing Material Systems for Use in NuclearFuel Storage Racks in Pool Environment	C992–20 池环境中核燃料贮存格架用硼基中子吸收材料系统的标准规范	C26
37	C1031–11(2016) Standard Specification forNuclear–Grade Aluminum Oxide Powder	C1031–11(2016) 核级氧化铝粉末的标准规范	C26
38	C1065–08(2015) Standard Specification forNuclear–Grade Zirconium Oxide Powder	C1065–08(2015) 核级氧化锆粉末的标准规范	C26

（续表）

序号	ASTM number and Title	ASTM 标准的编号和名称	类别
39	C1066–09(2015) Standard Specification forNuclear Grade Zirconium Oxide Pellets	C1066–09(2015) 核级氧化锆芯块的标准规范	C26
40	C1076–09(2015) Standard Specification forNuclear Grade Hafnium Oxide Pellets	C1076–09(2015) 核级氧化铪芯块的标准规范	C26
41	C1098–08(2015) Standard Specification forNuclear–Grade Hafnium Oxide Powder	C1098–08(2015) 核级氧化铪粉末的标准规范	C26
42	C1187–20 Standard Guide for Establishing Surveillance Test Program for Boron–based Neutron Absorbing Material Systems for Use in Nuclear Fuel Storage Racks in Pool Environment	C1187–20 池环境中核燃料贮存格架用硼基中子吸收材料系统监督试验大纲制定的标准导则	C26
43	C1671–20 Standard Practice for Qualification and Acceptance of Boron Based Metallic NeutronAbsorbers for Nuclear Criticality Control for Dry Cask Storage Systemsand Transportation Packaging	C1671–20 干式贮存系统和运输包装的核临界控制用硼基金属中子吸收剂鉴定和验收的标准操作规程	C26
44	C696–19 Standard Test Methods for Chemical, Mass Spectrometric, and Spectrochemical Analysis of Nuclear–Grade Uranium Dioxide Powders and Pellets	C696–19 核级二氧化铀粉末和芯块的化学、质谱和光谱化学分析的标准试验方法	C26
45	C697–16 Standard Test Methods for Chemical, Mass Spectrometric, and Spectrochemical Analysisof Nuclear–Grade Plutonium Dioxide Powders and Pellets	C697–16 核级二氧化钚粉末及芯块的化学、质谱和光谱化学分析的标准试验方法	C26
46	C698–16 Standard Test Methods for Chemical, Mass Spectrometric, and Spectrochemical Analysisof Nuclear–Grade Mixed Oxides ((U, Pu)O_2)	C698–16 核级混合氧化物 [(U,Pu) O_2] 的化学、质谱及光谱化学分析的标准试验方法	C26
47	C758–18 Standard Test Methods for Chemical, Mass Spectrometric, Spectrochemical, Nuclear, and Radiochemical Analysis of Nuclear–Grade Plutonium Metal	C758–18 核级钚金属的化学、质谱、光谱化学、核及放射化学分析的标准试验方法	C26
48	C759–18 Standard Test Methods for Chemical, Mass Spectrometric, Spectrochemical, Nuclear, and Radiochemical Analysis of Nuclear–Grade Plutonium Nitrate Solutions	C759–18 核级硝酸钚溶液的化学、质谱、光谱化学、核及放射化学分析的标准试验方法	C26
49	C761–18 Standard Test Methods for Chemical, Mass Spectrometric, Spectrochemical, Nuclear, and Radiochemical Analysis of Uranium Hexafluoride	C761–18 六氟化铀的化学、质谱、核及放射化学分析的标准试验方法	C26
50	C799–19 Standard Test Methods for Chemical, Mass Spectrometric, Spectrochemical, Nuclear, and Radiochemical Analysis of Nuclear–Grade Uranyl Nitrate Solutions	C799–19 核级硝酸铀酰溶液的化学、质谱、光谱化学、核及放射化学分析的标准试验方法	C26
51	C889–18 Standard Test Methods for Chemical and Mass Spectrometric Analysis of Nuclear–Grade GadoliniumOxide (Gd_2O_3) Powder	C889–18 核级氧化钆 (Gd_2O_3) 粉末的化学和质谱分析的标准试验方法	C26
52	C968–19 Standard Test Methods for Analysis of Sintered Gadolinium Oxide–Uranium Dioxide Pellets	C968–19 烧结氧化钆 – 二氧化铀芯块分析的标准试验方法	C26
53	C998–17 Standard Practice for Sampling Surface Soil for Radionuclides	C998–17 放射性核素表面土壤取样的标准操作规程	C26
54	C999–17 Standard Practice for Soil Sample Preparation for the Determination of Radionuclides	C999–17 放射性核素测定用土壤试样制备的标准操作规程	C26
55	C1000–19 Standard Test Method forRadiochemical Determination of Uranium Isotopes in Soil byAlpha Spectrometry	C1000–19 用 α 光谱法放化测定土壤中铀同位素的标准试验方法	C26

（续表）

序号	ASTM number and Title	ASTM 标准的编号和名称	类别
56	C1001−19 Standard Test Method forRadiochemical Determination of Plutonium in Soil by Alpha Spectroscopy	C1001−19 用 α 光谱法放化测定土壤中钚的标准试验方法	C26
57	C1022−17 Standard Test Methods for Chemical and Atomic Absorption Analysis of Uranium−Ore Concentrate	C1022−17 铀精矿化学和原子吸收分析的标准试验方法	C26
58	C1108−17 Standard Test Method for Plutonium by Controlled−Potential Coulometry	C1108−17 控制电势库仑法测定钚的标准试验方法	C26
59	C1109−10(2015) Standard Practice for Analysis of Aqueous Leachates from Nuclear Waste MaterialsUsing Inductively Coupled Plasma−Atomic Emission Spectroscopy	C1109−10(2015) 使用电感耦合等离子 – 原子发射光谱法分析核废料中浸出液的标准操作规程	C26
60	C1111−10(2015) Standard Test Method for Determining Elements in Waste Streams by Inductively CoupledPlasma−Atomic Emission Spectroscopy	C1111−10(2015) 使用电感耦合等离子 – 原子发射光谱法测定废液中元素的标准试验方法	C26
61	C1163−14 Standard Practice for Mounting Actinides for Alpha Spectrometry Using Neodymium Fluoride	C1163−14 使用氟化钕 α 光谱法测定锕系元素的标准操作规程	C26
62	C1165−17 Standard Test Method for Determining Plutonium by Controlled−Potential Coulometry in H_2SO_4 at a Platinum Working Electrode	C1165−17 用控制电势库仑法测定铂工作电极上硫酸中钚的标准试验方法	C26
63	C1168−15 Standard Practice for Preparation and Dissolution of Plutonium Materials for Analysis	C1168−15 分析用钚材料的制备和溶解的标准操作规程	C26
64	C1204−14 Standard Test Method for Uranium in Presence of Plutonium by Iron(II) Reduction in PhosphoricAcid Followed by Chromium(VI) Titration	C1204−14 在磷酸中用“铁（II）还原、铬（VI）滴定”法测定钚存在下铀的标准试验方法	C26
65	C1205−07(2012) Standard Test Method for The Radiochemical Determination of Americium^{-241} in Soil by Alpha Spectrometry	C1205−07(2012) 使用 α 光谱法对土壤中镅 $^{-241}$ 进行放射化学测定的标准试验方法	C26
66	C1254−18 Standard Test Method forDetermination of Uranium in Mineral Acids by X−Ray Fluorescence	C1254−18 用 X 射线荧光法测定无机酸中铀的标准试验方法	C26
67	C1255−18 Standard Test Method for Analysis of Uranium and Thorium in Soils by Energy DispersiveX−Ray Fluorescence Spectroscopy	C1255−18 用能量色散 X 射线荧光光谱法分析土壤中铀和钍的标准试验方法	C26
68	C1267−17 Standard Test Method for Uranium by Iron (II) Reduction in Phosphoric Acid Followedby Chromium (VI) Titration in the Presence of Vanadium	C1267−17 在磷酸中用“铁（II）还原、铬（VI）滴定”法测定钒存在下铀的标准试验方法	C26
69	C1268−15 Standard Test Method for Quantitative Determination of 241Am in Plutonium by Gamma−Ray Spectrometry	C1268−15 用 γ 射线光谱法定量测定钚中镅 241 的标准试验方法	C26
70	C1284−18 Standard Practice for Electrodeposition of the Actinides for Alpha Spectrometry	C1284−18 用 α 光谱法测定电镀锕元素的标准操作规程	C26
71	C1287−18 Standard Test Method for Determination of Impurities in Nuclear Grade Uranium Compoundsby Inductively Coupled Plasma Mass Spectrometry	C1287−18 使用电感耦合等离子体质谱法测定核级铀化合物中杂质的标准试验方法	C26
72	C1295−15 Standard Test Method for Gamma Energy Emission from Fission and Decay Products in Uranium Hexafluoride and Uranyl Nitrate Solution	C1295−15 六氟化铀和硝酸铀酰溶液中裂变和衰变产物的伽马能量辐射的标准试验方法	C26
73	C1307−15 Standard Test Method for Plutonium Assay by Plutonium (III) Diode Array Spectrophotometry	C1307−15 用钚 (III) 二极管阵列分光光度法测定钚的标准测试方法	C26

（续表）

序号	ASTM number and Title	ASTM 标准的编号和名称	类别
74	C1343−16 Standard Test Method for Determination of Low Concentrations of Uranium in Oils and Organic Liquids by X−ray Fluorescence	C1343−16 用 X 线荧光测定油和有机溶液中铀的低浓度的标准试验方法	C26
75	C1346−19 Standard Practice for Dissolution of UF_6 from P−10 Tubes	C1346−19P−10 管中 UF_6 溶解的标准操作规程	C26
76	C1347−08(2014)e1 Standard Practice forPreparation and Dissolution of Uranium Materials for Analysis	C1347−08(2014)e1 分析用铀材料的制备和溶解的标准操作规程	C26
77	C1387−14 Standard Guide for the Determination of Technetium−99 in Soil	C1387−14 土壤中锝 −99 测定的标准导则	C26
78	C1402−17 Standard Guide for High−Resolution Gamma−Ray Spectrometry of Soil Samples	C1402−17 土壤样品的高分辨率 γ 射线光谱测定法的标准导则	C26
79	C1408−16 Standard Test Method for Carbon (Total) in Uranium Oxide Powders and Pellets By DirectCombustion−InfraredDetection Method	C1408−16 用直接燃烧红外探测法测定氧化铀粉末和颗粒中总碳量的标准试验方法	C26
80	C1411−14 Standard Practice for The Ion Exchange Separation of Uranium and Plutonium Priorto Isotopic Analysis	C1411−14 同位素分析前铀和钚离子交换分离的标准操作规程	C26
81	C1413−18 Standard Test Method for Isotopic Analysis of Hydrolyzed Uranium Hexafluoride and UranylNitrate Solutions by Thermal Ionization Mass Spectrometry	C1413−18 用热电离质谱法进行水解六氟化铀和硝酸铀酰溶液同位素分析的标准试验方法	C26
82	C1414−01(2014) Standard Practice for The Separation of Americium from Plutonium by Ion Exchange	C1414−01(2014) 用离子交换法从钚中分离镅的标准操作规程	C26
83	C1415−18 Standard Test Method for −238Pu Isotopic Abundance By Alpha Spectrometry	C1415−18 用 α 光谱测定法测定钚 −238 同位素丰度的标准试验方法	C26
84	C1428−18 Standard Test Method for Isotopic Analysis of Uranium Hexafluoride by Single−StandardGas Source Multiple Collector Mass Spectrometer Method	C1428−18 用单标准多收集器气体质谱仪进行六氟化铀同位素分析的标准试验方法	C26
85	C1429−99(2014) Standard Test Method forIsotopic Analysis of Uranium Hexafluoride by Double−StandardMulti−Collector Gas Mass Spectrometer	C1429−99(2014) 用双标准多收集器气体质谱仪进行六氟化铀同位素分析的标准试验方法	C26
86	C1430−18 Standard Test Method forDetermination of Uranium, Oxygen to Uranium (O/U), and Oxygento Metal (O/M) in Sintered Uranium Dioxide and Gadolinia−Uranium DioxidePellets by Atmospheric Equilibration	C1430−18 用大气平衡法测定烧结二氧化铀和氧化钆 − 二氧化铀芯块中铀、氧铀比（O/U）及氧金属比（O/M）的标准试验方法	C26
87	C1432−15 Standard Test Method for Determination of Impurities in Plutonium: Acid Dissolution, Ion Exchange Matrix Separation, and Inductively Coupled Plasma−Atomic Emission Spectroscopic (ICP/AES) Analysis	C1432−15 测定钚中杂质的标准试验方法：酸溶解、离子交换矩阵分离和电感耦合等离子体 − 原子发射光谱法 (ICP/AES) 分析	C26
88	C1441−13 Standard Test Method for the Analysis of Refrigerant 114, Plus Other Carbon−Containing and Fluorine−Containing Compounds in Uranium Hexafluoride via Fourier−Transform Infrared (FTIR) Spectroscopy	C1441−13 用傅里叶转换红外 (FTIR) 光谱法分析六氟化铀中制冷剂 114 加上其他含碳和含氟化合物的标准试验方法	C26
89	C1453−19 Standard Test Method for the Determination of Uranium by Ignition and the Oxygen toUranium (O/U) Atomic Ratio of Nuclear Grade Uranium Dioxide Powdersand Pellets	C1453−19 用点火法和核级二氧化铀粉末和芯块的氧铀原子（O/U）比法测定铀的标准试验方法	C26
90	C1456−13(2018) Standard Test Method for Determination of Uranium or Gadolinium (or both) in Gadolinium Oxide−Uranium Oxide Pellets or by X−Ray Fluorescence (XRF)	C1456−13(2018) 用 X 射线荧光法（XRF）测定氧化钆 − 氧化铀芯块中铀或钆（或二者）的标准试验方法	C26

（续表）

序号	ASTM number and Title	ASTM 标准的编号和名称	类别
91	C1457−18 Standard Test Method for Determination of Total Hydrogen Content of Uranium Oxide Powdersand Pellets by Carrier Gas Extraction	C1457−18 用载气萃取法测定二氧化铀粉末和颗粒中总的氢含量的标准试验方法	C26
92	C1463−19 Standard Practices for Dissolving Glass Containing Radioactive and Mixed Waste for Chemical and Radiochemical Analysis	C1463−19 化学和放射化学分析用含辐射和混合废物的溶解玻璃的标准操作规程	C26
93	C1473−19 Standard Test Method for Radiochemical Determination of Uranium Isotopes in Urine by Alpha Spectrometry	C1473−19 用 α 光谱法放化测定尿中铀同位素的标准试验方法	C26
94	C1474−19 Standard Test Method for Analysis of Isotopic Composition of Uranium in Nuclear−Grade Fuel Material by Quadrupole Inductively Coupled Plasma−Mass Spectrometry	C1474−19 使用四极电感耦合等离子质谱法分析核级燃料中铀的同位素组成的标准试验方法	C26
95	C1475−17 Standard Guide for Determination of Neptunium^{-237} in Soil	C1475−17 测定土壤中镎 $^{-237}$ 的标准导则	C26
96	C1477−08(2014) Standard Test Method for Isotopic Abundance Analysis of Uranium Hexafluoride and Uranyl Nitrate Solutions by Multi−Collector, Inductively Coupled Plasma−MassSpectrometry	C1477−08(2014) 用多收集器电感耦合等离子质谱仪对六氟化铀和硝酸铀酰溶液进行同位素丰度分析的标准试验方法	C26
97	C1502−16 Standard Test Method for Determination of Total Chlorine and Fluorine in Uranium Dioxideand Gadolinium Oxide	C1502−16 测定二氧化铀和氧化钆中总氯量和总氟量的标准试验方法	C26
98	C1507−12 Standard Test Method for Radiochemical Determination of Strontium−90 in Soil	C1507−12 土壤中锶 90 放射化学测定的标准试验方法	C26
99	C1508−18 Standard Test Method for Determination of Bromine and Chlorine in UF_6 andUranyl Nitrate by X−Ray Fluorescence (XRF) Spectroscopy	C1508−18 用 X 射线荧光光谱测定法对 UF_6 和硝酸铀酰中溴和氯的含量进行测定的标准试验方法	C26
100	C1517−16 Standard Test Method for Determination of Metallic Impurities in Uranium Metal or Compoundsby DC−Arc Emission Spectroscopy	C1517−16 用直流电弧发射光谱分析法测定铀金属或化合物中金属杂质的标准试验方法	C26
101	C1539−08(2014) Standard Test Method for Determination of Technetium−99 in Uranium Hexafluoride by Liquid Scintillation Counting	C1539−08(2014) 用液体闪烁计数法测定六氟化铀中锝 −99 的标准试验方法	C26
102	C1561−10(2016) Standard Guide for Determination of Plutonium and Neptunium in Uranium Hexafluoride and U−Rich Matrix by Alpha Spectrometry	C1561−10(2016) 采用 α 光谱测定法对六氟化铀和富铀矩阵中钚和镎进行测定的标准的导则	C26
103	C1590−04(2014) Standard Practice for Alternate Actinide Calibration for Inductively Coupled Plasma−MassSpectrometry	C1590−04(2014) 采用电感耦合等离子体质谱法对交替锕系进行校准的标准操作规程	C26
104	C1625−19 Standard Test Method for Uranium and Plutonium Concentrations and Isotopic Abundancesby Thermal Ionization Mass Spectrometry	C1625−19 通过热电离质谱法测定铀及钚浓度以及同位素丰度的标准试验方法	C26
105	C1636−13 Standard Guide for theDetermination of Uranium^{-232} in Uranium Hexafluoride	C1636−13 六氟化铀中铀 $^{-232}$ 测定的标准导则	C26
106	C1637−13 Standard Test Method for the Determination of Impurities in Plutonium Metal: Acid Digestion and Inductively Coupled Plasma−Mass Spectroscopy (ICP−MS) Analysis	C1637−13 钚金属中杂质测定的标准试验方法：酸消解法和电感耦合等离子体质谱法 (ICP−MS) 分析	C26
107	C1638−06(2013) Standard Guide for the Determination of Iodine^{-129} In Uranium Oxide	C1638−06(2013) 氧化铀中碘 $^{-129}$ 测定的标准导则	C26

（续表）

序号	ASTM number and Title	ASTM 标准的编号和名称	类别
108	C1647–13 Standard Practice for Removal of Uranium or Plutonium, or both, for Impurity Assayin Uranium or Plutonium Materials	C1647–13 去除铀或钚或二者以便分析铀或钚材料中杂质的标准操作规程	C26
109	C1672–17 Standard Test Method for Determination of Uranium or Plutonium Isotopic Compositionor Concentration by the Total Evaporation Method Using a Thermal IonizationMass Spectrometer	C1672–17 用热电离质谱仪通过总蒸发法测定铀或钚同位素组成或浓度的标准试验方法	C26
110	C1689–08a(2014) Standard Practice for Subsampling of Uranium Hexafluoride	C1689–08a(2014) 六氟化铀二次抽样的标准操作规程	C26
111	C1742–17 Standard Test Method for Isotopic Analysis of Uranium Hexafluoride by Double Standard Single–Collector Gas Mass Spectrometer Method	C1742–17 采用双标准单收集器气体质谱法对六氟化铀进行同位素分析的标准试验方法	C26
112	C1769–15 Standard Practice for Analysis of Spent Nuclear Fuel to Determine Selected Isotopes and Estimate Fuel Burnup	C1769–15 分析乏燃料以确定选定的同位素和估算燃耗的标准操作规程	C26
113	C1770–13 Standard Test Method for Determination of Loose and Tapped Bulk Density of Plutonium Oxide	C1770–13 氧化钚松散和振实密度测定的标准试验方法	C26
114	C1771–13 Standard Test Method for Determination of Boron, Silicon, and Technetium in Hydrolyzed Uranium Hexafluoride by Inductively Coupled Plasma—Mass Spectrometer After Removal of Uranium by Solid Phase Extraction	C1771–13 固相萃取法除铀后用电感耦合等离子体质谱仪测定水解六氟化铀中硼、硅和锝的标准试验方法	C26
115	C1816–16 Standard Practice for The Ion Exchange Separation of Small Volume Samples Containing Uranium, Americium, and Plutonium Prior to Isotopic Abundance and Content Analysis	C1816–16 同位素丰度和含量分析前对含铀、镅和钚的小容量样本进行离子交换分离的标准操作规程	C26
116	C1817–16 Standard Test Method for The Determination of the Oxygen to Metal (O/M) Ratio in Sintered Mixed Oxide ((U, Pu)O_2) Pellets by Gravimetry	C1817–16 采用重量法测定烧结混合氧化物（（U，Pu）O_2）球粒中氧金属（O / M）比的标准试验方法	C26
117	C1832–16 Standard Test Method for Determination of Uranium Isotopic Composition by the Modified Total Evaporation (MTE) Method Using a Thermal Ionization Mass Spectrometer	C1832–16 用热电离质谱仪通过改进总蒸发法（MTE）测定铀同位素组成的标准试验方法	C26
118	C1842–16 Standard Test Method for The Analysis of Boron and Silicon in Uranium Hexfluoride via Fourier–Transform Infrared (FTIR) Spectroscopy	C1842–16 通过傅里叶变换红外光谱法（FTIR）分析六氟化铀中硼和硅的标准试验方法	C26
119	C1843–16 Standard Test Method for Determining Moisture Content in Uranium–Ore Concentrate	C1843–16 测定铀矿石浓缩物水分含量分析的标准试验方法	C26
120	C1844–16 Standard Test Method for Determination of Uranium in Urine by Inductively Coupled Plasma Mass Spectrometer Following Nitric Acid Dilution	C1844–16 利用硝酸配稀后电感耦合等离子体质谱仪测定尿中铀的标准试验方法	C26
121	C1845–16 Standard Practice for The Separation of Lanthanide Elements from Uranium Matrices Using High Pressure Ion Chromatography (HPIC) for Isotopic Analyses by Inductively Coupled Plasma Mass Spectrometry (ICP–MS)	C1845–16 在以电感耦合等离子体质谱法（ICP–MS）进行的同位素分析中使用高压离子色谱法（HPIC）从铀基质中分离镧系元素的标准实践规程	C26
122	C1853–17 Standard Test Method for The Determination of Carbon (Total) Content in Mixed Oxide ((U, Pu)O_2) Sintered Pellets by Direct Combustion–Infrared Detection Method	C1853–17 采用直接燃烧 – 红外探测法测定混合氧化物（（U，Pu）O_2）烧结芯块中碳（总）含量的标准试验方法	C26

（续表）

序号	ASTM number and Title	ASTM 标准的编号和名称	类别
123	C1854–17 Standard Test Method for Determination of Hydrogen (total from all sources) in Mixed Oxide ((U, Pu) O_2) Sintered Pellets by the Inert Gas Fusion Technique Followed by Thermal Conductivity Measurement	C1854–17 采用惰性气体熔融－热导检测的方法测定混合氧化物（（U，Pu）O_2）烧结芯块中氢（全部来源）的标准试验方法	C26
124	C1865–18 Standard Test Method for The Determination of Carbon and Sulfur Content in Plutonium Oxide Powder by the Direct Combustion–Infrared Spectrophotometer	C1865–18 用直接燃烧－红外分光光度计测定氧化钚粉末中碳和硫含量的标准试验方法	C26
125	C1868–18 Standard Practice for Ceramographic Preparation of UO2 and Mixed Oxide (U,Pu)O_2 Pellets for Microstructural Analysis	C1868–18 微观结构分析用 UO2 和混合氧化物 (U, Pu)O_2 芯块的磁相制备的标准规程	C26
126	C1871–18a Standard Test Method for Determination of Uranium Isotopic Composition by the Double Spike Method Using a Thermal Ionization Mass Spectrometer	C1871–18a 用热电离质谱仪通过双稀释剂法测定铀同位素组成的标准试验方法	C26
127	E321–96(2012) Standard Test Method for Atom Percent Fission in Uranium and Plutonium Fuel (Neodymium–148 Method)	E321–96(2012) 铀和钚燃料中原子裂变百分数测定标准试验方法（钕 –148 法）	C26
128	WK51247 The Determination of Nitrogen (Total) Content in Mixed Oxide ((U, Pu)O_2) Sintered Pellets, or Pu Oxide Powder by the Inert Gas Fusion Technique Followed by Thermal Conductivity Measurement	WK51247 采用惰性气体熔融－热导检测法测定混合氧化物 ((U,Pu) O_2) 烧结芯块或钚氧化物粉末中的氮（总）含量	C26
129	WK63940 Moisture Analysis of Plutonium Dioxide (PuO_2) by Thermogravimetric Mass Spectrometry (TGA–MS)	WK63940 采用热重分析与质谱技术（TGA–MS）的二氧化钚（PuO_2）水含量分析	C26
130	WK60656 Preparation of Plutonium Materials by Pyrohydrolysis for Determination of Fluoride, Choride, or Both	WK60656 氟化物和 / 或氯化物测定用钚材料的热水解制备	C26
131	C982–03 Standard Guide for Selecting Components for Energy–Dispersive X–Ray Fluorescence (XRF) Systems (Withdrawn 2008)	C982–03 能量色散 X 射线荧光（XRF）装置用部件选择标准指南（2008 年撤销）	C26
132	C983–91 Test Methods for Chemical and Instrumental Analysis of Metallic Core Components in Liquid Metal Fast–Breeder Reactors (LMFBR) (Withdrawn 1996)	C983–91 液态金属式快中子核反应堆（LMFBR）中金属芯成分的化学分析和仪器分析的试验方法（1996 年撤销）	C26
133	C997–83(1993)e1 Test Methods for Chemical and Instrumental Analysis of Nuclear–Grade Sodium and Cover Gas (Withdrawn 1999)	C997–83(1993)e1 核级钠和保护气的化学分析与仪器分析试验方法（1999 年撤销）	C26
134	C1011–83 Standard Guide for Selection or Specification of Electrodeless Conductivity Instruments for the Nuclear Fuel Cycle (Withdrawn 1996)	C1011–83 核燃料循环用无极电导仪的选择指南或规范（1996 年撤销）	C26
135	C1110–03(2008) Standard Practice for Sample Preparation for X–Ray Emission Spectrometric Analysis of Uranium in Ores Using the Glass Fusion or Pressed Powder Method (Withdrawn 2014)	C1110–03(2008) 使用玻璃熔融或压粉法制备矿石中铀 X 射线发射光谱分析用样品的标准规程（2014 年撤销）	C26
136	C1118–07 Standard Guide for Selecting Components for Wavelength–Dispersive X–Ray Fluorescence (XRF) Systems (Withdrawn 2011)	C1118–07 波长色散 X 射线荧光（XRF）系统部件选择标准指南（2011 年撤销）	C26
137	C1206–02(2010) Standard Test Method for Plutonium by Iron (II)/Chromium (VI) Amperometric Titration (Withdrawn 2015)	C1206–02(2010) 铁 (II)/ 铬 (VI) 安培滴定法测定钚的标准试验方法（2015 年撤销）	C26

（续表）

序号	ASTM number and Title	ASTM 标准的编号和名称	类别
138	C1219–05(2009) Standard Test Methods for Arsenic in Uranium Hexafluoride (Withdrawn 2015)	C1219–05(2009) 六氟化铀中砷测定的标准试验方法（2015 年撤销）	C26
139	C1235–99 Standard Test Method for Plutonium by Titanium(III)/Cerium(IV) Titration (Withdrawn 2005)	C1235–99 钛（III）/ 铈（IV）滴定法测定钚的标准试验方法（2005 年撤销）	C26
140	C1296–95(2007) Standard Test Method for Determination of Sulfur in Uranium Oxides and Uranyl Nitrate Solutions by X–Ray Fluorescence (XRF) (Withdrawn 2007)	C1296–95(2007) X 射线荧光法（XRF）测定铀氧化物和硝酸铀酰溶液中硫的标准试验方法（2007 年撤销）	C26
141	C1310–01(2007) Standard Test Method for Determining Radionuclides in Soils by Inductively Coupled Plasma–Mass Spectrometry Using Flow Injection Preconcentration (Withdrawn 2011)	C1310–01(2007) 流动注射预浓缩、电感耦合等离子体质谱法测定土壤中放射性核素的标准试验方法（2011 年撤销）	C26
142	C1342–96 Standard Practice for Flux Fusion Sample Distribution (Withdrawn 2001)	C1342–96 通量熔融样品分布的标准规程（2001 年撤销）	C26
143	C1344–97(2013) Standard Test Method for Isotopic Analysis of Uranium Hexafluoride by Single–Standard Gas Source Mass Spectrometer Method (Withdrawn 2020)	C1344–97(2013) 单位准气体源质谱计法进行六氟化铀同位素分析的标准试验方法（2020 年撤销）	C26
144	C1345–08 Standard Test Method for Analysis of Total and Isotopic Uranium and Total Thorium in Soils by Inductively Coupled Plasma–Mass Spectrometry (Withdrawn 2015)	C1345–08 电感耦合等离子体质谱法分析土壤中总铀、铀同位素以及总钍的标准试验方法（2015 年撤销）	C26
145	C1379–10 Standard Test Method for Analysis of Urine for Uranium^{-235} and Uranium^{-238} Isotopes by Inductively Coupled Plasma–Mass Spectrometry (Withdrawn 2017)	C1379–10 电感耦合等离子体质谱法分析尿中铀 $^{-235}$ 和铀 $^{-238}$ 同位素的标准试验方法（2017 年撤销）	C26
146	C1380–04(2011) Standard Test Method for Determination of Uranium Content and Isotopic Composition by Isotope Dilution Mass Spectrometry (Withdrawn 2018)	C1380–04(2011) 同位素稀释质谱法测定铀含量和同位素组成的标准试验方法（2018 年撤销）	C26
147	C1412–99 Standard Practice for Microwave Oven Dissolution of Glass Containing Radioactive and Mixed Wastes (Withdrawn 2001)	C1412–99 微波炉溶解含放射性和混合废物的玻璃的标准规程（2001 年撤销）	C26
148	C1476–06 Standard Test Method for Analysis of Urine for Technetium–99 by Inductively Coupled Plasma–Mass Spectrometry (Withdrawn 2011)	C1476–06 电感耦合等离子体质谱法分析尿中锝 –99 的标准试验方法（2011 年撤销）	C26
149	C1614–05(2010) Standard Practice for the Determination of ^{237}Np, ^{232}Th, ^{235}U and ^{238}U in Urine by Inductively Coupled Plasma–Mass Spectrometry (ICP–MS) and Gamma Ray Spectrometry. (Withdrawn 2015)	C1614–05(2010) 电感耦合等离子体质谱法 (ICP–MS) 和伽玛射线光谱法测定尿液中 ^{237}Np、^{232}Th、^{235}U 和 ^{238}U 含量的标准规程	C26
150	C1144–89(2011) Standard Test Method for Splitting Tensile Strength for Brittle Nuclear Waste Forms (Withdrawn 2018)	C1144–89(2011) 脆性核废物固化体抗拉强度测定标准试验方法（2018 年撤销）	C26
151	C1220–17 Standard Test Method for Static Leaching of Monolithic Waste Forms for Disposal of RadioactiveWaste	C1220–17 放射性废物处置用整块废物静态浸出标准试验方法	C26
152	C1308–08(2017) Standard Test Method for Accelerated Leach Test for Diffusive Releases from SolidifiedWaste and a Computer Program to Model Diffusive, Fractional Leachingfrom Cylindrical Waste Forms	C1308–08(2017) 固化废物浸出物的加速浸出试验的标准试验方法及模拟从圆柱形废物固化体浸出和部分渗漏的计算机程序	C26
153	C1571–03(2012) Standard Guide for Characterization of Radioactive and/or Hazardous Wastes for Thermal Treatment (Withdrawn 2018)	C1571–03(2012) 需热处理的放射性和 / 或危险废物特性鉴定标准指南（2018 年撤销）	C26

（续表）

序号	ASTM number and Title	ASTM 标准的编号和名称	类别
154	C1733–17a Standard Test Method for Distribution Coefficients of Inorganic Species by the BatchMethod	C1733–17a 无机物种分布系数标准试验方法（分批法）	C26
155	C1009–13a Standard Guide for Establishing and Maintaining a Quality Assurance Program forAnalytical Laboratories Within the Nuclear Industry	C1009–13a 核工业分析实验室质量保证大纲制定及维护标准指南	C26
156	C1068–15 Standard Guide for Qualification of Measurement Methods by a Laboratory Withinthe Nuclear Industry	C1068–15 核工业实验室测定方法合格性评定标准指南	C26
157	C1128–18 Standard Guide for Preparation of Working Reference Materials for Use in Analysis of Nuclear Fuel Cycle Materials	C1128–18 核燃料循环材料分析用工作标准物质制备标准指南	C26
158	C1156–18 Standard Guide for Establishing Calibration for a Measurement Method Used to AnalyzeNuclear Fuel Cycle Materials	C1156–18 核燃料循环材料分析用测定方法校准标准指南	C26
159	C1188–04(2011) Standard Guide for Establishing a Quality Assurance Program for Uranium Conversion Facilities (Withdrawn 2017)	C1188–04(2011) 铀转化厂质量保证大纲编制标准指南（2017 年撤销）	C26
160	C1210–18 Standard Guide for Establishing a Measurement System Quality Control Program forAnalytical Chemistry Laboratories Within the Nuclear Industry	C1210–18 核工业分析化学实验室测定系统质量控制大纲编制标准指南	C26
161	C1215–18 Standard Guide for Preparing and Interpreting Precision and Bias Statements inTest Method Standards Used in the Nuclear Industry	C1215–18 核工业试验方法标准中精度与偏差报告编制及说明标准指南	C26
162	C1297–18 Standard Guide for Qualification of Laboratory Analysts for the Analysis of NuclearFuel Cycle Materials	C1297–18 核燃料循环材料分析的实验室分析人员资格评定标准指南	C26
163	C1062–00(2014) Standard Guide for Design, Fabrication, and Installation of Nuclear Fuel DissolutionFacilities	C1062–00(2014) 核燃料溶解设施设计、制造和安装标准指南	C26
164	C1217–00(2012) Standard Guide for Design of Equipment for Processing Nuclear and Radioactive Materials	C1217–00(2012) 核和放射性材料工艺设备设计标准指南	C26
165	C1030–10(2018) Standard Test Method for Determination of Plutonium Isotopic Composition by Gamma–RaySpectrometry	C1030–10(2018) γ 射线能谱法测定钚同位素成分的标准试验方法	C26
166	C1133/C1133M–10(2018) Standard Test Method for Nondestructive Assay of Special Nuclear Material in Low–Density Scrap and Waste by Segmented Passive Gamma–Ray Scanning	C1133/C1133M–10(2018) 无源 γ 射线分段扫描法无损分析低密度废料及废物中特种核材料的标准试验方法	C26
167	C1207–10(2018) Standard Test Method for Nondestructive Assay of Plutonium in Scrap and Waste by Passive Neutron Coincidence Counting	C1207–10(2018) 无源中子符合计数法无损测定废料和废物中钚的标准试验方法	C26
168	C1221–10(2018) Standard Test Method for Nondestructive Analysis of Special Nuclear Materials in Homogeneous Solutions by Gamma–Ray Spectrometry	C1221–10(2018) γ 射线能谱法无损分析均质溶液中特种核材料的标准试验方法	C26
169	C1316–08(2017) Standard Test Method for Nondestructive Assay of Nuclear Material in Scrap and Wasteby Passive–Active Neutron Counting Using $^{-252}$Cf Shuffler	C1316–08(2017) 锎 $^{-252}$ 源移动测定仪的无源 – 有源中子计数法无损测定废料和废物中核材料的标准试验方法	C26
170	C1455–14e1 Standard Test Method for Nondestructive Assay of Special Nuclear Material Holdup UsingGamma–Ray Spectroscopic Methods	C1455–14e1 γ 射线能谱法无损测定特种核材料滞留量的标准试验方法	C26

（续表）

序号	ASTM number and Title	ASTM 标准的编号和名称	类别
171	C1458−16 Standard Test Method for Nondestructive Assay of Plutonium, Tritium and $^{-241}$Am by Calorimetric Assay	C1458−16 钚、氚和镅 $^{-241}$ 量热法无损分析的标准试验方法	C26
172	C1490−14 Standard Guide forthe Selection, Training and Qualification of Nondestructive Assay (NDA) Personnel	C1490−14 无损分析（NDA）人员选择、培训和资格评定标准指南	C26
173	C1493−19 Standard Test Method for Non−Destructive Assay of Nuclear Material in Waste by Passiveand Active Neutron Counting Using a Differential Die−Away System	C1493−19 微分衰减系统的无源 − 有源中子计数法对废物中核材料作无损测定的标准试验方法	C26
174	C1500−08(2017) Standard Test Method for Nondestructive Assay of Plutonium by Passive Neutron MultiplicityCounting	C1500−08(2017) 无源中子多重计数法对钚进行无损测定的标准试验方法	C26
175	C1514−08(2017) Standard Test Method for Measurement of $^{-235}$U Fraction Using Enrichment MeterPrinciple	C1514−08(2017) 丰度仪原理测定铀 $^{-235}$ 分数的标准试验方法	C26
176	C1592/C1592M−09 Standard Guide for Making Quality Nondestructive Assay Measurements (Withdrawn 2018)	C1592/C1592M−09 质量无损分析测量方法标准指南（2018 年撤销）	C26
177	C1673−10a(2018) Standard Terminology of C26.10 Nondestructive Assay Methods	C1673−10a(2018)C26.10 无损测定方法标准术语	C26
178	C1718−10(2019) Standard Test Method for Nondestructive Assay of Radioactive Material by TomographicGamma Scanning	C1718−10(2019) 层析 γ 扫描法对放射性材料进行无损测定的标准试验方法	C26
179	C1726/C1726M−10(2018) Standard Guide for Use of Modeling for Passive Gamma Measurements	C1726/C1726M−10(2018) 无源 γ 测量建模的标准运用指南	C26
180	C1807−15 Standard Guide for Nondestructive Assay of Special Nuclear Material (SNM) Holdup Using Passive Neutron Measurement Methods	C1807−15 无源中子测量法对特殊核材料（SNM）滞留物非破坏性测定的标准指南	C26
181	C1855−18 Standard Test Method for Determination of Uranium and Plutonium Concentration in Aqueous Solutions Using Hybrid K−Edge Densitometry and X−Ray Fluorescence	C1855−18 混合 K 边光密度法和 X 射线荧光法测定水溶液中铀和钚浓度的标准试验方法	C26
182	WK62589 Total Measurement Uncertainty Estimation and Reporting for Nondestructive Assay Measurements	WK62589 非破坏性分析测量的总测量不确定度估算和报告	C26
183	C993−97(2012) Standard Guide for In−Plant Performance Evaluation of Automatic Pedestrian SNM Monitors	C993−97(2012) 特种核材料自动行人监视器厂内性能评价标准指南	C26
184	C1169−97(2012) Standard Guide for Laboratory Evaluation of Automatic Pedestrian SNM Monitor Performance	C1169−97(2012) 特种核材料自动行人监视器实验室性能评价标准指南	C26
185	C1189−11(2018) Standard Guide to Procedures for Calibrating Automatic Pedestrian SNM Monitors	C1189−11(2018) 特种核材料自动行人监视器标定程序标准指南	C26
186	C1238−97(2012) Standard Guide for Installation of Walk−Through Metal Detectors	C1238−97(2012) 人行通道金属探测器安装标准指南	C26
187	C1269−97(2012) Standard Practice for Adjusting the Operational Sensitivity Setting of In−Plant Walk−Through Metal Detectors	C1269−97(2012) 厂内人行通道金属探测器灵敏度调整的标准规程	C26
188	C1270−97(2012) Standard Practice for Detection Sensitivity Mapping of In−Plant Walk−Through Metal Detectors	C1270−97(2012) 厂内人行通道金属探测器灵敏度测定标准规程	C26
189	C1309−97(2012) Standard Practice for Performance Evaluation of In−Plant Walk−Through Metal Detectors	C1309−97(2012) 厂内人行通道金属探测器性能评价标准规程	C26

（续表）

序号	ASTM number and Title	ASTM 标准的编号和名称	类别
190	C1174−17 Standard Practice for Evaluation of the Long−Term Behavior of Materials Used in Engineered Barrier Systems (EBS) for Geological Disposal of High−Level Radioactive Waste	C1174−17 高放废物地质处置工程屏障系统 (EBS) 用材料长期性能评估的标准规程	C26
191	C1285−14 Standard Test Methods for Determining Chemical Durability of Nuclear, Hazardous, and Mixed Waste Glasses and Multiphase Glass Ceramics: The Product Consistency Test (PCT)	C1285−14 测定核的、危险的和混合的废物玻璃和多相玻璃陶瓷体化学耐久性的标准试验方法：产品一致性试验（PCT）	C26
192	C1431−99(2018) Standard Guide for Corrosion Testing of Aluminum−Based Spent Nuclear Fuel in Supportof Repository Disposal	C1431−99(2018) 以贮存库处置的铝基体乏燃料腐蚀试验的标准指南	C26
193	C1454−07 Standard Guide for Pyrophoricity/Combustibility Testing in Support of Pyrophoricity Analyses of Metallic Uranium Spent Nuclear Fuel (Withdrawn 2016)	C1454−07 金属铀乏燃料自燃性分析中自燃 / 易燃性试验标准指南（2016 年撤销）	C26
194	C1553−16 Standard Guide for Drying Behavior of Spent Nuclear Fuel	C1553−16 核乏燃料干燥标准指南	C26
195	C1562−10(2018) Standard Guide for Evaluation of Materials Used in Extended Service of Interim Spent Nuclear Fuel Dry Storage Systems	C1562−10(2018) 长期运行的过渡时期乏燃料干法贮存系统用材料评价标准指南	C26
196	C1662−18 Standard Practice for Measurement of the Glass Dissolution Rate Using the Single−PassFlow−Through Test Method	C1662−18 单向流通试验法测量玻璃溶解率的标准规程	C26
197	C1663−18 Standard Test Method for Measuring Waste Glass or Glass Ceramic Durability by Vapor Hydration Test	C1663−18 蒸汽水化侵蚀法测量废玻璃或废玻璃陶瓷耐久性的标准试验方法	C26
198	C1682−17 Standard Guide for Characterization of Spent Nuclear Fuel in Support of Interim Storage, Transportation and Geologic Repository Disposal	C1682−17 用于临时存储、运输和地质存储处置的核乏燃料鉴定的标准指南	C26
199	C1720−17e1 Standard Test Method for Determining Liquidus Temperature of Waste Glasses and Simulated Waste Glasses	C1720−17e1 废玻璃和模拟废玻璃液相线温度测定的标准试验方法	C26
200	C1750−17 Standard Guide for Development, Verification, Validation, and Documentation ofSimulated High−Level Tank Waste	C1750−17 高放废物模拟物的研制、检验、确认和文件记录标准指南	C26
201	C1751−20 Standard Guide for Sampling Radioactive Tank Waste	C1751 容器内放射性废物取样标准指南	C26
202	C1752−17 Standard Guide for Measuring Physical and Rheological Properties of Radioactive Solutions, Slurries, and Sludges	C1752−17 放射性溶液、泥浆和淤泥物理和流变特性测量的标准指南	C26
203	E2230−13 Standard Practice for Thermal Qualification of Type B Packages for Radioactive Material	E2230−13 放射性物质 B 型包装的热鉴定标准规程	C26
204	C852/C852M−17 Standard Guide for Design Criteria for Plutonium Gloveboxes	C852/C852M−17 钚手套箱设计标准指南	C26
205	C1533−15 Standard Guide for General Design Considerations for Hot Cell Equipment	C1533−15 热室设备总体设计考量标准指南	C26
206	C1554−18 Standard Guide for Materials Handling Equipment for Hot Cells	C1554−18 热室材料处理设备标准指南	C26

（续表）

序号	ASTM number and Title	ASTM 标准的编号和名称	类别
207	C1572－10/C1572M－18 Standard Guide for Dry Lead Glass and Oil－Filled Lead Glass Radiation Shielding Window Components for Remotely Operated Facilities	C1572－10/C1572M－18 远程操作设施用干铅玻璃和充油铅玻璃辐射屏蔽窗口组件标准指南	C26
208	C1615－10/C1615M－17 Standard Guide for Mechanical Drive Systems for Remote Operation in Hot Cell Facilities	C1615－10/C1615M－17 热室设施中远程操作的机械驱动系统标准指南	C26
209	C1661－18 Standard Guide for Viewing Systems for Remotely Operated Facilities	C1661－18 远程操作设施的可视系统标准指南	C26
210	C1725－17 Standard Guide for Hot Cell Specialized Support Equipment and Tools	C1725－17 热室专用支持设备和工具标准指南	C26
211	C1831/C1831M－17 Standard Guide for Gamma Radiation Shielding Performance Testing	C1831/C1831M－17 γ 辐射屏蔽性能试验标准指南	C26
212	WK67780 Measurement and Test Equipment for Remotely Operated Facilities	WK67780 远程操作设施的测量和测试设备	C26
213	D3911－16Standard Test Method for Evaluating Coatings Used in Light－Water Nuclear Power Plants at Simulated Design Basis Accident (DBA) Conditions	D3911－16 在模拟设计基准事故（DBA）工况下评价轻水核电站用涂料的标准试验方法	D33
214	D3912－10(2017) Standard Test Method for Chemical Resistance of Coatings and Linings for Use in Nuclear Power Plants	D3912－10(2017) 核电厂用涂层和衬里耐化学性的标准试验方法	D33
215	D4082－10(2017) Standard Test Method for Effects of Gamma Radiation on Coatings for Use in Nuclear Power Plants	D4082－10(2017) γ 射线对核电厂用涂层的影响的标准试验方法	D33
216	D5139－19 Standard Specification for Sample Preparation for Qualification Testing of Coatings to be Used in Nuclear Power Plants	D5139－19 核电厂用涂层鉴定试验样品制备标准规范	D33
217	D5144－08(2016) Standard Guide for Use of Protective Coating Standards in Nuclear Power Plants	D5144－08(2016) 核电厂防护涂层标准应用的标准指南	D33
218	D7230－06(2013) Standard Guide for Evaluating Polymeric Lining Systems for Water Immersion in Coating Service Level III Safety－Related Applications on Metal Substrates	D7230－06(2013) 评估核 III 级防护涂层金属底板在水浸环境下聚合物衬里系统的标准指南	D33
219	D8104－17 Standard Guide for Determining Coating Qualification Test Data Applicability	D8104－17 确定涂层鉴定试验数据适用性的标准指南	D33
220	D3843－16 Standard Practice for Quality Assurance for Protective Coatings Applied to Nuclear Facilities	D3843－16 核设施用防护涂层的质量保证的标准操作规程	D33
221	D4537－12(2018) Standard Guide for Establishing Procedures to Qualify and Certify Personnel Performing Coating and Lining Work Inspection in Nuclear Facilities	D4537－12(2018) 核设施涂层和衬里工作检验人员资格和认证考核程序制定标准指南	D33
222	D5163－16 Standard Guide for Establishing a Program for Condition Assessment of Coating Service Level I Coating Systems in Nuclear Power Plants	D5163－16 核电厂核 I 级涂层系统工况评估大纲制定标准指南	D33
223	D5498－12a(2018) Standard Guide for Developing a Training Program for Personnel Performing Coating and Lining Work Inspection for Nuclear Facilities	D5498－12a(2018) 核设施防护涂层和衬里工作检验人员培训大纲制定标准指南	D33
224	D7108－12(2018) Standard Guide for Establishing Qualifications for a Nuclear Coatings Specialist	D7108－12(2018) 核涂料专家的资格认证标准指南	D33
225	D7167－12(2018) Standard Guide for Establishing Procedures to Monitor the Performance of Safety－Related Coating Service Level III Lining Systems in an Operating Nuclear Power Plant	D7167－12(2018) 在役核电站核 III 级衬里系统性能监测程序制定标准指南	D33

（续表）

序号	ASTM number and Title	ASTM 标准的编号和名称	类别
226	D8157−19 Standard Guide for Qualification Testing of Coatings Used in Coating Service Level I in Nuclear Power Plants	D8157−19 核电厂 I 级涂层服务所用涂层鉴定试验标准指南	
227	WK66737 Tap Test to Assess In−Service Coating Condition	WK66737 在役涂层工况分析用敲击试验	D33
228	D4227−05(2017) Standard Practice for Qualification of Coating Applicators for Application of Coatings to Concrete Surfaces	D4227−05(2017) 混凝土表面涂层涂覆操作工资格鉴定标准操作规程	D33
229	D4228−05(2017) Standard Practice for Qualification of Coating Applicators for Application of Coatings to Steel Surfaces	D4228−05(2017) 钢表面涂层涂覆操作工资格鉴定标准操作规程	D33
230	D4258−05(2017) Standard Practice for Surface Cleaning Concrete for Coating	D4258−05(2017) 混凝土涂覆前表面清洁标准操作规程	D33
231	D4259−18 Standard Practice for Abrading Concrete	D4259−18 混凝土磨蚀标准规程	D33
232	D4260−05(2017) Standard Practice for Liquid and Gelled Acid Etching of Concrete	D4260−05(2017) 混凝土液态和加胶酸浸蚀的标准实施规程	D33
233	D4261−05(2018) Standard Practice for Surface Cleaning Concrete Masonry Units for Coating	D4261−05(2018) 混凝土预制件涂覆前表面清洁处理标准操作规程	D33
234	D4262−05(2018) Standard Test Method for pH of Chemically Cleaned or Etched Concrete Surfaces	D4262−05(2018) 化学清洗或侵蚀混凝土表面 pH 标准试验方法	D33
235	D4263−83(2018) Standard Test Method for Indicating Moisture in Concrete by the Plastic Sheet Method	D4263−83(2018) 用塑料片法测定混凝土中水分的标准试验方法	D33
236	D4285−83(2018) Standard Test Method for Indicating Oil or Water in Compressed Air	D4285−83(2018) 确定压缩空气中含油或水的标准试验方法	D33
237	D4286−08(2015) Standard Practice for Determining Coating Contractor Qualifications for Nuclear Powered Electric Generation Facilities	D4286−08(2015) 核动力发电设施涂覆承包商资格鉴定标准操作规程	D33
238	D5367−16Standard Practice for Evaluating Coatings Applied Over Surfaces Treated With Inhibitors Used to Prevent Flash Rusting of Steel When Water or Water/Abrasive Blasted	D5367−16 用水或水 / 磨料喷洗时为防止钢生锈用抑制剂处理的表面涂层评定的标准操作规程	D33
239	D4618−92(2017)e1 Standard Specification for Design and Fabrication of Flue Gas Desulfurization System Components for Protective Lining Application	D4618−92(2017)e1 保护性衬砌用烟气脱硫系统组件设计和制造的标准规范	D33
240	D4619−12(2018) Standard Practice for Inspection of Linings in Operating Flue Gas Desulfurization Systems	D4619−12(2018) 烟气脱硫系统操作中衬砌检验标准规程	D33
241	D5499−94(2013) Standard Test Methods for Heat Resistance of Polymer Linings for Flue Gas Desulfurization Systems	D5499−94(2013) 烟气脱硫系统聚合物内衬耐热性标准试验方法	D33
242	D6137−97(2018) Standard Test Method for Sulfuric Acid Resistance of Polymer Linings for Flue Gas Desulfurization Systems	D6137−97(2018) 烟气脱硫系统聚合物内衬耐硫酸性标准试验方法	D33
243	D7602−11(2017) Standard Practice for Installation of Vulcanized Rubber Linings	D7602−11(2017) 硫化橡胶内衬安装的标准规程	D33
244	D7491−08(2015) Standard Guide for Management of Non−Conforming Coatings in Coating Service Level I Areas of Nuclear Power Plants	D7491−08(2015) 核电厂核 I 级涂层区域不合格涂层管理标准指南	D33
245	WK56027 Erosion of Coatings by Flowing Water Slurry	WK56027 流水浆料对涂层的侵蚀	D33

（续表）

序号	ASTM number and Title	ASTM 标准的编号和名称	类别
246	D4538–15 Standard Terminology Relating to Protective Coating and Lining Work for Power Generation Facilities	D4538–15 发电设施用防护涂层和衬里工作相关标准术语	D33
247	E185–16 Standard Practice for Design of Surveillance Programs for Light–Water Moderated Nuclear Power Reactor Vessels	E185–16 轻水慢化核动力反应堆容器监督大纲设计标准指南	E10
248	E509/E509M–14 Standard Guide for In–Service Annealing of Light–Water Moderated Nuclear Reactor Vessels	E509/E509M–14 轻水慢化核反应堆容器在役退火标准指南	E10
249	E531–13 Standard Practice for Surveillance Testing of High–Temperature Nuclear Component Materials	E531–13 高温核设备材料监督试验标准规程	E10
250	E636–20 Standard Guide for Conducting Supplemental Surveillance Tests for Nuclear Power Reactor Vessels	E636–20 核动力反应堆容器实施补充监督试验的标准规程	E10
251	E900–15e1 Standard Guide for Predicting Radiation–Induced Transition Temperature Shift in Reactor Vessel Materials	E900–15e1 反应堆容器材料辐照诱变脆性转变温度的变化预测标准指南	E10
252	E1214–11(2018) Standard Guide for Use of Melt Wire Temperature Monitors for Reactor Vessel Surveillance	E1214–11(2018) 反应堆容器监督用熔融金属丝温度监测器应用标准指南	E10
253	E1253–13 Standard Guide for Reconstitution of Irradiated Charpy–Sized Specimens	E1253–13 辐照夏比冲击试样重新构成标准指南	E10
254	E2215–19 Standard Practice for Evaluation of Surveillance Capsules from Light–Water Moderated Nuclear Power Reactor Vessels	E2215–19 轻水慢化核动力反应堆容器监督小盒评估标准规程	E10
255	WK61832 Small Punch Testing of Metallic Materials	WK61832 金属材料的小型冲压试验	E10
256	E1034–95(2013) Standard Specification for Nuclear Facility Transient Worker Records	E1034–95(2013) 核设施临时工人记录标准规范	E10
257	E1167–15 Standard Guide for Radiation Protection Program for Decommissioning Operations	E1167–15 退役操作辐射防护大纲标准指南	E10
258	E1168–95(2013) Standard Guide for Radiological Protection Training for Nuclear Facility Workers	E1168–95(2013) 核设施工作人员辐射防护培训标准指南	E10
259	E1281–15 Standard Guide for Nuclear Facility Decommissioning Plans	E1281–15 核设施退役大纲标准指南	E10
260	E1760–16 Standard Guide for Unrestricted Disposition of Bulk Materials Containing Residual Amounts of Radioactivity	E1760–16 含放射性残余的大宗材料无制约处理标准指南	E10
261	E1819–15 Standard Guide for Environmental Monitoring Plans for Decommissioning of Nuclear Facilities	E1819–15 核设施退役的环境监测计划标准指南	E10
262	E1892–15 Standard Guide for Preparing Characterization Plans for Decommissioning Nuclear Facilities	E1892–15 关于制定退役核设施退役特性计划大纲的标准指南	E10
263	E1893–15 Standard Guide for Selection and Use of Portable Radiological Survey Instruments for Performing In Situ Radiological Assessments to Support Unrestricted Release from Further Regulatory Controls	E1893–15 为无制约免除进一步管控而进行现场放射性评估所采用的便携式辐射测量仪选择和使用标准指南	E10
264	E2216–02(2013) Standard Guide for Evaluating Disposal Options for Concrete from Nuclear Facility Decommissioning	E2216–02(2013) 核设施退役的混凝土处理方案评估标准指南	E10
265	E2420–15 Standard Guide for Post–Deactivation Surveillance and Maintenance of Radiologically Contaminated Facilities	E2420–15 放射性污染设施减活后的监督和维护标准指南	E10
266	E2421–15 Standard Guide for Preparing Waste Management Plans for Decommissioning Nuclear Facilities	E2421–15 退役核设施的废物管理大纲编制标准指南	E10

（续表）

序号	ASTM number and Title	ASTM 标准的编号和名称	类别
267	E3104–17 Standard Specification for Strippable & Removable Coatings to Mitigate Spread of Radioactive Contamination	E3104–17 减轻放射性污染扩散的可剥离和可去除涂层标准规范	E10
268	E3105–17 Standard Specification for Permanent Coatings Used to Mitigate Spread of Radioactive Contamination	E3105–17 减轻放射性污染扩散的永久涂层标准规范	E10
269	E3190–19 Standard Practice for Preparation of Fixed Radiological/Surrogate Contamination on Porous Test Coupon Surfaces for Evaluation of Decontamination Techniques	E3190–19 在多孔试样表面制备去污技术评估用固定放射 / 替代污染物的标准规程	E10
270	E3191–18 Standard Specification for Permanent Foaming Fixatives Used to Mitigate Spread of Radioactive Contamination	E3191–18 减轻放射性污染扩散的永久发泡固定剂标准规范	E10
271	WK64216 Permanent Foaming Fixatives Used to Mitigate Spread of Radioactive Contamination	WK64216 减轻放射性污染扩散的永久发泡固定剂	E10
272	WK68712 Preparation of Loose Radiological/Surrogate Contamination on Non–Porous Test Coupon Surfaces for Evaluation of Decontamination Techniques	WK68712 为评估去污技术对非多孔试样表面进行松散型放射 / 替代污染物的制备	E10
273	E181–17 Standard Test Methods for Detector Calibration and Analysis of Radionuclides	E181–17 放射性核素探测器校准和分析的标准试验方法	E10
274	E261–16 Standard Practice for Determining Neutron Fluence, Fluence Rate, and Spectra by Radioactivation Techniques	E261–16 用放射性技术测定中子注量、中子注量率和中子谱的标准规程	E10
275	E262–17 Standard Test Method for Determining Thermal Neutron Reaction Rates and Thermal Neutron Fluence Rates by Radioactivation Techniques	E262–17 用放射性技术测定热中子反应速率和中子注量率的标准试验方法	E10
276	E263–18 Standard Test Method for Measuring Fast–Neutron Reaction Rates by Radioactivation of Iron	E263–18 用铁的放射性测量快中子反应速率的标准试验方法	E10
277	E264–19 Standard Test Method for Measuring Fast–Neutron Reaction Rates by Radioactivation of Nickel	E264–19 用镍的放射性测量快中子反应速率的标准试验方法	E10
278	E266–17 Standard Test Method for Measuring Fast–Neutron Reaction Rates by Radioactivation of Aluminum	E266–17 用铝的放射性测量快中子反应速率的标准试验方法	E10
279	E385–16 Standard Test Method for Oxygen Content Using a 14–MeV Neutron Activation and Direct–Counting Technique	E385–16 使用 14MeV 中子活化和直接计数技术测定含氧量的标准试验方法	E10
280	E393–19 Standard Test Method for Measuring Reaction Rates by Analysis of Barium–140 From Fission Dosimeters	E393–19 通过分析由裂变剂量计产生的钡 –140 来测定反应速率的标准试验方法	E10
281	E481–16 Standard Test Method for Measuring Neutron Fluence Rates by Radioactivation of Cobalt and Silver	E481–16 用钴和银的放射性测定中子注量率的标准试验方法	E10
282	E482–16Standard Guide for Application of Neutron Transport Methods for Reactor Vessel Surveillance	E482–16 反应堆压力容器监督用中子输运法应用标准指南	E10
283	E523–16 Standard Test Method for Measuring Fast–Neutron Reaction Rates by Radioactivation of Copper	E523–16 用铜的放射性测定快中子反应率的标准试验方法	E10
284	E526–17e1 Standard Test Method for Measuring Fast–Neutron Reaction Rates by Radioactivation of Titanium	E526–17e1 用钛的放射性测定快中子反应率的标准试验方法	E10
285	E693–17 Standard Practice for Characterizing Neutron Exposures in Iron and Low Alloy Steels in Terms of Displacements Per Atom (DPA)	E693–17 原子平均位移量 (DPA) 表征铁素体和低碳合金钢中子辐照的标准规程	E10

（续表）

序号	ASTM number and Title	ASTM 标准的编号和名称	类别
286	E704–19 Standard Test Method for Measuring Reaction Rates by Radioactivation of Uranium–238	E704–19 用铀 –238 的放射活化测定反应速率的标准试验方法	E10
287	E705–18 Standard Test Method for Measuring Reaction Rates by Radioactivation of Neptunium–237	E705–18 用镎 –237 的放射活化测定反应速率的标准试验方法	E10
288	E706–16 Standard Master Matrix for Light–Water Reactor Pressure Vessel Surveillance Standards	E706–16 轻水反应堆压力容器监督标准的标准总纲	E10
289	E844–18 Standard Guide for Sensor Set Design and Irradiation for Reactor Surveillance	E844–18 反应堆监督用传感器设置设计和辐照标准指南	E10
290	E853–18 Standard Practice for Analysis and Interpretation of Light–Water Reactor SurveillanceNeutron Exposure Results	E853–18 轻水堆中子辐照监测结果分析和说明标准规程	E10
291	E854–19 Standard Test Method for Application and Analysis of Solid State Track Recorder (SSTR) Monitors for Reactor Surveillance	E854–19 反应堆监督用固态径迹记录仪 (SSTR) 监测器应用和分析的标准试验方法	E10
292	E910–18 Standard Test Method for Application and Analysis of Helium Accumulation Fluence Monitors for Reactor Vessel Surveillance	E910–18 反应堆容器监督用氦聚集流监测器应用和分析的标准试验方法	E10
293	E944–19 Standard Guide for Application of Neutron Spectrum Adjustment Methods in Reactor Surveillance	E944–19 反应堆监督时中子谱调节法应用标准指南	E10
294	E1005–16 Standard Test Method for Application and Analysis of Radiometric Monitors for Reactor Vessel Surveillance	E1005–16 反应堆容器监督用辐射监测器应用和分析的标准试验方法	E10
295	E1006–13 Standard Practice for Analysis and Interpretation of Physics Dosimetry Results from Test Reactor Experiments	E1006–13 试验堆实验物理剂量测定结果分析和解释的标准规程	E10
296	E1018–09(2013)e1 Standard Guide for Application of ASTM Evaluated Cross Section Data File	E1018–09(2013)e1 ASTM 经评定截面数据文件应用标准指南	E10
297	E1035–18 Standard Practice for Determining Neutron Exposures for Nuclear Reactor Vessel Support Structures	E1035–18 核反应堆压力容器支承结构中子辐照判定标准操作规程	E10
298	E1297–18 Standard Test Method for Measuring Fast–Neutron Reaction Rates by Radioactivation of Niobium	E1297–18 用铌的放射性测量快中子反应率的标准试验方法	E10
299	E2005–10(2015) Standard Guide for Benchmark Testing of Reactor Dosimetry in Standard and Reference Neutron Fields	E2005–10(2015) 标准和参考中子场中反应堆剂量测量的基准试验标准指南	E10
300	E2006–16 Standard Guide for Benchmark Testing of Light Water Reactor Calculations	E2006–16 轻水反应堆计算基准试验标准指南	E10
301	E2059–15e1 Standard Practice for Application and Analysis of Nuclear Research Emulsions for Fast Neutron Dosimetry	E2059–15e1 快中子剂量测定用核乳剂产品的应用和分析标准规程	E10
302	E2956–14 Standard Guide for Monitoring the Neutron Exposure of LWR Reactor Pressure Vessels	E2956–14 轻水反应堆压力容器中子辐照监测标准指南	E10
303	E3063–17 Test Method for Antimony Content Using Neutron Activation Analysis (NAA)	E3063–17 中子活化分析（NAA）测定锑含量的试验方法	E10
304	WK71783 Calibration and Usage of Germanium Detectors	WK71783 锗探测器的校准和使用	E10
305	WK71784 Standard Method for Calibration and Usage of Scintillation Detector Systems	WK71784 闪烁检测器系统校准和使用的标准方法	E10
306	WK71785 Calibration and Usage of Alpha Detector Systems	WK71785 α 探测器系统的校准和使用	E10
307	WK71786 Beta Counting Methods (including Aluminum Absorption Curve)	WK71786 β 计数法（包括铝吸收曲线）	E10

（续表）

序号	ASTM number and Title	ASTM 标准的编号和名称	类别
308	WK71787 Test Method for Alpha Counting Methods	WK71787 α 计数法的试验方法	E10
309	WK71788 Liquid Scintillation Counting Methods	WK71788 液体闪烁计数法	E10
310	E265−15 Standard Test Method for Measuring Reaction Rates and Fast−Neutron Fluences by Radioactivation of Sulfur−32	E265−15 用硫 −32 的放射性测量反应速率和快中子注量率的标准试验方法	E10
311	E496−14e1 Standard Test Method for Measuring Neutron Fluence and Average Energy from $^3H(d,n)\,^4He$ Neutron Generators by Radioactivation Techniques	E496−14e1 用放射性技术测定 $^3H(d,n)^4He$ 中子发生器所产生的中子注量和平均能量的标准试验方法	E10
312	E666−14 Standard Practice for Calculating Absorbed Dose From Gamma or X Radiation	E666−14 γ 或 X 射线吸收剂量计算标准规程	E10
313	E668−13 Standard Practice for Application of Thermoluminescence−Dosimetry (TLD) Systems for Determining Absorbed Dose in Radiation−Hardness Testing of Electronic Devices	E668−13 应用热致发光剂量测量 (TLD) 系统测定电子器件辐射硬化试验吸收剂量的标准规程	E10
314	E720−16 Standard Guide for Selection and Use of Neutron Sensors for Determining Neutron Spectra Employed in Radiation−Hardness Testing of Electronics	E720−16 电子辐射硬化试验中用测定中子能谱的中子敏感元件的选择和应用标准指南	E10
315	E721−16 Standard Guide for Determining Neutron Energy Spectra from Neutron Sensors for Radiation−Hardness Testing of Electronics	E721−16 电子辐射硬化试验用中子敏感元件中子能谱测定标准指南	E10
316	E722−19 Standard Practice for Characterizing Neutron Fluence Spectra in Terms of an Equivalent Monoenergetic Neutron Fluence for Radiation−Hardness Testing of Electronics	E722−19 电子辐射硬化试验用等效单能级中子注量的能级中中子能量注量能谱特征标准规程	E10
317	E1249−15 Standard Practice for Minimizing Dosimetry Errors in Radiation Hardness Testing of Silicon Electronic Devices Using Co−60 Sources	E1249−15 用钴 −60 源在硅电子器件的辐射硬化试验中的剂量测定误差最小化标准规程	E10
318	E1250−15 Standard Test Method for Application of Ionization Chambers to Assess the Low Energy Gamma Component of Cobalt−60 Irradiators Used in Radiation−Hardness Testing of Silicon Electronic Devices	E1250−15 评估硅电子器件辐射硬化试验用钴 −60 辐射源的低能 γ 成分的电离室应用标准试验方法	E10
319	E1854−19 Standard Practice for Ensuring Test Consistency in Neutron−Induced Displacement Damage of Electronic Parts	E1854−19 电子部件的中子诱发位移损伤的试验一致性确定标准操作规程	E10
320	E1855−15 Standard Test Method for Use of 2N2222A Silicon Bipolar Transistors as Neutron Spectrum Sensors and Displacement Damage Monitors	E1855−15 使用 2N2222A 硅二极晶体管作中子谱敏感元件和位移损伤监控器的标准试验方法	E10
321	E1894−18 Standard Guide for Selecting Dosimetry Systems for Application in Pulsed X−Ray Sources	E1894−18 应用脉冲 X 射线源时剂量测量系统选择标准指南	E10
322	E2450−16 Standard Practice for Application of CaF_2(Mn) Thermoluminescence Dosimeters in Mixed Neutron−Photon Environments	E2450−16 在中子 − 光子复杂环境里 CaF_2(Mn) 热释光剂量计应用标准规程	E10
323	E3084−17 Standard Practice for Characterizing Particle Irradiations of Materials in Terms of Non−Ionizing Energy Loss (NIEL)	E3084−17 采用非电离能量损失（NIEL）表征材料的粒子辐照的标准规程	E10
324	F526−16 Standard Test Method for Using Calorimeters for Total Dose Measurements in Pulsed Linear Accelerator or Flash X−ray Machines	F526−16 使用量热计在脉冲线性加速器或闪光 X 光机中进行总剂量测量的标准试验方法	E10

（续表）

序号	ASTM number and Title	ASTM 标准的编号和名称	类别
325	WK59267 Use of 2N1486 Silicon Bipolar Junction Transistors as Neutron Spectrum Sensors and 1–MeV(Si) Fluence Monitors	WK592672N1486 硅二极结型晶体管作中子谱敏感元件和 1–MeV（Si）注量监控器	E10
326	E521–16 Standard Practice for Investigating the Effects of Neutron Radiation Damage Using Charged–Particle Irradiation	E521–16 带电粒子辐照的中子辐照损伤影响研究标准规程	E10
327	E798–16 Standard Practice for Conducting Irradiations at Accelerator–Based Neutron Sources	E798–16 加速器中子源辐照标准规程	E10
328	E821–16 Standard Practice for Measurement of Mechanical Properties During Charged–Particle Irradiation	E821–16 带电粒子辐照期间机械性能测量标准规程	E10
329	E942–16 Standard Guide for for Investigating the Effects of Helium in Irradiated Metals	E942–16 辐照金属中氦影响研究标准指南	E10
330	E170–17 Standard Terminology Relating to Radiation Measurements and Dosimetry	E170–17 辐射测量和剂量测定标准术语	E10
331	E3083–17 Standard Terminology Relating to Radiation Processing: Dosimetry and Applications	E3083–17 辐射处理标准术语：剂量测定及应用	E61
332	ISO/ASTM51261–13 Standard Practice for Calibration of Routine Dosimetry Systems for Radiation Processing	ISO/ASTM51261–13 辐照加工过程中日常剂量测量系统的校准标准规程	E61
333	ISO/ASTM51707–15 Standard Guide for Estimating of Measurement Uncertainties in Dosimetry for Radiation Processing	ISO/ASTM51707–15 辐照加工过程中剂量测量不确定度评价标准指南	E61
334	ISO/ASTM52628–19 Standard Practice for Dosimetry in Radiation Processing	ISO/ASTM52628–19 辐照加工过程中剂量测量标准规程	E61
335	ISO/ASTM52701–13 Standard Guide for Performance Characterization of Dosimeters and Dosimetry Systems for Use in Radiation Processing	ISO/ASTM52701–13 辐照加工用剂量仪和剂量测量系统性能特性的标准指南	E61
336	ISO/ASTM51026–15 Standard Practice for Using the Fricke Dosimetry System	ISO/ASTM51026–15 硫酸亚铁剂量测量系统应用标准规程	E61
337	E2304–03(2011) Standard Practice for Use of a LiF Photo–Fluorescent Film Dosimetry System (Withdrawn 2020)	E2304LiF 光至荧光薄膜剂量测量系统应用标准规程（2020 年撤销）	E61
338	ISO/ASTM51205–17 Standard Practice for Use of a Ceric–Cerous Sulfate Dosimetry System	ISO/ASTM51205–17 硫酸铈剂量测量系统应用标准规程	E61
339	ISO/ASTM51275–13 Standard Practice for Use of a Radiochromic Film Dosimetry System	ISO/ASTM51275–13 放射性铬胶片剂量测量系统应用标准规程	E61
340	ISO/ASTM51276–19 Standard Practice for Use of a Polymethylmethacrylate Dosimetry System	ISO/ASTM51276–19 聚甲基丙烯酸甲酯剂量测量系统应用标准规程	E61
341	ISO/ASTM51310–04(2012) Standard Practice for Use of a Radiochromic Optical Waveguide Dosimetry System	ISO/ASTM51310–04(2012) 放射性铬光波导剂量测定系统应用标准规程	E61
342	ISO/ASTM51401–13 Standard Practice for Use of a Dichromate Dosimetry System	ISO/ASTM51401–13 重铬酸盐剂量测量系统应用标准规程	E61
343	ISO/ASTM51538–17 Standard Practice for Use of the Ethanol–Chlorobenzene Dosimetry System	ISO/ASTM51538–17 乙醇 – 氯苯剂量测量系统应用标准规程	E61
344	ISO/ASTM51540–04(2012) Standard Practice for Use of a Radiochromic Liquid Dosimetry System	ISO/ASTM51540–04(2012) 放射性铬液体剂量测量系统应用标准规程	E61

（续表）

序号	ASTM number and Title	ASTM 标准的编号和名称	类别
345	ISO/ASTM51607−13 Standard Practice for Use of the Alanine−EPR Dosimetry System	ISO/ASTM51607−13 丙氨酸 − 电子顺磁共振（EPR）剂量测量系统应用标准规程	E61
346	ISO/ASTM51631−13 Standard Practice for Use of Calorimetric Dosimetry Systems for Electron Beam Dose Measurements and Routine Dosimeter Calibration	ISO/ASTM51631−13 用于电子束剂量测量和常规剂量计校准的量热剂量测量系统应用标准规程	E61
347	ISO/ASTM51650−13 Standard Practice for Use of a Cellulose Triacetate Dosimetry System	ISO/ASTM51650−13 三醋酸纤维素剂量测量系统应用标准规程	E61
348	ISO/ASTM51956−13 Standard Practice for Use of Thermoluminescence−Dosimetry (TLD) Systems for Radiation Processing	ISO/ASTM51956−13 辐照加工中热释光剂量测量（TLD）系统应用标准规程	E61
349	ISO/ASTM52303−15 Standard Guide for Absorbed−Dose Mapping in Radiation Processing Facilities	ISO/ASTM52303−15 辐照加工设施吸收剂量分布标准指南	E61
350	ISO/ASTM51608−15 Standard Practice for Dosimetry in an X−Ray (Bremsstrahlung) Facility for Radiation Processing at Energies between 50 keV and 7.5 MeV	ISO/ASTM51608−15 辐照加工（辐照能量 50 keV−7.5 MeV）用 X 射线（韧致辐射）设施的剂量测量标准规程	E61
351	ISO/ASTM51649−15 Standard Practice for Dosimetry in an Electron Beam Facility for Radiation Processing at Energies Between 300 keV and 25 MeV	ISO/ASTM51649−15 辐照加工（辐照能量 300keV−25MeV）用电子束设施剂量测量标准规程	E61
352	ISO/ASTM51702−13 Standard Practice for Dosimetry in a Gamma Facility for Radiation Processing	ISO/ASTM51702−13 辐照加工用 γ 辐照设施剂量测量标准规程	E61
353	ISO/ASTM51818−13 Standard Practice for Dosimetry in an Electron Beam Facility for Radiation Processing at Energies Between 80 and 300 keV	ISO/ASTM51818−13 辐照加工（辐照能量 80keV−300keV）用电子束设施剂量测量标准规程	E61
354	WK46751 New Guide for Using Statistical Process Control Principles for Routine Dosimetry in Radiation Processing	WK46751 使用统计过程控制原则计算辐照加工中日常剂量的最新指南	E61
355	WK65046 Standard Guide for Operational Qualification of Gamma Irradiators	WK65046 γ 辐照器操作鉴定标准指南	E61
356	E2232−16 Standard Guide for Selection and Use of Mathematical Methods for Calculating Absorbed Dose in Radiation Processing Applications	E2232−16 在辐照加工应用中计算吸收剂量时选择和使用数学方法的标准指南	E61
357	E2381−04(2010) Standard Guide for Dosimetry In Radiation Processing of Fluidized Beds and Fluid Streams(Withdrawn 2016)	E2381−04(2010) 流化床和流动物质辐照加工剂量测量标准指南 (2016 年撤销)	E61
358	ISO/ASTM51539−05(2013) Standard Guide for Use of Radiation−Sensitive Indicators	ISO/ASTM51539−05(2013) 辐射敏感探测器应用标准指南	E61
359	ISO/ASTM51900−09(2017) Standard Guide for Dosimetry in Radiation Research on Food and Agricultural Products	ISO/ASTM51900−09(2017) 食品与农产品辐照研究剂量测量标准指南	E61
360	ISO/ASTM51939−137 Standard Practice for Blood Irradiation Dosimetry	ISO/ASTM51939−137 血液辐照剂量测量标准指南	E61
361	ISO/ASTM51940−13 Standard Guide for Dosimetry for Sterile Insect Release Programs	ISO/ASTM51940−13 绝育昆虫释放程序剂量测量标准指南	E61
362	ISO/ASTM52116−13 Standard Practice for Dosimetry for a Self−Contained Dry−Storage Gamma Irradiator	ISO/ASTM52116−13 自持干式贮存 γ 射线发生器剂量测量标准规程	E61
363	E2449−05(2013) Standard Guide for Irradiation of Pre−packaged Processed Meat and Poultry Products to Control Pathogens and Other Microorganisms(Withdrawn 2016)	E2449−05(2013) 控制预包装加工肉类和禽类产品病原体和其他微生物的辐照标准指南（2016 年撤销）	E61

（续表）

序号	ASTM number and Title	ASTM 标准的编号和名称	类别
364	F1355−19 Standard Guide for Irradiation of Fresh Agricultural Produce as a Phytosanitary Treatment	F1355−19 作为植物检疫处理的新鲜农产品辐照标准指南	E61
365	F1356−16 Standard Guide for Irradiation of Fresh and Frozen Red Meat and Poultry to Control Pathogens and Other Microorganisms	F1356−16 控制新鲜和冷冻肉类和禽类产品病原体和其他微生物的辐照标准指南	E61
366	F1640−16 Standard Guide for Selection and Use of Materials for Foods to Be Irradiated	F1640−16 待辐照食品材料选取和使用标准指南	E61
367	F1736−09(2016) Standard Guide for Irradiation of Finfish and Aquatic Invertebrates Used as Food to Control Pathogens and Spoilage Microorganisms	F1736−09(2016) 控制作为食物的长须鲸鱼和无脊椎水生物病原体和破坏性微生物的辐照标准指南	E61
368	F1885−18 Standard Guide for Irradiation of Dried Spices, Herbs, and Vegetable Seasonings to Control Pathogens and Other Microorganisms	F1885−18 控制脱水香料和蔬菜调味料病原体和其他微生物的辐照标准指南	E61
369	ISO/ASTM51431−05 Standard Practice for Dosimetry in Electron Beam and X−Ray (Bremsstrahlung) Irradiation Facilities for Food Processing(Withdrawn 2018)	ISO/ASTM51431−05 食品加工用电子束和 X 光射线（轫致辐射）辐照设施剂量测量标准规程 (2018 年撤销)	E61
370	WK71734 Standard Guide for Operational Qualification of Ethylene Oxide Chambers used for Terminal Sterilization	WK71734 终端灭菌用环氧乙烷试验箱操作鉴定标准指南	E61

附表 8 IEEE 制定的核电标准

序号	IEEE 编号	IEEE Standard Title	标准名称	备注
1	175–1960	IRE Standards on Nuclear Techniques: Definitions for the Scintillation Counter Field, 1960	IRE 核技术标准：闪烁计数器有关术语定义（1960）	撤销
2	300–1988	Standard Test Procedures for Semiconductor Charged–Particle Detectors	半导体带电粒子探测器的标准试验程序	现行有效
3	301–1988	Standard Test Procedures for Amplifiers and Preamplifiers used with Detectors of Ionizing Radiation	电离辐射探测器用放大器和前置放大器的标准试验程序	现行有效
4	308–1971	Standard Criteria for Class IE Electric Systems for Nuclear Power Generating Stations	核电厂 IE 级电气系统标准准则	被取代
5	308–1974	Standard Criteria for Class IE Power Systems for Nuclear Power Generating Stations	核电厂 IE 级电力系统标准准则	被取代
6	308–1980	Standard Criteria for Class 1E Power Systems for Nuclear Power Generating Stations	核电厂 1E 级电力系统标准准则	被取代
7	308–1991	Standard Criteria for Class 1E Power Systems for Nuclear Power Generating Stations	核电厂 1E 级电力系统标准准则	被取代
8	308–2001	Standard Criteria for Class 1E Power Systems for Nuclear Power Generating Stations	核电厂 1E 级电力系统标准准则	被取代
9	308–2012	Standard Criteria for Class 1E Power Systems for Nuclear Power Generating Stations	核电厂 1E 级电力系统标准准则	现行有效
10	309/N42.3–1999	Standard Test Procedures and Bases for Geiger–Mueller Counters	盖革 – 弥勒计数器的标准试验程序和基础	现行有效
11	309–1970	Standard Test Procedure for Geiger–Muller Counters	盖革 – 弥勒计数器标准试验程序	被取代
12	317–1983	Electric Penetration Assemblies in Containment Structures for Nuclear Power Generating Stations	核电厂安全壳结构电气贯穿件	被取代
13	317–2013	Electric Penetration Assemblies in Containment Structures for Nuclear Power Generating Stations	核电厂安全壳结构电气贯穿件	现行有效
14	323–1971	Trial–Use Standard: General Guide for Qualifying Class I Electric Equipment for Nuclear Power Generating Stations	核电厂 I 级电气设备质量鉴定通用指南（试用标准）	被取代
15	323–1983	Qualifying Class 1E Equipment for Nuclear Power Generating Stations	核电厂 1E 级设备质量鉴定	被取代
16	323–2003	Qualifying Class 1E Equipment for Nuclear Power Generating Stations	核电厂 1E 级设备质量鉴定	现行有效
17	325–1986	Standard Test Procedures for Germanium Gamma–Ray Detectors	锗 γ 射线探测器的标准试验程序	撤销
18	325–1996	Standard Test Procedures for Germanium Gamma–Ray Detectors	锗 γ 射线探测器的标准试验程序	现行有效
19	334–1974	Type Tests of Continuous Duty Class 1E Motors for Nuclear Power Generating Stations	核电厂 1E 级连续工作机制电机的型式试验	被取代
20	334–1994	Qualifying Continuous Duty Class 1E Motors for Nuclear Power Generating Stations	核电厂 1E 级连续工作机制电机的质量鉴定	被取代
21	334–2006	Qualifying Continuous Duty Class 1E Motors for Nuclear Power Generating Stations	核电厂 1E 级连续工作机制电机的质量鉴定	现行有效

（续表）

序号	IEEE 编号	IEEE Standard Title	标准名称	备注
22	336–1985	Standard Installation, Inspection and Testing Requirements for Power, Instrumentation, and Control Equipment at Nuclear Facilities	核设施电源、仪器和控制设备的安装、检查及试验要求标准	被取代
23	336–2005	Guide for Installation, Inspection, and Testing for Class 1E Power, Instrumentation, and Control Equipment at Nuclear Facilities	核设施 1E 级电源、仪器和控制设备的安装、检查及试验指南	被取代
24	336–2010	Recommended Practice for Installation, Inspection, and Testing for Class 1E Power, Instrumentation, and Control Equipment at Nuclear Facilities	核设施 1E 级电源、仪器和控制设备的安装、检查和试验的推荐实施规程	现行有效
25	338–1971	Trial–Use Criteria for the Periodic Testing of Nuclear Power Generating Station Protection Systems	核电厂保护系统定期试验标准（试行）	被取代
26	338–1987	Standard Criteria for the Periodic Surveillance Testing of Nuclear Power Generating Station Safety Systems	核电厂安全系统定期监督试验标准准则	被取代
27	338–2006	Standard Criteria for the Periodic Surveillance Testing of Nuclear Power Generating Station Safety Systems	核电厂安全系统定期监督试验标准准则	被取代
28	338–2012	Criteria for the Periodic Surveillance Testing of Nuclear Power Generating Station Safety	核电厂安全系统定期监督试验准则	现行有效
29	344–1971	Trial–Use Guide for Seismic Qualification of Class I Electric Equipment for Nuclear Power Generating Stations	核电厂 I 级电气设备抗震鉴定指南（试行）	被取代
30	344–1975	Recommended Practices for Seismic Qualification of Class 1E Equipment for Nuclear Power Generating Stations	核电厂 1E 级设备抗震鉴定推荐实施规程	被取代
31	344–1987	Recommended Practice for Seismic Qualification of Class 1E Equipment for Nuclear Power Generating Stations	核电厂 1E 级设备抗震鉴定推荐实施规程	被取代
32	344–2004	Recommended Practice for Seismic Qualification of Class 1E Equipment for Nuclear Power Generating Stations	核电厂 1E 级设备抗震鉴定推荐实施规程	被取代
33	344–2013	Seismic Qualification of Equipment for Nuclear Power Generating Stations	核电厂设备抗震鉴定	现行有效
34	352–1987	Guide for General Principles of Reliability Analysis of Nuclear Power Generating Station Safety Systems	核电厂安全系统可靠性分析一般原则指南	现行有效
35	379–1988	Standard Application of the Single–Failure Criterion to Nuclear Power Generating Station Safety Systems	核电厂安全系统单一故障准则应用标准	被取代
36	379–1994	Standard Application of the Single–Failure Criterion to Nuclear Power Generating Station Safety Systems	核电厂安全系统单一故障准则应用标准	被取代
37	379–2000	Standard Application of the Single–Failure Criterion to Nuclear Power Generating Station Safety Systems	核电厂安全系统单一故障准则应用标准	被取代
38	379–2014	Application of the Single–Failure Criterion to Nuclear Power Generating Station Safety Systems	核电厂安全系统单一故障准则的应用	现行有效

（续表）

序号	IEEE 编号	IEEE Standard Title	标准名称	备注
39	381–1977	Standard Criteria for Type Tests of Class 1E Modules Used in Nuclear Power Generating Stations	核电厂 1E 级模块型式试验标准准则	撤销
40	382–1985	Qualification of Actuators for Power Operated Valve Assemblies with Safety–Related Functions for Nuclear Power Plants	核电厂执行安全相关功能的电动阀组件执行机构质量鉴定	被取代
41	382–1996	Qualification of Actuators for Power–Operated Valve Assemblies With Safety–Related Functions for Nuclear Power Plants	核电厂执行安全相关功能的电动阀组件执行机构质量鉴定	被取代
42	382–2006	Qualification of Safety–Related Actuators for Nuclear Power Generating Stations	核电厂安全相关驱动装置质量鉴定	现行有效
43	383–1974	Type Test of Class 1E Electric Cables, Field Splices, and Connections for Nuclear Power Generating Stations	核电厂 1E 级电缆、现场接头和连接件型式试验	被取代
44	383–2003	Qualifying Class 1E Electric Cables and Field Splices for Nuclear Power Generating Stations	核电厂 1E 级电缆和现场接头的质量鉴定	现行有效
45	384–1981	Standard Criteria for Independence of Class 1E Equipment and Circuits	1E 级设备和电路独立性标准准则	被取代
46	384–1992	Standard Criteria for Independence of Class 1E Equipment and Circuits	1E 级设备和电路独立性标准准则	被取代
47	384–2008	Standard Criteria for Independence of Class 1E Equipment and Circuits	1E 级设备和电路独立性标准准则	现行有效
48	387–1984	Standard Criteria for Diesel–Generator Units Applied as Standby Power Supplies for Nuclear Power Generating Stations	核电厂备用电源柴油发电机组标准准则	撤销
49	387–1995	Standard Criteria for Diesel–Generator Units Applied as Standby Power Supplies for Nuclear Power Generating Stations	核电厂备用电源柴油发电机组标准准则	现行有效
50	398–1972	Standard Test Procedures for Photomultipliers for Scintillation Counting and Glossary for Scintillation Counting Field	闪烁计数用光电倍增管标准试验程序和闪烁计数专业术语集	现行有效
51	415–1986	Guide for Planning of Preoperational Testing Programs for Class 1E Power Systems for Nuclear Power Generating Stations	核电厂 1E 级电力系统预运行试验大纲编制指南	撤销
52	420–1982	The Design and Qualification of Class 1E Control Boards, Panels, and Racks Used in Nuclear Power Generating Stations	核电厂 1E 级控制仪表盘、仪表屏和机架设计与质量鉴定	被取代
53	420–2001	The Design and Qualification of Class 1E Control Boards, Panels, and Racks Used in Nuclear Power Generating Stations	核电厂 1E 级控制仪表盘、仪表屏和机架设计与质量鉴定	被取代
54	420–2013	The Design and Qualification of Class 1E Control Boards, Panels, and Racks Used in Nuclear Power Generating Stations	核电厂 1E 级控制仪表盘、仪表屏和机架设计与质量鉴定	现行有效
55	484–1987	Recommended Practice for Installation Design and Installation of Large Lead Storage Batteries for Generating Stations and Substations	电厂和变电站大型铅酸蓄电池安装设计和安装推荐实施规程	被取代
56	484–1996	Recommended Practice for Installation Design and Installation of Vented Lead–Acid Batteries for Stationary Applications	固定设施用排气式铅酸蓄电池安装设计和安装推荐实施规程	被取代

（续表）

序号	IEEE 编号	IEEE Standard Title	标准名称	备注
57	484–2002	Recommended Practice for Installation Design and Installation of Vented Lead–Acid Batteries for Stationary Applications	固定设施用排气式铅酸蓄电池安装设计和安装推荐实施规程	现行有效
58	485–1983	Recommended Practice for Sizing Large Lead Storage Batteries for Generating Stations and Substations	电厂和变电站大型铅酸蓄电池容量确定推荐实施规程	被取代
59	485–1997	Recommended Practice for Sizing Lead–Acid Batteries for Stationary Applications	固定设施用铅酸蓄电池容量确定推荐实施规程	被取代
60	485–2010	Recommended Practice for Sizing Lead–Acid Batteries for Stationary Applications	固定设施用铅酸蓄电池容量确定推荐实施规程	现行有效
61	494–1974	Standard Method for Identification of Documents Related to Class 1E Equipment and Systems for Nuclear Power Generating Stations	核电厂 1E 级设备和系统文件鉴定方法	撤销
62	497–1981	Standard Criteria for Accident Monitoring Instrumentation for Nuclear Power Generating Stations	核电厂事故监测仪表标准准则	撤销
63	497–2002	Standard Criteria for Accident Monitoring Instrumentation for Nuclear Power Generating Stations	核电厂事故监测仪表标准准则	被取代
64	497–2010	Standard Criteria for Accident Monitoring Instrumentation for Nuclear Power Generating Stations	核电厂事故监测仪表标准准则	现行有效
65	498–1985	Standard Requirements for the Calibration and Control of Measuring and Test Equipment Used in Nuclear Facilities	核设施测量和试验设备的标定和控制标准要求	被取代
66	498–1990	Standard Requirements for the Calibration and Control of Measuring and Test Equipment Used in Nuclear Facilities	核设施测量和试验设备的标定和控制标准要求	撤销
67	500–1984	Guide To The Collection And Presentation Of Electrical, Electronic, Sensing Component, And Mechanical Equipment Reliability Data for Nuclear–Power Generating Stations	核电厂电气、电子及敏感元件和机械设备可靠性数据的收集和提供指南	撤销
68	535–1986	Qualification of Class 1E Lead Storage Batteries for Nuclear Power Generating Stations	核电厂 1E 级铅酸蓄电池质量鉴定	被取代
69	535–2006	Qualification of Class 1E Lead Storage Batteries for Nuclear Power Generating Stations	核电厂 1E 级铅酸蓄电池质量鉴定	被取代
70	535–2013	Qualification of Class 1E Vented Lead Acid Storage Batteries for Nuclear Power Generating Stations	核电厂 1E 级排气式铅酸蓄电池的质量鉴定	现行有效
71	567–1980	Trial–Use Standard Criteria for the Design of the Control Room Complex for a Nuclear Power Generating Station	核电厂控制室综合设施设计标准准则（试行）	撤销
72	572–1985	Qualification of Class 1E Connection Assemblies for Nuclear Power Generating Stations	核电厂 1E 级连接组件的质量鉴定	被取代
73	572–2006	Qualification of Class 1E Connection Assemblies for Nuclear Power Generating Stations	核电厂 1E 级连接组件的质量鉴定	现行有效
74	577–1976	Standard Requirements for Reliability Analysis in the Design and Operation of Safety Systems for Nuclear Power Generating Stations	核电厂安全系统设计和运行中的可靠性分析标准要求	被取代

（续表）

序号	IEEE 编号	IEEE Standard Title	标准名称	备注
75	577–2004	Standard Requirements for Reliability Analysis in the Design and Operation of Safety Systems for Nuclear Facilities	核设施安全系统设计和运行中的可靠性分析标准要求	被取代
76	577–2012	Standard Requirements for Reliability Analysis in the Design and Operation of Safety Systems for Nuclear Power Generating Stations	核电厂安全系统设计和运行中的可靠性分析标准要求	现行有效
77	583–1982	Standard Modular Instrumentation and Digital Interface System (CAMAC) (Computer Automated Measurement and Control)	模块化仪表和数字接口系统 (CAMAC)（计算机自动测量与控制）标准	现行有效
78	595–1982	Standard Serial Highway Interface System (CAMAC) (Computer Automated Measurement and Control)	串行信息公路接口系统（CAMAC）（计算机自动测量与控制）标准	现行有效
79	596–1982	Standard Parallel Highway Interface System (CAMAC) (Computer Automated Measurement and Control)	并行信息公路接口系统 (CAMAC)（计算机自动测量与控制）标准	现行有效
80	603–1980	Standard Criteria for Safety Systems for Nuclear Power Generating Systems	核电厂安全系统标准准则	被取代
81	603–1991	Standard Criteria for Safety Systems for Nuclear Power Generating Stations	核电厂安全系统标准准则	被取代
82	603–1998	Standard Criteria for Safety Systems for Nuclear Power Generating Stations	核电厂安全系统标准准则	被取代
83	603–2009	Standard Criteria for Safety Systems for Nuclear Power Generating Stations	核电厂安全系统标准准则	现行有效
84	622–1987	Recommended Practice for the Design and Installation of Electric Heat Tracing Systems for Nuclear Power Generating Systems	核电厂电伴热系统设计和安装推荐实施规程	现行有效
85	622B–1988	Recommended Practice for Testing and Startup Procedures for Electric Heat Tracing Systems for Power Generating Stations	发电厂电伴热系统试验和启动程序推荐实施规程	撤销
86	627–1980	Design Qualification of Safety Systems Equipment Used in Nuclear Power Generating Stations	核电厂安全系统设备设计鉴定	撤销
87	627–2010	Qualification of Equipment Used in Nuclear Facilities	核设施用设备的质量鉴定	现行有效
88	628–1987	Standard Criteria for the Design, Installation, and Qualification of Raceway Systems for Class 1E Circuits for Nuclear Power Generating Stations	核电厂 1E 级电路电缆通道系统设计、安装和鉴定的标准准则	被取代
89	628–2001	Standard Criteria for the Design, Installation, and Qualification of Raceway Systems for Class 1E Circuits for Nuclear Power Generating Stations	核电厂 1E 级电路电缆通道系统设计、安装和鉴定的标准准则	被取代
90	628–2011	Standard Criteria for the Design, Installation, and Qualification of Raceway Systems for Class 1E Circuits for Nuclear Power Generating Stations	核电厂 1E 级电路电缆通道系统设计、安装和鉴定的标准准则	现行有效
91	649–1980	Qualilfying Class 1E Motor Control Centers for Nuclear Power Generating Stations	核电厂 1E 级电机控制中心的质量鉴定	被取代
92	649–1991	Qualifying Class 1E Motor Control Centers for Nuclear Power Generating Stations	核电厂 1E 级电机控制中心的质量鉴定	被取代
93	649–2006	Qualifying Class 1E Motor Control Centers for Nuclear Power Generating Stations	核电厂 1E 级电机控制中心的质量鉴定	现行有效

（续表）

序号	IEEE 编号	IEEE Standard Title	标准名称	备注
94	650–1979	Qualification of Class 1E Static Battery Chargers and Inverters for Nuclear Power Generating Stations	核电厂 1E 级固定式蓄电池充电器和逆变器质量鉴定	被取代
95	650–1990	Qualification of Class 1E Static Battery Chargers and Inverters for Nuclear Power Generating Stations	核电厂 1E 级固定式蓄电池充电器和逆变器质量鉴定	被取代
96	650–2006	Qualification of Class 1E Static Battery Chargers and Inverters for Nuclear Power Generating Stations	核电厂 1E 级固定式蓄电池充电器和逆变器质量鉴定	现行有效
97	662–1980	Standard Terminology for Semiconductor Memory	半导体存储器术语标准	被取代
98	662–1992	Standard Terminology for Semiconductor Memory	半导体存储器术语标准	撤销
99	675–1982	Standard Multiple Controllers in a CAMAC Crate (Computer Automated Measurement and Control)	计算机自动测量与控制（CAMAC）机箱中多个控制器标准	现行有效
100	683–1976	Recommended Practice for Block Transfers in CAMAC Systems (Computer Automated Measurement and Control)	计算机自动测量与控制（CAMAC）系统中块传输推荐实施规程	现行有效
101	690–1984	The Design and Installation of Cable Systems for Class 1E Circuits in Nuclear Power Generating Stations	核电厂 1E 级电路用电缆系统设计和安装	被取代
102	690–2004	The Design and Installation of Cable Systems for Class 1E Circuits in Nuclear Power Generating Stations	核电厂 1E 级电路用电缆系统设计和安装	现行有效
103	692–1986	Standard Criteria for Security Systems for Nuclear Power Generating Stations	核电厂安保系统标准准则	被取代
104	692–1997	Standard Criteria for Security Systems for Nuclear Power Generating Stations	核电厂安保系统标准准则	被取代
105	692–2010	Standard Criteria for Security Systems for Nuclear Power Generating Stations	核电厂安保系统标准准则	被取代
106	692–2013	Criteria for Security Systems for Nuclear Power Generating Stations	核电厂安保系统准则	现行有效
107	726–1982	Standard Real–Time BASIC for CAMAC (Computer Automated Measurement and Control)	（CAMAC 计算机自动测量与控制）用实时 BASIC 语言标准	现行有效
108	7–4.3.2–1982	Application Criteria for Programmable Digital Computer Systems in Safety Systems of Nuclear Power Generating Stations	核电厂安全系统可编程数字计算机系统应用标准	撤销
109	7–4.3.2–1993	Standard Criteria for Digital Computers in Safety Systems of Nuclear Power Generating Stations	核电厂安全系统数字计算机的标准准则	被取代
110	7–4.3.2–2003	Standard Criteria for Digital Computers in Safety Systems of Nuclear Power Generating Stations	核电厂安全系统数字计算机的标准准则	被取代
111	7–4.3.2–2010	Standard Criteria for Digital Computers in Safety Systems of Nuclear Power Generating Stations	核电厂安全系统数字计算机的标准准则	现行有效
112	741–1986	Standard Criteria for the Protection of Class 1E Power Systems and Equipment in Nuclear Power Generating Stations	核电厂 1E 级电力系统和设备保护标准准则	被取代

（续表）

序号	IEEE 编号	IEEE Standard Title	标准名称	备注
113	741−1990	Standard Criteria for the Protection of Class 1E Power Systems and Equipment in Nuclear Power Generating Stations	核电厂 1E 级电力系统和设备保护标准准则	被取代
114	741−1997	Standard Criteria for the Protection of Class 1E Power Systems and Equipment in Nuclear Power Generating Stations	核电厂 1E 级电力系统和设备保护标准准则	被取代
115	741−2007	Standard Criteria for the Protection of Class 1E Power Systems and Equipment in Nuclear Power Generating Stations	核电厂 1E 级电力系统和设备保护标准准则	现行有效
116	749−1983	Standard Periodic Testing of Diesel−Generator Units Applied as Standby Power Supplies in Nuclear Power Generating Stations	核电厂备用电源柴油发电机组定期试验标准	撤销
117	758−1979	Standard Subroutines for Computer Automated Measurement and Control (CAMAC)	计算机自动测量与控制 (CAMAC) 子程序标准	现行有效
118	759−1984	Standard Test Procedures for Semiconductor X−Ray Energy Spectrometers	半导体 X 射线能谱仪的标准试验程序	撤销
119	765−1983	Preferred Power Supply for Nuclear Power Generating Stations	核电厂的优先电源（PPS）	被取代
120	765−1995	Preferred Power Supply (PPS) for Nuclear Power Generating Stations	核电厂的优先电源（PPS）	被取代
121	765−2002	Preferred Power Supply (PPS) for Nuclear Power Generating Stations	核电厂的优先电源（PPS）	被取代
122	765−2006	Preferred Power Supply (PPS) for Nuclear Power Generating Stations (NPGS)	核电厂（NPGS）的优先电源（PPS）	被取代
123	765−2012	Preferred Power Supply (PPS) for Nuclear Power Generating Stations (NPGS)	核电厂（NPGS）的优先电源（PPS）	现行有效
124	770X3.160−1989/ANSI	the Programming Language Extended Pascal	编程语言 Extended Pascal	撤销
125	770X3.97−1983	Standard Pascal Computer Programming Language	计算机编程语言 Pascal 标准	撤销
126	803.1−1992	Recommended Practice for Unique Identification in Power Plants and Related Facilities−Component Function Identifiers	电厂及相关设施的特定标识推荐实施规程——部件功能标识	撤销
127	803−1983	Recommended Practice for Unique Identification in Power Plants and Related Facilities – Principles and Definitions	电厂及相关设施的特定标识推荐实施规程——原则和定义	撤销
128	803A−1983	Recommended Practice for the Unique Identification in Power Plants and Related Facilities – Component Function Identifiers	电厂及相关设施的特定标识推荐实施规程——部件功能标识	被取代
129	805−1984	Recommended Practice for System Identification in Nuclear Power Plants and Related Facilities	核电厂及相关设施系统标识推荐实施规程	撤销
130	833−1988	Recommended Practice for the Protection of Electric Equipment in Nuclear Power Generating Stations from Water Hazards	核电厂电气设备防水害推荐实施规程	被取代
131	833−2005	Recommended Practice for the Protection of Electric Equipment in Nuclear Power Generating Stations from Water Hazards	核电厂电气设备防水害推荐实施规程	现行有效

（续表）

序号	IEEE 编号	IEEE Standard Title	标准名称	备注
132	845–1988	Guide to Evaluation Man–Machine Performance in Nuclear Power Generating Station Control Rooms and Other Peripheries	核电厂控制室及周界人–机性能评价指南	被取代
133	845–1999	Guide for the Evaluation of Human–System Performance in Nuclear Power Generating Stations	核电厂人机系统性能评价指南	现行有效
134	933–1999	Guide for the Definition of Reliability Program Plans for Nuclear Power Generating Stations	核电厂可靠性大纲编制指南	被取代
135	933–2013	Guide for the Definition of Reliability Program Plans for Nuclear Generating Stations and Other Nuclear Facilities	核电厂和其他核设施可靠性大纲编制指南	现行有效
136	934–1987	Standard Requirements for Replacement Parts for Class 1E Equipment in Nuclear Power Generating Stations	核电厂 1E 级设备更换件的标准要求	撤销
137	944–1986	Recommended Practice for the Application and Testing of Uninterruptible Power Supplies for Power Generating Stations	电厂不间断电源的应用和试验推荐实施规程	撤销
138	960/1177–1989	Standard FASTBUS Modular High–Speed Data Acquisition and Control System	FASTBUS 模块化高速数据采集和控制系统标准	被取代
139	960/1177–1993	Standard FASTBUS Modular High–Speed Data Acquisition and Control System and IEEE FASTBUS Standard Routines	快总线（FASTBUS）模块化高速数据采集和控制系统标准及IEEE快总线(FASTBUS)标准例程	现行有效
140	1023–1988	Guide for the Application of Human Factors Engineering to Systems, Equipment and Facilities of Nuclear Power Generating Stations	人因工程在核电厂系统、设备和设施中的应用指南	被取代
141	1023–2004	Recommended Practice for the Application of Human Factors Engineering to Systems, Equipment, and Facilities of Nuclear Power Generating Stations and Other Nuclear Facilities	人因工程在核电厂和其他核设施的系统、设备和设施中的应用推荐实施规程	现行有效
142	1033–1985	Recommended Practice for Application of IEEE Std 828 to Nuclear Power Generating Stations	IEEE 标准 828 应用于核电厂的推荐实施规程	撤销
143	1082–1997	Guide for Incorporating Human Action Reliability Analysis for Nuclear Power Generating Stations	核电厂采纳人类行为可靠性分析的指南	现行有效
144	1131–1987	Standard Cryostat End–Cap Dimensions for Germanium Semiconductor Gamma–Ray Spectrometers	锗半导体 γ 射线光谱仪的低温恒温器端盖尺寸标准	撤销
145	1160–1993	Standard Test Procedures for High–Purity Germanium Crystals for Radiation Detectors	辐射探测器用高纯锗晶体标准试验程序	现行有效
146	1177–1993	FASTBUS Standard Routines	快总线（FASTBUS）标准例程	被取代
147	1184–2006	Guide for Batteries for Uninterruptible Power Supply Systems	不间断电源系统用蓄电池指南	现行有效
148	1205–1993	Guide for Assessing, Monitoring and Mitigating Aging Effects on Class 1E Equipment Used in Nuclear Power Generating Stations	核电厂 1E级设备的评定、监测及老化效应缓解指南	被取代

（续表）

序号	IEEE 编号	IEEE Standard Title	标准名称	备注
149	1205−2000	Guide for Assessing, Monitoring, and Mitigating Aging Effects on Class 1E Equipment Used in Nuclear Power Generating Stations	核电厂 1E 级设备的评定、监测及老化效应缓解指南	被取代
150	1205−2014	Guide for Assessing, Monitoring, and Mitigating Aging Effects on Electrical Equipment Used in Nuclear Power Generating Stations and Other Nuclear Facilities	核电厂和其他核设施电气设备的评定、监测及老化效应缓解指南	现行有效
151	1214−1992	Standard Multichannel Analyzer (MCA) Histogram Data Interchange Format for Nuclear Spectroscopy	核谱学用多道分析仪（MCA）直方图数据交换格式标准	现行有效
152	1289−1998	Guide for the Application of Human Factors Engineering in the Design of Computer−Based Monitoring and Control Displays for Nuclear Power Generating Stations	人因工程在核电厂用基于计算机的监测和控制显示设计中的应用指南	现行有效
153	1290−1996	Guide for Motor Operated Valve (MOV) Motor Application, Protection, Control, and Testing in Nuclear Power Generating Stations	核电厂电动阀（MOV）电机使用、保护、控制和测试指南	现行有效
154	C37.2−1987	Standard Electrical Power System Device Function Numbers	电力系统设备功能编号标准	被取代
155	C37.2−1991	Standard Electrical Power System Device Function Numbers	电力系统设备功能编号标准	被取代
156	C37.2−1996	Standard Electrical Power System Device Function Numbers and Contact Designations	电力系统设备功能编号和触点名称标准	被取代
157	C37.2−2008	Standard Electrical Power System Device Function Numbers, Acronyms, and Contact Designations	电力系统设备功能编号、缩略词和触点名称标准	现行有效
158	N317−1980	Performance Criteria for Instrumentation Used for Inplant Plutonium Monitoring	厂内钚监测用仪器性能标准	现行有效
159	N320−1979	Performance Specifications for Reactor Emergency Radiological Monitoring Instrumentation	反应堆应急放射性监测仪器的性能规范	现行有效
160	N322−1977	Inspection and Test Specifications for Direct and Indirect Reading Quartz Fiber Pocket Dosimeters	直读和非直读式石英纤维袖珍剂量计检验和试验规范	被取代
161	N322−1997	Inspection,Test, Construction, and Performance Requirements for Direct Reading Electrostatic/ Electroscope Type Dosimeters	直读式静电 / 验电器型剂量计检验、试验、构造和性能要求	现行有效
162	N323−1978	Radiation Protection Instrumentation Test and Calibration	辐射防护仪器试验和标定	现行有效
163	N323A−1997	Radiation Protection Instrumentation Test and Calibration, Portable Survey Instruments	辐射防护仪器试验和标定：便携式测量仪器	被取代
164	N323B−2003	Radiation Protection Instrumentation Test and Calibration, Portable Survey Instrumentation for Near Background Operation	辐射防护仪器试验和标定：近本底水平作业用便携式测量仪器	被取代
165	N323C−2009	Radiation Protection Instrumentation Test and Calibration – Air Monitoring Instruments	辐射防护仪器试验和标定：空气监测仪器	现行有效
166	N323D−2002	Installed Radiation Protection Instrumentation	固定式辐射防护仪器	现行有效
167	N42.12−1980	Calibration and Usage of Sodium Iodide Detector Systems	碘化钠探测器系统的标定和使用	被取代

（续表）

序号	IEEE 编号	IEEE Standard Title	标准名称	备注
168	N42.12–1994	Calibration and Usage of Thallium–Activated Sodium Iodide Detector Systems for Assay of Radionuclides	放射性核素测定用铊激活碘化钠探测器系统的标定和使用	现行有效
169	N42.13–1986	Calibration and Usage of "e;Dose Calibrator"e; Ionization Chambers for the Assay of Radionuclides	放射性核素测定用"剂量校准器"电离室的标定和使用	现行有效
170	N42.13–2004	Calibration and Usage of "e;Dose Calibrator"e; Ionization Chambers for the Assay of Radionuclides	放射性核素测定用"剂量校准器"电离室的标定和使用	现行有效
171	N42.14–1978	Calibration and Usage of Germanium Detectors for Measurement of Gamma–Ray Emission of Radionuclides	放射性核素 γ 射线辐射测量用锗探测器的标定和使用	被取代
172	N42.14–1991	Calibration and Use of Germanium Spectrometers for the Measurement of Gamma–Ray Emission Rates of Radionuclides	放射性核素 γ 射线发射率测量用锗光谱仪的标定和使用	现行有效
173	N42.14–1999	Calibration and Use of Germanium Spectrometers for the Measurement of Gamma–Ray Emission Rates of Radionuclides	放射性核素 γ 射线发射率测量用锗光谱仪的标定和使用	现行有效
174	N42.15–1980	Performance Verification of Liquid–Scintillation Counting System	液体闪烁计数系统的性能验证	被取代
175	N42.15–1990	Performance Verification of Liquid–Scintillation Counting Systems, Standard	液体闪烁计数系统性能验证标准	被取代
176	N42.15–1997	Check Sources for and Verification of Liquid–Scintillation Counting Systems	液体闪烁计数系统的检查源和验证	现行有效
177	N42.16–1986	Specifications for Sealed Radioactive Check Sources Used in Liquid–Scintillation Counters	液体闪烁计数器用密封放射性检查源规范	被取代
178	N42.17A–1989	Performance Specifications for Health Physics Instrumentation – Portable Instrumentation for Use in Normal Environmental Conditions	保健物理仪器性能规范：正常环境条件下使用的便携式仪表	被取代
179	N42.17A–2003	Performance Specifications for Health Physics Instrumentation–Portable Instrumentation for Use in Normal Environmental Conditions	保健物理仪器性能规范：正常环境条件下使用的便携式仪表	现行有效
180	N42.17B–1989	Performance Specifications for Health Physics Instrumentation – Occupational Airborne Radioactivity Monitoring Instrumentation, Standard	保健物理仪器性能规范：工作场所气载放射性监测仪	现行有效
181	N42.17C–1989	Performance Specifications for Health Physics Instrumentation–Portable Instrumentation for Use in Extreme Environmental Conditions, Standard	保健物理仪器性能规范：极端环境条件下使用的便携式仪表	现行有效
182	N42.18–1980	Specification and Performance of On–Site Instrumentation for Continuously Monitoring Radioactivity in Effluents, Standard	排出流放射性连续监测用现场仪器的规范及性能标准	现行有效
183	N42.18–2004	Specification and Performance of On–Site Instrumentation for Continuously Monitoring Radioactivity in Effluents	排出流放射性连续监测用现场仪器的规范和性能	现行有效
184	N42.20–1995	Performance Criteria for Active Personnel Radiation Monitors	有源个人辐射监测仪性能准则	被取代

（续表）

序号	IEEE 编号	IEEE Standard Title	标准名称	备注
185	N42.20−2003	Performance Criteria for Active Personnel Radiation Monitors	有源个人辐射监测仪性能准则	现行有效
186	N42.22−1995	Traceability of Radioactive Sources to NIST and Associated Instrument Quality Control	可溯源至美国国家标准与技术研究院（NIST）的放射源和相关仪器的质量控制	现行有效
187	N42.23−1996	Measurement and Associated Instrumentation Quality Assurance for Radioassay Laboratories	放射性分析实验室的测量和相关仪器质量保证	现行有效
188	N42.25−1997	Calibration and Usage of Alpha/Beta Proportional Counters	α/β 比例计数器的标定和使用	现行有效
189	N42.26−1996	Radiation Protection Instrumentation−Monitoring Equipment−Personal Warning Devices for X and Gamma Radiations	辐射防护仪器监测设备：X 和 γ 辐射个人报警设备	现行有效
190	N42.27−1999	Determination of Uniformity of Solid Gamma−Emitting Flood Sources	固体 γ 发射源的均匀性测定	现行有效
191	N42.28−2002	Calibration of Germanium Detectors for in−Situ Gamma−Ray Measurements	原位 γ 射线测量用锗探测器的标定	现行有效
192	N42.30−2002	Performance Specification for Tritium Monitors	氚监测器性能规范	现行有效
193	N42.31−2003	Measurement Procedures for Resolution and Efficiency of Wide−Bandgap Semiconductor Detectors of Ionizing Radiation	电离辐射宽带隙半导体探测器分辨率和效率测算程序	现行有效
194	N42.32−2003	Performance Criteria for Alarming Personal Radiation Detectors for Homeland Security	国家安全用个人辐射报警探测器性能准则	现行有效
195	N42.32−2006	Performance Criteria for Alarming Personal Radiation Detectors for Homeland Security	国家安全用个人辐射报警探测器性能准则	现行有效
196	N42.33−2003	Portable Radiation Detection Instrumentation for Homeland Security	国家安全用便携式辐射检测仪器	现行有效
197	N42.33−2006	Portable Radiation Detection Instrumentation for Homeland Security	国家安全用便携式辐射检测仪器	现行有效
198	N42.34−2004	Performance Criteria for Hand−held Instruments for the Detection and Indentification of Radionuclides	放射性核素检测和鉴定用手持式仪器性能准则	现行有效
199	N42.34−2006	Performance Criteria for Hand−held Instruments for the Detection and Identification of Radionuclides	放射性核素检测和鉴定用手持式仪器性能准则	现行有效
200	N42.35−2004	Evaluation and Performance of Radiation Detection Portal Monitors for Use in Homeland Security	国家安全用出入口辐射探测监视器的性能和评估	现行有效
201	N42.35−2006	Evaluation and Performance of Radiation Detection Portal Monitors for Use in Homeland Security	国家安全用出入口辐射探测监视器的性能和评估	现行有效
202	N42.37−2006	Training Requirements for Homeland Security Purposes Using Radiation Detection Instrumentation for Interdiction and Prevention	基于国家安全目的的阻断和预防用辐射探测仪培训要求	现行有效
203	N42.38−2006	Performance Criteria for Spectroscopy−Based Portal Monitors Used for Homeland Security	国家安全用基于光谱学的出入口监视器性能准则	现行有效
204	N42.41−2007	Minimum Performance Criteria for Active Interrogation Systems Used for Homeland Security	国家安全用有源盘查系统最低性能准则	现行有效
205	N42.4−1971	High Voltage Connectors for Nuclear Instruments	核仪器用高压连接器	撤销

（续表）

序号	IEEE 编号	IEEE Standard Title	标准名称	备注
206	N42.42-2006	Data Format Radiation Detectors Used for Homeland Security	国家安全用辐射探测器数据格式	现行有效
207	N42.42-2012	Data Format for Radiation Detectors Used for Homeland Security	国家安全用辐射探测器数据格式	现行有效
208	N42.43-2006	Performance Criteria for Mobile and Transportable Radiation Monitors Used for Homeland Security	国家安全用可移动便携式辐射监测仪性能准则	现行有效
209	N42.44-2008	the Performance of Checkpoint Cabinet X-Ray Imaging Security Systems	检查点柜式 X 射线成像安防系统性能	现行有效
210	N42.45-2011	Evaluating the Image Quality of X-ray Computed Tomography (CT)Security-Screening Systems	X 射线计算机断层扫描（CT）安检系统的图像质量评估	现行有效
211	N42.46-2008	Determination of the Imaging Performance of X-Ray and Gamma-Ray Systems for Cargo and Vehicle Security Screening	货物和车辆安检用 X 射线和 γ 射线系统成像性能测定	现行有效
212	N42.47-2010	Measuring the Imaging Performance of X-Ray and Gamma-Ray Systems for Security Screening of Humans	人员安检用 X 射线和 γ 射线系统成像性能测定	现行有效
213	N42.48-2008	Performance Requirements for Spectroscopic Personal Radiation Detectors (SPRDs) for Homeland Security	国家安全用光谱个人辐射探测器（SPRD）性能要求	现行有效
214	N42.49A-2011	Performance Criteria for Alarming Electronic Personal Emergency Radiation Detectors (PERDs) for Exposure Control	个人应急电子辐射报警探测器的曝光控制性能准则	现行有效
215	N42.49B2013	Performance Criteria for Non-alarming Personal Emergency Radiation Detectors (PERDs) for Exposure Control	非报警型个人应急辐射探测器的曝光控制性能准则	现行有效
216	N42.5-1965	Bases for GM Counter Tubes	GM 计数管基准	现行有效
217	N42.53-2013	Performance Criteria for Backpack-Based Radiation-Detection Systems Used for Homeland Security	国家安全用背包式辐射检测系统性能准则	现行有效
218	N42.55-2013	the Performance of Portable Transmission X-Ray Systems for Use in Improvised Explosive Device and Hazardous Device Identification	简易爆炸装置和危险设备识用便携式 X 射线传输系统性能准则	现行有效
219	N42.6-1980	Interrelationship of Quartz-Fiber Electrometer Type Exposure Meters and Companion Exposure Meter Chargers	石英纤维静电计型曝光计与配套曝光计充电器的相关性	现行有效
220	N449.1-1978	Procedures for Periodic Inspection of Cobalt-60 and Cesium-137 Teletherapy Equipment	钴 -60 和铯 -137 远距治疗设备定期检查程序	现行有效

附表 9 现行有效的与核直接相关的美国能源部技术标准

序号	标准号	标准名称
1	DOE–HDBK–1132–99	Design Considerations 设计要素
2	DOE–HDBK–1169–2003	DOE Handbook Nuclear Air Cleaning Handbook 美国能源部核空气净化手册
3	DOE–HDBK–1224–2018	Hazard and Accident Analysis Handbook 灾害与事故分析手册
4	DOE–HDBK–3010–94	Airborne Release Fractions/Rates and Respirable Fractions for Nonreactor Nuclear Facilities 非反应堆核设施的气载释放份额 / 率和可吸入份额
5	DOE–NA–STD–3016–2018	Hazard Analysis Reports for Nuclear Explosive Operations 核爆炸作业危害分析报告
6	DOE–STD–1027–2018 Chg Notice 1	Hazard Categorization of DOE Nuclear Facilities 美国能源部核设施危险分类
7	DOE–STD–1070–94	Criteria for Evaluation of Nuclear Facility Training Programs 核设施培训大纲评估准则
8	DOE–STD–1083–2009	Processing Exemptions to Nuclear Safety Rules and Approval of Alternative Methods for Documented Safety Analyses 核安全法规豁免处理和安全分析文件替代方法批准
9	DOE–STD–1104–2016	Review and Approval of Nuclear Facility Safety Basis and Safety Design Basis Documents 核设施安全基准和安全设计基准文件的审查和批准
10	DOE–STD–1183–2019	Nuclear Safety Specialist Functional Area Qualification Standard 核安全专家任职资格标准
11	DOE–STD–1185–2007	Nuclear Explosive Safety Study Functional Area Qualification Standard 核爆炸安全研究任职资格标准
12	DOE–STD–1194–2019	Nuclear Materials Control and Accountability 核材料管制与核算
13	DOE–STD–1195–2011	Design of Safety Significant Safety Instrumented Systems Used at DOE Non–Reactor Nuclear Facilities 美国能源部非反应堆核设施用重大安全仪表系统设计
14	DOE–STD–1228–2019	Preparation of Documented Safety Analysis for Hazard Category 3 DOE Nuclear Facilities 美国能源部危险类别 3 核设施的安全分析文件编制
15	DOE–STD–1628–2013	Development of Probabilistic Risk Assessments for Nuclear Safety Applications 核安全设施概率风险评价文件编制
16	DOE–STD–3007–2017	Preparing Criticality Safety Evaluations at Department of Energy Non–Reactor Nuclear Facilities 美国能源部非反应堆核设施临界安全评估文件编制
17	DOE–STD–3009–2014	Preparation of Nonreactor Nuclear Facility Documented Safety Analysis 非反应堆核设施安全分析文件编制
18	DOE–STD–3011–2016	Preparation of Documented Safety Analysis for Interim Operations at DOE Nuclear Facilities 美国能源部核设施临时运行安全分析文件编制
19	DOE–NA–STD–3016–2018	Hazard Analysis Reports for Nuclear Explosive Operations 核爆炸作业危害分析报告

附表 10 美国混凝土学会 ACI 制定的与核相关的标准

序号	标准号	名称	名称
1	ACI 301−16	Specifications for Structural Concrete	混凝土结构技术规范
2	ACI 318−19	Building Code Requirements for Structural Concrete and Commentary	结构混凝土建筑规范要求和注释
3	ACI 349.1R−07	Reinforced Concrete Design for Thermal Effects on Nuclear Power Plant Structures	核电厂构筑物热效应的钢筋混凝土设计
4	ACI 349.2R−07	Guide to the Concrete Capacity Design (CCD) Method − Embedment Design Examples	混凝土承载力设计（CCD）方法指南：埋件设计实例
5	ACI 349.3R−18	Report on Evaluation and Repair of Existing Nuclear Safety−Related Concrete Structures	现有核安全相关混凝土构筑物评估和修复报告
6	ACI 349−13	Code Requirements for Nuclear Safety−Related Concrete Structures and Commentary	核安全相关混凝土构筑物规范要求和注释
7	ACI 349M−06	Code Requirements for Nuclear Safety−Related Concrete Structures & Commentary (Metric)	核安全相关混凝土构筑物规范要求和注释（公制）
8	ACI SP−130	Anchors in Concrete−Design and Behavior	混凝土锚固件——设计与性能
9	562−19	Code Requirements for Evaluation, Repair, and Rehabilitation of Concrete Buildings and Commentary	混凝土建筑的评估、维修及复原规范要求和注释

附表 11 美国电力研究院发布的核能领域相关标准和文件

序号	Title
1	Plant Engineering: Guideline for the Acceptance of Commercial–Grade Items in Nuclear Safety–Related Applications: Revision 1 to EPRI NP–5652 and TR–102260 设备工程：核安全相关设施商品级物项验收指南：EPRINP–5652 和 TR–102260 标准第一版
2	Advanced Nuclear Technology: Alloy 690 Steam Generator Tubing Specification Sourcebook 先进核技术：690 合金蒸汽发生器传热管规范手册
3	Nuclear Plant Makeup Water Chemistry Guideline: A Gap Analysis 核电厂补给水化学指南：差异分析
4	EPRI BWR Radiation Level Assessment and Control (BRAC) Program: 2014 Revision EPRI 沸水反应堆辐射水平评估和控制（BRAC）大纲，2014 版
5	Sourcebook for Plant Layup and Equipment Preservation, Revision 1 (Japanese Translation) 设备堆放与设备保养手册，第一版（日语译本）
6	Recommendations for an Effective Flow–Accelerated Corrosion Program (NSAC–202L–R4) 关于有效的流体加速腐蚀大纲的建议书（NSAC–202L–R4）
7	Recent Chemical Decontamination Experience: 2012 Radiation Management and Source Term Technical Strategy Group Report 最新化学去污实践：2012 辐射管理与源项技术战略小组报告
8	Plant Engineering: Guidelines for Establishing, Maintaining, and Extending the Shelf Life Capability of Limited Life Items 设备工程：寿期物项的制造、维护及寿期延长指南
9	Materials Reliability Program: Technical Bases for the Chemical Mitigation of Primary Water Stress Corrosion Cracking in Pressurized Water Reactors (MRP–263 NP) 材料可靠性大纲：压水反应堆一回路水应力腐蚀开裂技术基础（MRP–263 NP）
10	Nuclear Maintenance Applications Center: On–Line Leak Sealing: A Guide for Nuclear Power Plant Maintenance Personnel (Update of NP–6 523–D) 核维护应用中心：在线带压堵漏——核电厂维修人员指南（NP–6 523–D 更新）
11	Fuel Reliability Program: AREVA Priority 1 Fuel Inspections Results Assessment Report 燃料可靠性大纲：阿海珐（AREVA）第一优先级燃料检查结果评估报告
12	Materials Reliability Program: Laboratory Examination Results for Calvert Cliffs–2 Pressurizer Heater Sleeve Assembly (MRP–341) 材料可靠性大纲：卡尔弗特崖（Calvert Cliffs）2 号机组稳压器加热器套筒组件的实验室检查结果（MRP–341）
13	Nuclear Maintenance Application Center: Characterizing International Maintenance Practices 核维护应用中心：国际维护实践特征
14	Materials Reliability Program: Reactor Pressure Vessel Integrity Primer (MRP–278) 材料可靠性大纲：反应堆压力容器完整性初级指南（MRP–278）
15	H.B. Robinson Unit 2 Baseline Inspections of AREVA 15x15 HTP Fuel H.B. Robinson2 号机组阿海珐 15x15 HTP 燃料基线检查
16	Guidelines for Nuclear Plant Response to an Earthquake 核电厂地震响应指南
17	BWR Channel Bow Model: Technical Bases, Description, and Qualification 沸水反应堆通道弯曲模型：技术基础、类型和鉴定
18	Materials Reliability Program: Boric Acid Corrosion Guidebook, Revision 2: Managing Boric Acid Corrosion Issues at PWR Power Station s (MRP–058, Rev 2) 材料可靠性大纲：硼酸腐蚀指南——如何解决压水堆核电站硼酸腐蚀问题，第二版（MRP–058，第二版）
19	Nondestructive Evaluation: Technical Justification for Codification of Ultrasonic Examinations on Welds Containing Corrosion–Resistant Cladding 无损评估：含耐腐蚀镀层焊缝超声波检查情况汇编的技术论证

（续表）

序号	Title
20	Validation of Stress Corrosion Cracking Initiation Model for Stainless Steel and Nickel Alloys 不锈钢和镍合金应力腐蚀开裂萌生模型验证
21	Early Hydrogen Water Chemistry Injection in Boiling Water Reactors: Impact on Fuel Performance and Reliability 沸水反应堆初期氢水化学注入：对燃料性能及其可靠性的影响
22	BWRVIP–268: BWR Vessel and Internals Project: Electrochemical Corrosion Potential Sourcebook BWRVIP–268：沸水反应堆压力容器和堆内构件项目：电化学腐蚀电位手册
23	Nuclear Maintenance Applications Center: Vertical Pump Maintenance Guide–Update to EPRI Report 1003467 核维护应用中心：立式泵维护指南，EPRI 报告 1003467 更新版
24	Materials Reliability Program: Determination of Crack Growth Rates for Alloy 82 at Low K Values Under PWR Primary Water Environment: 2011 Interim Report (MRP–337) 材料可靠性大纲：压水反应堆一回路水环境下低 K 值合金 82 的裂纹扩展率测定，2011 中期报告（MRP–337）
25	BWR Channel Measurement Best Practices 沸水反应堆通道测量最佳实践
26	Nuclear Maintenance Applications Center: Lubrication Guide, Revision 4 (Formerly 1003085) 核维护应用中心：润滑指南，第四版（旧版 1003085）
27	Materials Reliability Program: Determination of Crack Growth Rates for Alloy 82 at Low K Values (MRP–301) 材料可靠性大纲：低 K 值 82 合金的裂纹扩展率测定（MRP–301）
28	Cobalt Reduction Sourcebook 钴还原手册
29	Materials Reliability Program: Aging Management Strategies for B&W Pressurized Water Reactor Internals (MRP–231–Rev. 2) 材料可靠性大纲：B&W 压水反应堆堆内构件老化管理策略（MRP–231–Rev. 2）
30	EPRI Materials Management Matrix Project: AREVA U.S. EPR™ Materials Management Tables – Revision 0 美国电力研究院材料管理矩阵项目：阿海珐美国欧洲压水堆 (EPR) 材料管理表—0 版
31	Materials Reliability Program: Capability Study of Equipment and Procedures for the Inspection of Bottom–Mounted Nozzle Head Penetrations (MRP–296) 材料可靠性大纲：底部安装式喷嘴头贯穿件检测设备和程序的能力研究（MRP–296）
32	Materials Reliability Program: Determination of Crack Growth Rates for Alloy 82 at Low K Values Under Pressurized Water Reactor Primary Water Environment (MRP–270) 材料可靠性大纲：压水反应堆一回路水环境下低 K 值 82 合金的裂纹扩展率测定（MRP–270）
33	Stress Corrosion Cracking Initiation Model for Stainless Steel and Nickel Alloys 不锈钢和镍合金应力腐蚀开裂萌生模型
34	Compendium of Hydrogen Experiments and Reports 氢实验与报告纲要
35	Central and Eastern United States Seismic Source Characterization for Nuclear Facilities 面向核设施的美国中东部地震源特性描述
36	Steam Generator Management Program: Lead Stress Corrosion Cracking of Nuclear Grade Alloy 800 蒸汽发生器管理大纲：核级 800 合金的铅致应力腐蚀开裂
37	Nuclear Emergency Diesel Generator Systems: U.S. Regulatory History and Operational and Maintenance Practices 核应急柴油发电机系统：美国监管史及运营和维修实践
38	Local Precipitation–Frequency Studies: Development of 1–Hour/1–Square Mile Precipitation–Frequency Relationships for Two Example Nuclear Power Plant Sites 当地降水频次研究：以两座核电厂为例研究其 1 小时或 1 平方英里范围内的降水频次关系变化

（续表）

序号	Title
39	Fiber Bragg Sensors for Single and Differential Pressure Monitoring in Nuclear Power Plant Applications: Environmental and Accident Condition Testing Results 核电厂单压和压差监测用光纤光栅传感器：环境与事故工况测试结果
40	Welding and Repair Technology Center: Fundamentals of Nuclear Welding Program Implementation 焊接与维修技术中心：核焊接方案实施基本原则
41	Nuclear Plant Makeup Water Chemistry Guideline: A Gap Analysis 核电厂补给水化学指南：差异分析
42	Riverine Probabilistic Flooding Hazard Analysis Pilot: Proof–of–Concept Study for a Nuclear Power Plant 河流洪水灾害概率分析指南：核电厂概念验证研究
43	Maintenance Rule Implementation Self–Assessment Guidelines for Nuclear Power Plants 核电厂维护规则实施的自我评估指南
44	A Survey of Current Shutdown Risk Evaluation Practices at Nuclear Power Plants: EPRI Configuration Risk Management Forum Research Task 当前核电厂停堆风险评估活动调查：美国电力研究院风险配置管理论坛的研究任务
45	Practices of Groundwater Protection Programs at United States Nuclear Power Plants 美国核电站地下水保护计划的实施
46	Guidance for Replacing Shell–and–Tube Heat Exchangers at Nuclear Power Plants 核电厂壳管式热交换器更换指南
47	A Review of Advanced Welding Technology and Applications for Nuclear Power Applications 关于先进焊接技术及其在核电领域的应用综述
48	Plant Engineering: Guideline for the Acceptance of Commercial–Grade Design and Analysis Computer Programs Used in Nuclear Safety–Related Applications: Revision 1 of 1025243 设备工程：核安全相关设施商品级设计和分析计算机程序验收指南，1025243 第一版
49	Human Factors Engineering (HFE) Training Course for Operating Nuclear Power Plant Personnel 核电厂操作人员人因工程（HEF）培训课程
50	Program on Technology Innovation: Advanced Fuel Cycles – Impact on High–Level Waste Disposal 技术创新大纲：先进燃料循环对高放废物处置的影响
51	Advanced Nuclear Technology: Preliminary Guidance for Chemistry Control in Advanced Pressurized Water Reactor Designs 先进核技术：先进压水反应堆设计中化学控制初级指南
52	Advanced Nuclear Technology: Implementation Manual for ASME Code Case N–818–1 先进核技术：美国机械工程师协会（ASME）规范案例 N–818–1 实施手册
53	Advanced Nuclear Technology: Impact of EPRI Pre–Operational and Operational Configuration Management Report (1022684) on the Nuclear Industry 先进核技术：美国电力研究院（EPRI）预运行和运行配置管理报告（1022684）对核工业的影响
54	Advanced Nuclear Technology: New Nuclear Power Plant Information Handover Guide 先进核技术：新核电厂信息移交指南
55	Advanced Nuclear Technology: NDE Risk Informed PSI and ISI for New Plants 先进核技术：新核电厂无损检测风险指引型役前检查和在役检查
56	Advanced Nuclear Technology: EPRI Utility Requirements Document (URD) Fukushima Lessons–Learned Treatment 先进核技术：美国电力研究院关于福岛核事故反馈的用户要求文件（URD）
57	Advanced Nuclear Technology: Regulatory Performance Requirements for Safety–Related Instrumentation, Revision 1 先进核技术：安全相关仪表性能监管要求，第一版
58	Advanced Nuclear Technology: Supplier Quality Management for New Nuclear Plant Construction Projects 先进核技术：新核电厂建设工程的供应商质量管理

（续表）

序号	Title
59	Advanced Nuclear Technology: Final Test Results on 80% Service Test and Implementation Plans 先进核技术：80% 服务测试与实施方案的最终测试结果
60	Advanced Nuclear Technology: Potential Modification to Source Term Requirements 先进核技术：源项要求的潜在修改
61	Advanced Nuclear Technology: Material Properties Affecting the Butt Fusion of HDPE Pipe 先进核技术：影响 HDPE 管热熔对接的材质属性
62	Advanced Nuclear Technology: Quality Control of Concrete During Construction – Voids Detection 先进核技术：混凝土施工质量控制——空隙检测
63	Advanced Nuclear Technology: Embedded Sensors in Concrete 先进核技术：混凝土内置传感器
64	Advanced Nuclear Technology: Equipment Reliability for New Nuclear Plant Projects–Industry Recommendations for Storage, Construction, and Testing 先进核技术：新核电厂设备可靠性—关于存储、制造和测试的行业建议书
65	Advanced Nuclear Technology: Equipment Reliability for New Nuclear Plants: Industry Recommendations for Design 先进核技术：新核电厂设备可靠性：关于设计的行业建议书
66	Advanced Nuclear Technology: Equipment Reliability for New Nuclear Plant Projects–Industry Recommendations for Procurement 先进核技术：新核电厂设备可靠性—关于采购的行业建议书
67	Advanced Nuclear Technology: EPRI Materials Management Matrix Project—Toshiba Advanced Boiling Water Reactor Materials Management Table Report, Revision 0 先进核技术：美国电力研究院材料管理矩阵项目—东芝公司先进沸水反应堆材料管理报告表，0 版
68	Advanced Nuclear Technology: 1E Battery 80% Service Test 先进核技术：1E 级电池 80% 服务测试
69	Advanced Nuclear Technology: Startup Program Guideline–Lessons Learned 先进核技术：启动程序指南—经验反馈
70	Advanced Nuclear Technology: Interim Report – Fabrication and Construction Welding Practices 先进核技术：中期报告—制造与施工焊接实践
71	Advanced Nuclear Technology: Fibrous Latent Debris in Next Generation Pressurized Water Reactor Containments 先进核技术：新一代压水反应堆安全壳的潜在纤维废弃物
72	Advanced Nuclear Technology: Implementation of ASME Code Case N–818 先进核技术：美国机械工程师协会规范案例 N–818 的实施
73	Advanced Nuclear Technology: Aerosol Decontamination from Nuclear Containments 先进核技术：核安全壳中气溶胶净化
74	Advanced Nuclear Technology: Design Reliability Assurance Program Implementation Guidance 先进核技术：设计可靠性保证方案实施指南
75	Advanced Nuclear Technology: Reduction of American Society of Mechanical Engineers III Weld Fabrication Repairs–Fitness for Purpose 先进核技术：ASME 第三卷关于焊缝加工修补—适用性（缩减版）
76	Advanced Nuclear Technology: Standard Specifications for New Plant Commodity Items 先进核技术：新核电厂商品级物项标准规范
77	Advanced Nuclear Technology: Guidance and Methodologies for Managing Digital Instrumentation and Control Obsolescence 先进核技术：数字化仪控设备报废管理方法和指南

（续表）

序号	Title
78	Advanced Nuclear Technology: Integrated Pressurized Water Reactor (iPWR) Containment Aerosol Deposition Behavior: Phase 1–Test Plan Development 先进核技术：一体化压水反应堆安全壳（iPWR）中气溶胶沉积现象：阶段 1—制订测试计划
79	Advanced Nuclear Technology: The Long–Term Oxidative Resistance of Butt Fusion Joints in High–Density Polyethylene Piping 先进核技术：高密度聚乙烯管道热熔对接接头的长期耐氧化性
80	Advanced Nuclear Technology: Alloy 690 Steam Generator Tubing Specification Sourcebook 先进核技术：690 合金蒸汽发生器传热管规范手册
81	Advanced Nuclear Technology：Advanced Light Water Reactor Utility Requirements Document, Revision 12 先进核技术：先进轻水反应堆用户要求文件，第十二版

附录 英文缩写字义表

本书涉及大量的国际和国外组织机构的英文缩写，其中主要组织机构的英文缩写如下：

行政部门：

DOE 美国能源部（Department of Energy）

NRC 美国核管会（Nuclear Regulatory Commission）

SDO 标准化组织（Standard Development Organization）

ACI 美国混凝土协会（American Concrete Institute）

ANS 美国核学会（American Nuclear Society）

ANSI 美国国家标准学会（American National Standards Institute）

ASME 美国机械工程师协会（American Society of Mechanical Engineers）

ASTM 美国材料与试验协会（AmericanSocietyforTestingandMaterials）

IEEE 电气和电子工程师协会（Institute of Electrical and Electronics Engineers）

法规导则和标准：

CFR 美国联邦法规（Code of Federal Regulations）

RG 管理导则（Regulatory Guide）

NUREGNRC 技术文件（Nuclear Regulatory）

ST 技术标准（Standard Technical）